"十三五"江苏省高等学校重点教材

高职高专"十三五"规划教材

机电专业

编号:2016-1-024

液压与气动技术

（修订版）

编 著 吴振芳 厉 军

参 编 李爱民 张海燕 王连洪 吴红兰

孙雅贤 顾思意 徐雅星

U0360176

南京大学出版社

内容简介

本书是根据高等职业技术教育的教学要求而编写的。全书包括液压传动和气动技术两部分内容,共有四个项目,其中液压传动部分三个项目,气动技术一个项目,每个项目又由若干个任务组成,还包括两项知识拓展。全书主要内容包括液压、气动基础知识;液压、气动动力元件、执行元件、控制元件、辅件等的工作原理、结构特点及选用和实际使用中可能出现的故障及解决方法;液压、气动基本回路和典型系统的组成与分析;液压、气动系统的维护及保养;液压传动在工程机械和建筑机械中的应用。

本书编写体系新颖,采用任务驱动形式的高职教改新理念,以项目和任务的方式构成整书的框架,并针对不同的学习任务提出不同的教学目标要求。通过任务的引入、对任务的分析、相关知识的学习及实操任务的实施等四个环节的层层递进,以实现相关的教学目标,便于学做合一教学模式的开展。

图书在版编目(CIP)数据

液压与气动技术 / 吴振芳,厉军编著. — 修订本

. — 南京 : 南京大学出版社,2017.8(2022.8 重印)

高职高专"十三五"规划教材. 机电专业

ISBN 978 - 7 - 305 - 18894 - 7

Ⅰ. ①液… Ⅱ. ①吴… ②厉… Ⅲ. ①液压传动-高等职业教育-教材 ②气压传动-高等职业教育-教材
Ⅳ. ①TH137②TH138

中国版本图书馆 CIP 数据核字(2017)第 159401 号

出版发行 南京大学出版社
社　　址　南京市汉口路 22 号　　　邮编　210093
出 版 人　金鑫荣

丛 书 名　高职高专"十三五"规划教材·机电专业
书　　名　液压与气动技术(修订版)
编　著　吴振芳　厉　军
责任编辑　刘　洋　吴　汀　　　　编辑热线 025 - 83592146

照　　排　南京开卷文化传媒有限公司
印　　刷　南京人文印务有限公司
开　　本　787×1092　1/16　印张 21.25　字数 539 千
版　　次　2017 年 8 月第 1 版　　2022 年 8 月第 2 次印刷
ISBN　978 - 7 - 305 - 18894 - 7
定　　价　56.00 元

网　　址:http://www.njupco.com
官方微博:http://weibo.com/njupco
微信服务号:njuyuexue
销售咨询热线:(025)83594756

序

　　随着液压气动技术的迅猛发展和在工业领域的广泛应用,培养该领域不同层次的专业技术人员显得非常重要和迫切。

　　该教材是根据高等职业技术教学课程、教学大纲和教学要求而编写的。该教材采用任务驱动型高职教改新理念,以工业领域型液压气动为基本教材,以系统应用为主线,系统全面地论述了液压、气动系统的组成及原理,液压气动基本元件应用及系统应用中的维护和故障诊断方法。本教材以教学模块和学习情景的方式构成本书框架,编写体系新颖,在内容的组织和编排方面,脉络清楚,层次分明,由浅入深,论述严谨。本教材在内容和编写框架方面紧密结合高职的培养目标和要求,做了非常有益的探索和创新。

　　吴振芳和厉军同志,长期从事液压气动技术研究工作,具有扎实的理论基础和工作经验。相信本教材的问世,一定会在培养液压气动应用技术人才方面起到积极作用。

西安交通大学　　李天石

再版前言

由中国矿业大学出版社 2013 年出版的《液压与气动技术》教材已经试用了三年多。通过三届学生的使用情况来看,这套教材采用学做合一的编写方式和任务驱动的学习方法,非常受学生的欢迎。

通过本教材的使用,学生对知识的学习和能力的掌握可以很好地结合起来,不但为后续专业知识的学习打下良好的基础,也为学生实现零距离就业提供了针对性的知识基础和能力要求。

三年过去了,通过学生的使用,编者发现了书中的一些不足,再加上实验实训室的改造及实操条件的改善,有必要对教材做进一步的修订。

同时,随着翻转课堂这种教学形式的实施和液压与气动技术的网络在线课程开展的教学需要,学生学习方式将发生改变,学生可以用手机直接关注微信公众号"南大悦学"进行随时随地的碎片化时段的学习。为适应这种教和学的方式的变革,需对本教材进行进一步的修订改进。

最后,本书亦根据移动终端学习的特点,配套了移动版的课程资源库。学生可根据自身学习情况自主选择资源库中不同层次的资源进行拓展学习。

微信扫一扫
进入课程资源库

编　者

2017 年 7 月于建院

目　录

项目一　机床工作台液压系统

项目二　常用工程机械液压系统

项目三　常用建筑机械液压系统

项目四　自动分拣机构气动系统

项目一

机床工作台液压系统

认识液压系统

【主要能力指标】

掌握液压系统的组成、各元件的职能符号；
掌握液体的静压力定义、表示及基本方程；
掌握帕斯卡原理、液体流动中的压力和流量的损失；
熟知液压系统的优缺点；
了解液压系统的应用。

【相关能力指标】

养成独立工作的习惯，能够正确判断和选择；
能够也乐于与他人讨论、分享成果；
能够利用网络、图书馆等渠道收集资料，学会学习。

一、任务引入

图1-1-1是人们日常生活及工业生产实践中经常使用的液压千斤顶。为何一个小小的千斤顶能举起重量是它几十倍甚至上百倍的庞然大物呢？这是由于它是靠液压传动系统来完成工作的。那么，什么是液压传动系统？它又是如何工作的呢？

二、任务分析

液压传动系统，顾名思义，它是传动系统的一种。我们知道，一部完整的机器由原动机部分、工作执行部分、传动系统及控制部分四大部分组成。由于原动机的功率、运动形式和转速变化范围有限，不能满足工作执行部分的运动形式、运动速度及工作力的要求。为了适应不同工作机构对运动的要求,在原动机与工作机构间的传动机构将原动机的功率和运动经过变换传递给工作机构。传动机构从原理上分为机械传动、电气传动、流体传动。

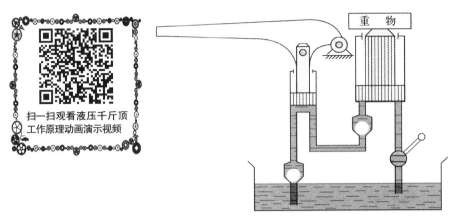

图1-1-1　液压千斤顶

扫一扫观看液压千斤顶工作原理动画演示视频

那么,液压传动系统由哪些部分组成呢? 它又是如何对原动机的功率和运动进行转换从而带动工作机构工作的呢? 下面我们就来认识液压传动系统。

三、知识学习

1.1　液压传动的含义

液压传动是指以流体(液体)为工作介质进行能量转换、传递和控制的传动。

它是利用密闭系统中的受压流体来传递运动和动力的一种方式。液压传动装置本质上是一种能量转换装置。它以流体为工作介质,通过动力元件(液压泵)将原动机(如电动机、柴油机)的机械能转换成液压能,然后通过管道、控制元件(液压阀)把有压流体输往执行元件(液压缸或液压马达),推动执行元件移动或转动,从而将流体的压力能又转换为机械能,以驱动负载实现直线或回转运动,完成动力传递。

1.2　液压传动的原理和组成

液压千斤顶是一种简单的液压传动装置。液压传动的工作原理可以用机床工作台的工作原理来说明。

如图1-1-2所示,它由油箱19、滤油器18、液压泵17、溢流阀13、开停阀10、节流阀7、换向阀5、液压缸2以及连接这些元件的油管、接头组成。其工作原理如下:液压泵由电动机驱动后,从油箱中吸油。油液经滤油器进入液压泵,油液在泵腔中从入口(低压)到泵出口(高压),在图1-1-2(a)所示状态下,通过开停阀、节流阀、换向阀进入液压缸左腔,推动活塞使工作台向右移动。这时,液压缸右腔的油经换向阀和回油管6排回油箱。

如果将换向阀手柄转换成图1-1-2(b)所示状态,则压力管中的油将经过开停阀、节流阀和换向阀进入液压缸右腔,推动活塞使工作台向左移动,并使液压缸左腔的油经换向阀和回油管 6 排回油箱。

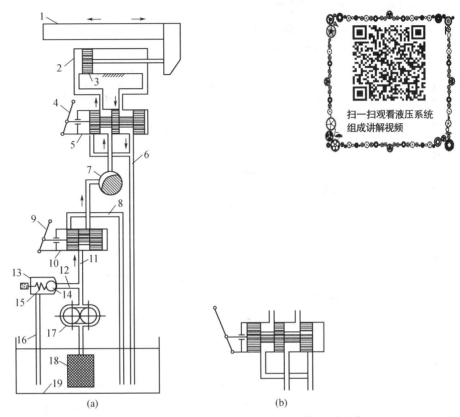

1-工作台;2-液压缸;3-活塞;4-换向手柄;5-换向阀;6,8,16-回油管;7-节流阀;
9-开停手柄;10-开停阀;11-压力管;12-压力支管;13-溢流阀;14-钢球;15-弹簧;
17-液压泵;18-滤油器;19-油箱

图 1－1－2　机床工作台液压系统工作原理图

工作台的移动速度是通过节流阀来调节的。当节流阀开大时,进入液压缸的油量增多,工作台的移动速度增大;当节流阀关小时,进入液压缸的油量减小,工作台的移动速度减小。这是液压传动的一个基本原理——速度取决于流量。为了克服移动工作台时所受到的各种阻力,液压缸必须产生一个足够大的推力,这个推力是由液压缸中的油液压力所产生的。要克服的阻力越大,缸中的油液压力越高;反之压力就越低。这种现象正说明了液压传动的另一个基本原理——压力取决于负载。

从机床工作台液压系统的工作过程可以看出,一个完整的、能够正常工作的液压系统,应该由以下五个主要部分来组成:

(1) 能源装置(动力元件):它是供给液压系统压力油,把机械能转换成液压能的装置。其最常见的形式是液压泵。

(2) 执行装置(执行元件):它是把液压能转换成机械能以驱动工作机构的装置。其形式有做直线运动的液压缸,有作回转运动的液压马达,它们又称为液压系统的执行元件。

(3) 控制调节装置(控制元件):它是对系统中的压力、流量或流动方向进行控制或调节

的装置,如溢流阀、节流阀、换向阀等。

（4）辅助装置（辅助元件）：上述三部分之外的其他装置,例如油箱、滤油器、油管等。它们对于保证系统正常工作是必不可少的。

（5）工作介质：传递能量的流体,即液压油等。

各组成部分的功能见表1-1-1。

表1-1-1　液压系统的组成

组成部分		功能作用
原动机	电动机 发动机	向液压系统提供机械能
液压泵	齿轮泵 叶片泵 柱塞泵	把原动机所提供的机械能转变成油液的压力能,输出高压油液
执行元件	液压缸 液压马达 摆动马达	把油液的压力能转变成机械能去驱动负载做功,实现往复直线运动、连续转动或摆动
控制阀	压力控制阀 流量控制阀 方向控制阀	控制从液压泵到执行元件的油液的压力、流量和流动方向,从而控制执行元件的力、速度和方向
液压辅件	油箱	盛放液压油,向液压泵供应液压油,回收来自执行元件的完成了能量传递任务之后的低压油液
	管路	输送油液
	过滤器	滤除油液中的杂质,保持系统正常工作所需的油液清洁度
	密封	在固定连接或运动连接处防止油液泄漏,以保证工作压力的建立
	蓄能器	储存高压油液,并在需要时释放
	热交换器	控制油液温度
液压油		传递能量的工作介质,也起润滑和冷却作用

1.3　液压传动的表示

在如图1-1-2所示的液压系统组成回路图中,组成系统的各个液压元件的图形基本上表示了它们的结构原理,称为结构式原理图。结构式原理图近似实物,直观易懂,当液压系统出现故障时,分析起来也比较方便。但它不能全面反映元件的职能作用,且图形复杂难于绘制,当系统使用元件数量较多时更是如此。为了简化液压系统原理图的绘制,使分析问题更方便,中国于1965年发布了液压系统图形符号国家标准（GB 786-65）,以后又经数次修订,但与国际标准尚有差异。为了便于参与国际交流及合作,国家技术监督局参照国际ISO 291-1-1991规定,于1993年又发布了液压气动图形符号国家标准（GB/T 786.1-93）,以代替（GB 786-76）。对于这些图形符号有以下几条基本规定:

（1）符号只表示元件的职能、连接系统的通路,不表示元件的具体结构和参数,也不表示元件在机器中的实际安装位置。

（2）元件符号内的油液流动方向用箭头表示，线段两端都有箭头的，表示流动方向可逆。

（3）符号均以元件的静止位置或中间零位置表示，当系统的动作另有说明时，可作例外。

图1-1-3所示为图1-1-2(a)系统用国标(GB/T 786.1-93)绘制的工作原理图。使用这些图形符号可使液压系统图简单明了，且便于绘图。

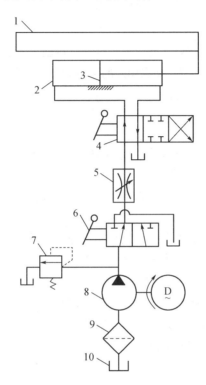

1-工作台；2-液压缸；3-油塞；4-换向阀；5-节流阀；6-开停阀；
7-溢流阀；8-液压泵；9-滤油器；10-油箱

图1-1-3 机床工作台液压系统的图形符号图

1.4 液压传动的基本理论

1.4.1 静止液体的力学规律

静止液体是指液体内部各质点间无相互运动。

1. 压力的概念

液压传动中所说的"压力"概念是指当液体相对静止时，液体单位面积上所受的法向力，在物理学中则称为压强。静止液体在单位面积上所受的法向力称为静压力，静压力在液压传动中简称压力，在物理学中则称为压强。

静止液体中某点处微小面积 ΔA 上作用有法向力 ΔF，则该点的压力定义为

$$P = \Delta F / \Delta A$$

静止液体中某点处的压力表示为

$$p = \lim_{\Delta A \to \infty} \frac{\Delta F}{\Delta A}$$

若法向力 F 均匀作用在面积 A 上,则压力可表示为

$$P = F/A \tag{1-1-1}$$

2. 压力单位

压力 p 的单位为 N/m^2(牛/米^2),也称为帕(Pa)。目前工程上常用 MPa(兆帕)作为压力单位,$1\ MPa = 10^6\ Pa$。工程上,中国曾长期采用过的单位 kgf/cm^2,称为 bar(巴),它们换算关系是:

$$1\ MPa = 1\ MN/m^2 = 10.2\ kgf/cm^2 \approx 10\ kgf/cm^2$$

3. 静压力的特性

(1) 液体的压力沿着内法线方向作用于承压面,即静止液体只承受法向压力,不承受剪切力和拉力,否则就破坏了液体静止的条件。

(2) 静止液体内,任意点处所受到的静压力各个方向都相等。

液压系统中实际流动的液体具有黏性,而且因管道截面积不同或在截面中的位置不同,各点的流速不同,即液体不是处于平衡状态的静止液体。但实测表明,在密闭系统中流动的液体,其压力与受相同外载下静压力的数值相差很小。

4. 压力的表示

根据度量基准的不同,液体压力分为绝对压力和相对压力。若以绝对零压为基准来度量的液体压力,称为绝对压力;若以大气压为基准来度量的液体压力,称为相对压力。相对压力也称为表压力。可见,它们与大气压的关系为

$$绝对压力 = 相对压力 + 大气压 \tag{1-1-2}$$

在一般液压系统中,某点的压力通常指的都是表压力。凡是用压力表测出的压力,也都是表压力。

若某液压系统中绝对压力小于大气压,则称该点出现真空,其真空的程度用真空度表示,如图 1-1-4 所示。

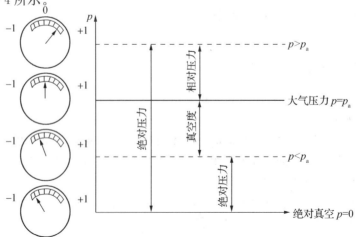

图 1-1-4 压力的度量

$$真空度 = 大气压力 - 绝对压力 \tag{1-1-3}$$

5. 静压力基本方程

如图 1-1-5 所示,有一处静止不动的液体,液体表面上作用了一个大小为 p_0 的压力。求在液面以下深度为 h 的 A 点处的压力的大小。

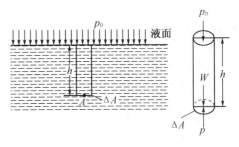

如图所示,取出一个高度为 h,底面积为 ΔA 的假想微小液柱。

对微小液柱进行受力分析,研究垂直方向:

表面上作用一个向下的力,大小为 $p_0 \Delta A$,液体自重引起的力也是向下,大小为 $\rho g h \Delta A$,而 A 点因为静压力所引起的法向力为 $p \Delta A$,方向是向上的。

图 1-1-5 离液面 h 深处的压力

因微小液柱在这三个力作用下是平衡状态,因此,可列出以下方程:

$$p\Delta A = p_0 \Delta A + \rho g h \Delta A$$

式中,$\rho g h \Delta A$ 为小液柱的重力,ρ 为液体的密度。

上式化简后得

$$p = p_0 + \rho g h \tag{1-1-4}$$

这一方程称为静压力的基本方程。此式表明:

(1) 静止液体中任何一点的静压力为作用在液面的压力 p_0 和液体重力所产生的压力 $\rho g h$ 之和。

(2) 液体中的静压力随着深度 h 的增加而线性增加。

(3) 在连通器里,静止液体中只要深度 h 相同,其压力就相等。

【例 1-1】 如图 1-1-6 所示,容器内盛有油液。已知油的密度 $\rho = 900 \text{ kg/m}^3$,活塞上的作用力 $F = 1\,000 \text{ N}$,活塞的面积 $A = 1 \times 10^{-3} \text{ m}^2$,假设活塞的重量忽略不计。问活塞下方深度为 $h = 0.5 \text{ m}$ 处的压力等于多少?

解 活塞与液体接触面上的压力均匀分布,有

$$P_0 = \frac{F}{A} = \frac{1\,000 \text{ N}}{1 \times 10^{-3} \text{ m}^2} = 10^6 \text{ N/m}^2$$

根据静压力的基本方程式,深度为 h 处的液体压力为

$$P = P_0 + \rho g h = 10^6 + 900 \times 9.8 \times 0.5$$
$$= 1.004\,4 \times 10^6 \,(\text{N/m}^2) \approx 10^6 \,(\text{Pa})$$

从计算结果可以看出,液体在受外界压力作用的情况下,液体自重所形成的那部分压力 $\rho g h$ 相对其小,在液压系统中常可忽略不计,因而可近似认为整个液体内部的压力是相等的。

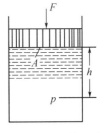

图 1-1-6 静止液体内的压力

以后我们在分析液压系统的压力时,一般都采用这一结论。

6. 压力的传递

压力的传递遵循帕斯卡原理或静压传递原理。作用在密闭容器中的静止液体的一部分上的压力,以相等的压力传递到液体的所有部分。

如图 1-1-7 所示,设小活塞的面积 A_1 与大活塞的面积 A_2 之比为 1:10,在小活塞上施加 1 kN 的力,则在大活塞上就有 10 kN 的向上推力。至于速度,小活塞的运动速度要为大活塞速度的 10 倍。从行程来说,也是 10 倍。

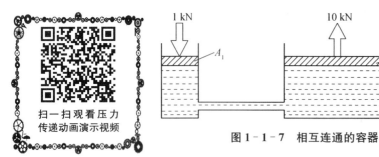

扫一扫观看压力
传递动画演示视频

图 1-1-7　相互连通的容器

7. 工作压力形成

在图 1-1-3 中,液压泵连续地向液压缸供油,当油液充满后,由于活塞受到外界负载 F 的阻碍作用,使活塞不能向右移动;若液压泵继续强行向液压缸中供油,其挤压作用不断加剧,压力也不断升高;当作用在活塞有效作用面积 A 上的压力升高到足以克服外界负载时,活塞将开始运动。

1.4.2　流动液体的力学规律

1. 基本概念

(1) 理想液体:无黏性不可压缩的假想液体。

(2) 实际液体:有黏性可压缩的流体。

(3) 恒定流动:液体流动时,液体中任一点处的压力、速度和密度都不随时间的变化而变化的流动,又称为稳定流动。如图 1-1-8 所示。

(4) 非恒定流动:压力、速度、密度随时间变化的流动。如图 1-1-9 所示。

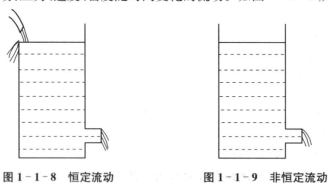

图 1-1-8　恒定流动　　　　　　　图 1-1-9　非恒定流动

(5) 流量 Q:单位时间内流过某通流截面的液体体积。单位是 m^3/s 或 L/min。

(6) 平均流速 v:液体在管道中流动时,由于液体具有黏性,所以流体与管壁间存在摩擦力,液体间存在内摩擦力,这样造成液流流过流断面上各点的速度不相等,管子中心的速度最大,管壁处的速度最小(速度为零)。为计算和分析简便起见,可假想地认为液流通过流断面的流速分布是均匀的,其流速称为平均流速。单位为 m/s。

可见,流量和平均流速有以下关系:

$$Q = vA \qquad (1-1-5)$$

A 为通流断面的截面积。

在液压缸中,液体的流速即为平均流速,它与活塞的运动速度相同,当液压缸有效面积 A 一定时,活塞运动速度的大小由输入液压缸的流量来决定。

2. 连续方程

理想液体在管道中恒定流动时,根据质量守恒定律,液体在管道中既不能增多,也不能减少,因此单位时间内注入液体的质量应恒等于流出液体的质量。如图 1-1-10 所示。

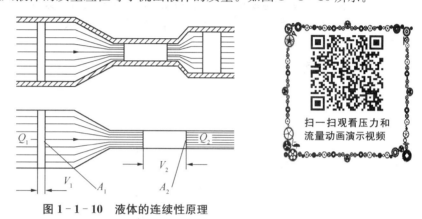

图 1-1-10 液体的连续性原理

用公式表达,就是

$$Q = A_1 v_1 = A_2 v_2 = 常数 \qquad (1-1-6)$$

这就是液体的连续性方程。它是质量守恒定律在流体力学中的应用。

此式还得出另一个重要的基本概念,即运动速度取决于流量,而与液体的压力无关。

【例 1-2】 图 1-1-11 所示为相互连通的两个液压缸,已知大缸内径 $D=100$ mm,小缸内径 $d=20$ mm,大活塞上放上质量为 $5\,000$ kg 的物体。

问:(1) 在小活塞上所加的力 F 有多大才能使大活塞顶起重物?

(2) 若小活塞下压速度为 0.2 m/s,试求大活塞上升速度。

解 (1) 物体的重力为 $G=mg=5\,000$ kg $\times 9.8$ m/s^2 $=49\,000$ kg·m/s^2 $=49\,000$ N

根据帕斯卡原理,由外力产生的压力在两缸中相等,即

$$\frac{F}{\frac{\pi d^2}{4}} = \frac{G}{\frac{\pi D^2}{4}}$$

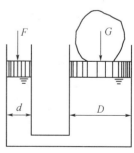

故为了顶起重物应在小活塞上加力为

$$F = \frac{d^2}{D^2}G = \frac{20^2 \text{ mm}^2}{100^2 \text{ mm}^2} \times 49\,000 \text{ N} = 1\,960 \text{ N}$$

(2) 由连续定理:$Q=Av=$常数 得出:

$$\frac{\pi d^2}{4} v_小 = \frac{\pi D^2}{4} v_大$$

图 1-1-11

故大活塞上升速度:

$$v_大 = \frac{d^2}{D^2}v_小 = \frac{20^2}{100^2} \times 0.2 = 0.008 (\text{m/s})$$

本例说明了液压千斤顶等液压起重机械的工作原理,体现了液压装置的力的放大作用。

1.4.3 孔口与缝隙流动

在液压系统中,常遇到液体流过小孔或间隙的情况。如元件的阀口、阻尼小孔、零件间的缝隙等。孔口和缝隙流量在液压技术中占有很重要的地位,它涉及液压元件的密封性,系统的容积效率,更为重要的是稳定的流体流过这些地方时其流量和压力会产生变化。因此,小孔虽小(直径一般在 1 mm 以内),缝隙虽窄(宽度一般在 0.1 mm 以下),但其作用却不可等闲视之。

1. 通过薄壁小孔(孔的通流长度 l 与孔径 d 之比 $l/d \leq 0.5$)的流动(如图 1 - 1 - 12 所示)

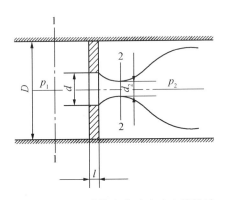

图 1 - 1 - 12 液体在薄壁小孔中的流动

其流量 Q 为:

$$Q = v_2 A_0 = c_d A \sqrt{\frac{2(p_1 - p_2)}{\rho}} \qquad (1-1-7)$$

式中,c_d 称为小孔流量系数,常取 $0.62 \sim 0.63$;A 表示小孔的截面积;p_1 为进口压力,p_2 为出口压力;ρ 为流体的密度。

可见,通过薄壁小孔的流量与孔口前后压差有关,它们的关系是非线性的,与流体的黏度无关。

2. 通过细长小孔(孔的通流长度 l 与孔径 d 之比 $l/d > 4$)的流动

其流量 Q 为:

$$Q = \pi d^4 (p_1 - p_2)/128\mu l \qquad (1-1-8)$$

式中,d 为细长孔直径;l 为细长孔的长度;p_1 为进口压力,p_2 为出口压力;μ 为流体的黏度。

可见,液体流经细长小孔的流量将随液体温度的变化而变化,并且与孔前后的压差关系是线性的变化关系。

为了计算简便,将小孔的流量公式进行统一:

$$Q = KA\Delta p^m \qquad\qquad (1-1-9)$$

式中，A 为孔的通流截面积，Δp 为孔前后压差，m 为由孔结构形式决定的指数，$0.5 \leqslant m \leqslant 1$，$K$ 为与孔口形式有关的系数：

当孔为薄壁小孔时，$m = 0.5$，$K = c_d\sqrt{\dfrac{2}{\rho}}$；孔为细长小孔时 $m = 1$，$K = \dfrac{d^2}{32\mu l}$。

3. 通过间隙的流动（如图 1-1-13 所示）

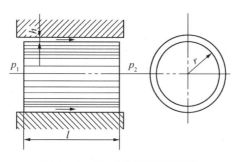

图 1-1-13 通过间隙的流动

在液压系统中，各元件、管接头、阀等存在配合间隙，当流体流经这些间隙时就会发生从压力高处经过间隙流到系统中压力低处或直接进入大气的现象（前者称为内泄漏，后者称为外泄漏），泄漏主要是由压力差与间隙造成的。

1.4.4 液体流动中的压力损失

实际液体具有黏性，在流动时就有阻力，为了克服阻力，就必然要消耗能量，这样就有能量损失。能量损失主要表现为压力损失 Δp。

液压系统中的压力损失分为两类。一是油液流经等径直管时的压力损失，称为沿程压力损失，由液体流动时的内摩擦力引起。它与导管长度、内径和液体的流速、黏度等有关。另一类称为局部压力损失，是油液流经局部障碍（如弯管、管径突变、阀控制口等）时，由于液流的方向或速度突然变化，在局部区域形成旋涡，引起质点相互撞击和剧烈摩擦而产生。

总压力损失为沿程损失和所有局部损失之和。

压力损失增大会影响管路中的压力传递效率，且这部分的压力损失绝大部分将转变为热能，造成系统温升、泄漏增加，以致影响系统的工作性能。减小流速、缩短管路长度、减少管道截面的突变和弯头数目、增加管道内壁的光滑程度，都可使压力损失减少，其中以流速的影响为最大，但流速太低会使管道和元件的尺寸增加，从而使成本增加。

由于存在许多不确定性，要准确计算出压力损失很困难，但又不得不考虑。因此，泵的额定压力要略大于系统工作时所需的最大工作压力。一般可将系统工作所需的最大工作压力乘以 1.3～1.5 的系数来估算。

1.4.5 液体流动中的流量损失

在液压系统中，各液压元件都有相对运动的表面，如液压缸内表面和活塞外表面。因为要有相对运动，所以它们之间都有一定的间隙，如果间隙的一边为高压油，另一边为低压油，

则高压油就会经间隙流向低压区从而造成泄漏。同时由于液压元件密封不完善,一部分油液也会向外部泄漏,这种泄漏造成实际流量有所减少,这就是流量损失。流量损失影响运动速度,而泄漏又难以绝对避免,所以在液压系统中泵的额定流量要略大于系统工作时所需的最大流量。通常将最大流量乘以系数 1.1～1.3。

1.5　液压特点及应用

1. 液压传动优点

液压传动之所以能得到广泛的应用,是由于它与机械传动、电气传动相比具有以下的主要优点:

(1) 由于液压传动是油管连接,所以借助油管的连接可以方便灵活地布置传动机构,这是比机械传动优越的地方。例如,在井下抽取石油的泵可采用液压传动来驱动,以克服长驱动轴效率低的缺点。由于液压缸的推力很大,又加之极易布置,在挖掘机等重型工程机械上,已基本取代了老式的机械传动,不仅操作方便,而且外形美观大方。

(2) 液压传动装置的重量轻、结构紧凑、惯性小。例如,相同功率液压马达的体积为电动机的 12%～13%。液压泵和液压马达单位功率的重量指标,目前是发动机和电动机的十分之一,液压泵和液压马达可小至 0.0025 N/W(牛/瓦),发动机和电动机则约为 0.03 N/W。

(3) 可在大范围内实现无级调速。借助控制阀或变量泵、变量马达,可以实现无级调速,调速范围可达 1∶2000,并可在液压装置运行的过程中进行调速。

(4) 传递运动均匀平稳,负载变化时速度较稳定。正因为此特点,金属切削机床中的磨床传动几乎一直都采用液压传动。

(5) 液压装置易于实现过载保护——借助于设置溢流阀等,同时液压件能自行润滑,因此使用寿命长。

(6) 液压传动容易实现自动化——借助于各种控制阀,特别是采用液压控制和电气、比例、伺服控制结合使用时,能很容易地实现复杂的自动工作循环,而且可以实现遥控。

(7) 液压元件已实现了标准化、系列化和通用化,便于设计、制造和推广使用。

2. 液压传动缺点

(1) 液压系统中的漏油等因素影响运动的平稳性和正确性,液压油的可压缩性使得液压传动不能保证严格的传动比。

(2) 液压传动对油温的变化比较敏感,温度变化时,液体黏度变化,引起运动特性的变化,使得工作的稳定性受到影响,所以它不宜在温度变化较大的环境条件下工作。

(3) 为了减少泄漏,以及为了满足某些性能上的要求,液压元件的配合件制造精度要求较高,加工工艺较复杂。

(4) 液压传动要求有单独的能源,不像电源那样使用方便。

(5) 液压系统发生故障不易检查和排除。

总之,液压传动的优点是主要的,随着设计制造和使用水平的不断提高,有些缺点正在逐步加以克服。液压传动有着广泛的发展前景。

3. 液压传动应用

几乎所有机械都可以采用液压传动,工程机械、矿山机械、压力机械和航空工业采用液压传动的主要原因是其结构简单、体积小、重量轻、输出力大;机床上采用液压传动是取其能在工作过程中方便地实现无级调速,易于频繁换向,易于实现自动化等。

在机床上,液压传动常应用在以下的一些装置中:

(1)进给运动传动装置:磨床砂轮架和工作台的进给运动大部分采用液压传动;车床、六角车床、自动车床的刀架或转塔刀架;铣床、刨床、组合机床的工作台等的进给运动也都采用液压传动。这些部件有的要求快速移动,有的要求慢速移动。有的则既要求快速移动,也要求慢速移动。这些运动多半要求有较大的调速范围,要求在工作中无级调速;有的要求持续进给,有的要求间歇进给;有的要求在负载变化下速度恒定,有的要求有良好的换向性能等。所有这些要求都是可以用液压传动来实现。

(2)往复直线运动传动装置:龙门刨床的工作台、牛头刨床或插床的滑枕,由于要求作高速往复直线运动,并且要求换向冲击小、换向时间短、能耗低,因此都可以采用液压传动。

(3)仿形装置:车床、铣床、刨床上的仿形加工可以采用液压伺服系统来完成。其精度可达 $0.01 \sim 0.02$ mm。此外,磨床上的成形砂轮修正装置亦可采用这种系统。

(4)辅助装置:机床上的夹紧装置、齿轮箱变速操纵装置、丝杆螺母间隙消除装置、垂直移动部件平衡装置、分度装置、工件和刀具装卸装置、工件输送装置等,采用液压传动后,有利于简化机床结构,提高机床自动化程度。

(5)静压支承:重型机床、高速机床、高精度机床上的轴承、导轨、丝杠螺母机构等处采用液体静压支承后,可以提高工作平稳性和运动精度。

液压传动在其他机械工业部门的应用情况见表 1-1-2 所示。

表 1-1-2　液压传动在各类机械行业中的应用实例

行业名称	应用场所举例
工程机械	挖掘机、装载机、推土机、压路机、铲运机等
起重运输机械	汽车吊、港口龙门吊、叉车、装卸机械、皮带运输机等
矿山机械	凿岩机、开掘机、开采机、破碎机、提升机、液压支架等
建筑机械	打桩机、液压千斤顶、平地机等
农业机械	联合收割机、拖拉机、农具悬挂系统等
冶金机械	电炉炉顶及电极升降机、轧钢机、压力机等
轻工机械	打包机、注塑机、校直机、橡胶硫化机、造纸机等
汽车工业	自卸式汽车、平板车、高空作业车、汽车中的转向器、减振器等
智能机械	折臂式小汽车装卸器、数字式体育锻炼机、模拟驾驶舱、机器人等

四、任务实施

1. 在实训室动手拆装千斤顶,注意安全,文明操作并保持现场整洁。

2. 参观液压校外实习基地,认识和了解液压系统的应用。

3. 请查阅相关资料并写出读书报告,应包含以下内容:

(1) 液压动技术的发展趋势;

(2) 液压动技术在工业中的应用;

(3) 国内外最新液压自动化设备。

要求:至少阅读5篇2010年以后的文献资料,并在上交时附上相应的参考文献或网址。

液压系统的动力元件

【主要能力指标】

掌握容积式液压泵的工作原理；

掌握液压泵的参数；

熟知齿轮泵、叶片泵、柱塞泵的特点、故障、选用及使用。

【相关能力指标】

养成独立工作的习惯，能够正确判断和选择；

能够与他人友好协作，顺利完成任务；

能够严格按照操作规程，安全文明操作。

一、任务引入

机床工作台要左右移动，克服摩擦力和切削力，那么它的动力来自液压系统的哪一部分？是什么元件来提供动力的？它是如何工作的呢？

二、任务分析

分析上述任务，要使工作台有足够的动力，推动它运动的液压缸中就要有足够压力的工作介质，工作介质的压力就来自于动力元件。

三、知识学习

任何工作系统都需要动力，而提供动力的零件称为动力元件。在液压系统中提供动力

的元件就是液压泵。液压系统正是通过液压泵向系统提供具有一定流量和压力的液压介质,从而驱动液压执行元件做功。

2.1 液压泵概述

2.1.1 液压泵的工作原理

液压泵是一种能量转换装置,它把原动机的机械能转换成油液的压力能。图 1-2-1 为一款柱塞式液压泵的外观图。

图 1-2-1 液压泵外观图

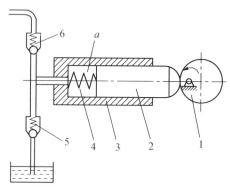

1-偏心轮;2-柱塞;3-缸体;4-弹簧;
5-单向阀;6-单向阀;a-密闭容积
图 1-2-2 液压泵工作原理图

液压泵都是依靠密封容积变化的原理来进行工作,从而实现能量转换的,因此一般称为容积式泵。图 1-2-2 所示的是一单柱塞液压泵的工作原理图。图中柱塞 2 装在缸体 3 中形成一个密封容积 a,柱塞在弹簧 4 的作用下始终压紧在偏心轮 1 上。原动机驱动偏心轮 1 旋转使柱塞 2 作往复运动,使密封容积 a 的大小发生周期性的交替变化。当 a 由小变大时就形成部分真空,使油箱中油液在大气压作用下,经吸油管打开单向阀 5 进入油腔 a 而实现吸油;反之,当 a 由大变小时,a 腔中吸满的油液将推开单向阀 6 流入系统而实现压油。这样液压泵就将原动机输入的机械能转换成液体的压力能,原动机驱动偏心轮不断旋转,液压泵就不断地吸油和压油。

2.1.2 液压泵的工作条件

通过工作原理的介绍,可看出液压泵工作时必须具备以下条件:

(1) 具有若干个由运动件和静止件所构成的密闭容积。

(2) 密闭容积的大小要随运动件的动作做周期性的变化。容积由小变大时,实现吸油动作,由大变小时,实现压油动作。

泵的输出流量与密闭容积的变化量和单位时间内的变化次数成正比,与其他因素无关。这是容积式泵的一个重要特征。

(3) 具有相应的配流机构。将吸油和压油过程隔开,保证液压泵有规律地连续吸排液体。吸油时,阀 6 关闭,5 开启;压油时,阀 6 开启,5 关闭。

（4）油箱内液体的绝对压力必须恒等于或大于大气压力。这是容积式液压泵能吸入油液的外部条件。因此为保证液压泵能正常吸油，油箱必须与大气相通，或采用密闭的充气油箱。

2.1.3　液压泵的性能参数

液压泵的主要性能参数有压力、排量、流量、转速、功率和效率等。

1. 压力

不同的工作状态下又有不同的意义：

（1）工作压力 p

液压泵实际工作时的输出压力称为工作压力。工作压力取决于外负载的大小和压油管路上的压力损失，而与液压泵的流量无关。

它是克服负载阻力而建立起来的压力，如果液压系统中没有阻力，相当于泵输出的油液直接流回油箱，系统压力就建立不起来，工作压力为零。

（2）额定压力 p_s

额定压力是液压泵在正常工作条件下，按试验标准规定连续运转的最高压力。

额定压力又称为公称压力或铭牌压力。它受泵本身泄漏和结构强度限制。当泵的工作压力大于额定压力时，泵就会超载。

（3）最高允许压力 p_{max}

超过额定压力的条件下，根据试验标准规定，允许液压泵短暂运行的最高压力。

超过最高允许压力，泵的泄漏会迅速增加。

2. 排量 q

在不考虑泄漏的情况下，液压泵每转一周，所排出的流体体积称为排量，又称为理论排量或几何排量。

它由密封容积几何尺寸变化计算而得。其大小仅与泵的几何尺寸有关。常用单位为 mL/r 或 cm³/r。排量可以调节的液压泵称为变量泵；排量不可以调节的液压泵则称为定量泵。

3. 流量 Q

泵单位时间内排出的流体体积称为流量。常用单位为 L/min 或 m³/s。

不同情况下又有不同的流量：

（1）理论流量 Q_{th}

不考虑液压泵的泄漏量的条件下，泵在单位时间内所排出的液体体积称为理论流量。

如果液压泵的排量为 q，其主轴转速为 n，则该液压泵的理论流量 Q_{th} 为

$$Q_{th} = qn \qquad\qquad (1-2-1)$$

式中，q 为液压泵的排量（m³/r），n 为主轴转速（r/s）。

（2）实际流量 Q_{ac}

泵在单位时间内所排出的液体体积称为实际流量。

由于泄漏不可避免，实际流量小于理论流量。

$$Q_{ac} = Q_{th} - \Delta Q \qquad\qquad (1-2-2)$$

式中,ΔQ 为泄漏量。

(3) 额定流量 Q_n

在正常工作条件下,按试验标准规定(如在额定压力和额定转速下)必须保证的流量。又称为公称流量或铭牌流量。

(4) 瞬时流量 Q_m

泵在工作时某一瞬时的输出流量。

根据瞬时流量是否稳定可判断泵的脉动性。

4. 转速 n

泵在不同的运转情况下又可分为以下几种:

(1) 额定转速 n_s

指额定压力下能连续长时间正常运转的最高转速。

又称为铭牌转速。

(2) 最高转速 n_{max}

额定压力下允许短时间运行的最高转速。

(3) 最低转速 n_{min}

正常运转允许的最低转速,低于最低转速时,液压泵工作会不正常。

最低转速和最高转速之间的转速差额称为转速范围。

5. 效率 η

可细分为三个指标

(1) 容积效率 η_v

液压泵的实际输出流量 Q 与其理论流量 Q_{th} 之比,即

$$\eta_v = \frac{Q_{ac}}{Q_{th}} = \frac{Q_{th} - \Delta Q}{Q_{th}} = 1 - \frac{\Delta Q}{Q_{th}}$$

由于容积损失的存在,容积效率总小于 1。容积损失是指液压泵在流量上的损失,液压泵的实际输出流量总是小于其理论流量,主要是由于液压泵内部高压区往低压区的泄漏、油液的压缩以及在吸油过程中由于吸油阻力太大、油液黏度大以及液压泵的转速高等原因而导致油液不能全部充满密封工作腔。

(2) 机械效率 η_m

指泵的理论转矩与实际输入转矩之比。

$$\eta_m = \frac{T_{th}}{T_{ac}} \qquad\qquad (1-2-3)$$

式中,T_{th} 为理论输入扭矩,T_{ac} 为实际输入扭矩。

由于机械损失的存在,机械效率总小于 1。机械损失是指液压泵在转矩上的损失。

(3) 总效率 η

液压泵的容积效率与机械效率的乘积。

$$\eta = \eta_m \cdot \eta_v \qquad\qquad (1-2-4)$$

6. 功率

（1）输入功率 P_M

指作用在液压泵主轴上的机械功率，也就是电机的输出功率。

当输入转矩为 T，角速度为 ω 时，

$$P_M = T\omega \tag{1-2-5}$$

（2）输出功率 P_{ac}

指液压泵输出的液压功率。等于在工作过程中的实际吸、压油口间的压差 Δp 和输出流量 Q 的乘积，即

$$P_{ac} = \frac{pQ_{ac}}{60}(\text{kW}) \tag{1-2-6}$$

可见，总效率和功率之间有以下关系：

$$\eta = P_{ac}/P_M = \eta_v \eta_m \tag{1-2-7}$$

泵的三种效率之间的关系，可用效率曲线形象地表示出来，如图 1-2-3 所示。

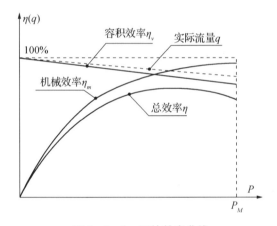

图 1-2-3　泵的效率曲线

【例 2-1】 已知一液压泵的排量为 20 mL/r，转速为 $1\,200$ rpm，泵输出压力为 5 MPa，容积效率为 0.92，机械效率为 0.91。求：泵的理论流量、实际流量、输出功率及输入功率。

解　（1）泵的理论流量

$Q_{th} = q \cdot n \cdot 10^{-3} = 20 \times 1\,200 \times 10^{-3} = 24$ L/min

（2）泵的实际流量

$Q_{ac} = Q_{th} \cdot \eta_v = 24 \times 0.92 = 22.08$ L/min

（3）泵的输出功率

$P_{ac} = \dfrac{PQ_a}{60} = 5 \times 22.08 \div 60 = 1.84(\text{kW})$

（4）驱动电机功率

$P_m = \dfrac{P_{ac}}{\eta} = 1.84 \div (0.92 \times 0.91) = 2.20(\text{kW})$

2.1.4 液压泵的分类和职能符号

液压泵的种类非常多,分类方法有四种:

按输出的流量能否调节,分为定量泵和变量泵;

按结构形式分为齿轮泵、叶片泵、柱塞泵及螺杆泵;

按输出方向能否改变,分为单向泵和双向泵;

按使用压力可分为低压泵、中压泵、中高压泵、高压泵及超高压泵。

低压泵指压力为 0～2.5 MPa,中压泵指压力为 2.5～10 MPa,中高压泵指压力为 10～20 MPa,高压泵指 20～32 MPa,超高压泵指压力大于 32 MPa。

按流量分,又有几个级别:4,6,10,16,25,40,63,100,250(mL/min)等。

不同的泵职能符号不同:

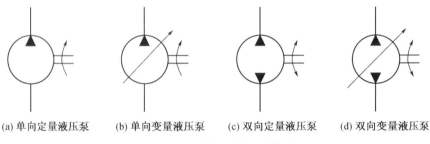

(a) 单向定量液压泵   (b) 单向变量液压泵   (c) 双向定量液压泵   (d) 双向变量液压泵

图 1-2-4 液压泵的职能符号

2.2 齿轮泵

齿轮泵利用一对齿轮的啮合运动,造成吸、排油腔的容积变化进行工作,从而实现泵的功能。它是液压泵中结构最简单,价格最便宜的一种。齿轮泵一般都是定量泵(已经有人研制出一种通过改变齿轮啮合宽度而实现变量的齿轮泵专利),可分为外啮合齿轮泵和内啮合齿轮泵。

2.2.1 外啮合齿轮泵

1. 结构组成

图 1-2-5 外啮合齿轮泵外观图   图 1-2-6 外啮合齿轮泵内部结构图

外啮合齿轮泵由前、后泵盖,泵体,一对齿数、模数、齿形完全相同的渐开线外啮合齿轮及一对长短轴组成。如图1-2-5外观图、1-2-6内部结构图所示。

2. 工作原理

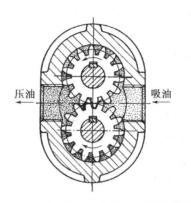

扫一扫观看外啮合齿轮泵工作原理动画演示视频

图1-2-7 外啮合齿轮泵工作原理图

当齿轮按图1-2-7所示方向旋转时,右侧吸油腔由于相互啮合的轮齿逐渐脱开,密封工作容积逐渐增大,形成部分真空,因此油箱中的油液在外界大气压力的作用下,经吸油管进入吸油腔,将齿间槽充满,并随着齿轮旋转,把油液带到左侧压油腔内。在压油区一侧,由于轮齿在这里逐渐进入啮合,密封工作腔容积不断减小,油液便被挤出去,从压油腔输送到压力管路中去。在齿轮泵的工作过程中,只要两齿轮的旋转方向不变,其吸、排油腔的位置也就确定不变。这里啮合点处的齿面接触线一直分隔高、低压两腔,起着配油作用,因此在齿轮泵中不需要设置专门的配流机构,这是它和其他类型容积式液压泵的不同之处。

3. 结构特点

(1) 流量脉动

由于齿轮啮合时,啮合点位置瞬间变化,其工作容积变化不均匀,因此造成瞬时流量不均匀即脉动。流量的脉动容易引起系统的压力脉动,产生振动和噪声,影响传动的平稳性。

(2) 困油

齿轮泵要平稳工作,齿轮啮合的重叠系数必须大于1,也就是要求在一对齿轮即将脱开啮合前,后面的一对齿轮就要开始啮合。在两对轮齿同时啮合的这一小段时间内,留在齿间的油液困在两对轮齿和前后泵盖所形成的一个密闭空间中,如图1-2-8(a)所示。当齿轮

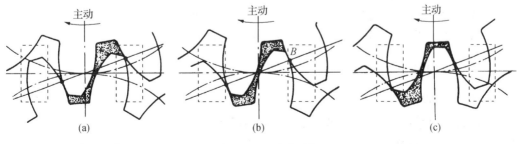

(a)　　　　　　　　(b)　　　　　　　　(c)

图1-2-8 困油现象

继续旋转时,这个空间的容积就逐渐减小,直到两个啮合点 A,B 处于节点两侧的对称位置时,如图 1-2-8(b)所示,这时封闭容积减至最小。由于油液的可压缩性很小,当封闭空间的容积减少时,被困的油受挤压,压力急剧上升,油液从零件结合面的缝隙中强行挤出,使齿轮和轴承受到很大的径向力;当齿轮继续旋转,这个封闭容积又逐渐增大到如图 1-2-8(c)所示的最大位置,容积增大时又会造成局部真空,使油液中溶解的气体分离,产生空穴现象,这些都将使齿轮泵产生强烈的噪声。这就是困油现象。

解决方法:在齿轮泵的两侧端盖上开卸荷槽。

(3)径向不平衡力

在齿轮泵中,作用在齿轮外圆上的压力是不相等的。在压油腔和吸油腔处,齿轮外圆和齿廓表面承受着工作压力和吸油腔压力,在齿轮和壳体内孔的径向间隙中,可以认为压力由压油腔压力逐渐分级下降至吸油腔压力,如图 1-2-9 所示。这些液体压力综合作用的结果,相当于给齿轮一个径向的作用力(即不平衡力),使齿轮和轴承受载,这就是径向不平衡力。工作压力越大,径向不平衡力也越大,甚至可以使轴发生弯曲,使齿顶和壳体发生接触,同时加速轴承的磨损,降低轴承的寿命。

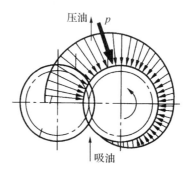

图 1-2-9 径向力不平衡

解决方法:缩小压油区或者将压油区扩大到吸油区附近(也可以把吸油区扩大到压油区附近),仅保留一到两齿密封。

(4)泄漏

有三个可能泄漏的部位:齿轮端面和端盖间;齿轮外圆和壳体内孔间;两个齿轮的齿轮啮合处。其中齿轮端面和端盖间的轴向间隙泄漏占总泄漏量的 $75\%\sim80\%$。

解决方法:

① 减小径向不平稳力;

② 提高轴与轴承的刚度;

③ 对泄漏量最大的端面间隙采用自动补偿装置。

2.2.2　内啮合齿轮泵

1. 结构组成

内啮合齿轮泵由小齿轮、内齿环、月牙形隔板等组成,其外观如图 1-2-10 所示。图 1-2-11(a)为有隔板的内啮合齿轮泵,图 1-2-11(b)为摆动式内啮合齿轮泵。它的结构比外啮合齿轮泵简单,但内齿环加工难度大。

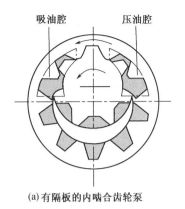

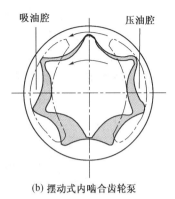

图 1-2-10　内啮合齿轮泵外观图　　　　图 1-2-11　内啮合齿轮泵内部结构图

2. 工作原理

当小齿轮带动内齿环同向异速旋转时,左上半部分轮齿退出啮合,形成真空吸油;左下半部分轮齿进入啮合,容积减小,压油。月牙板同两齿轮将吸压油口隔开。

3. 结构特点

（1）无困油现象

由于小齿轮和内齿环齿数相异,且转向相同,因此不会形成困油区,没有困油现象。

（2）流量脉动大

和外啮合的原因一样,由于齿轮啮合时,啮合点位置瞬间变化,其工作容积变化不均匀,因此造成流量脉动。

（3）噪声低

由于两齿轮转向相同,齿面间相对速度小,运转平稳。

2.2.3　齿轮泵的性能评价及应用

1. 外啮合齿轮泵

主要有以下优点:

（1）结构简单紧凑,体积较小,制造方便,工艺性好,价格低廉。

（2）自吸性能强。

（3）对油污不敏感,可用于输送黏度大的油液。

（4）转速范围大,一般情况转速范围为 600~3 000 r/min,高速可达 5 000 r/min。

（5）工作可靠,便于维护。

主要缺点如下:

（1）流量压力脉动大,噪声大。

（2）排量不可调。

（3）轴承和齿轮受到不平衡的径向力作用,引起轴承额外磨损,泄漏增大,容积效率变低。

（4）效率低。

应用场合:

广泛应用于精度要求不高的一般机床和工作条件较为恶劣的情况下。

2. 内啮合齿轮泵

主要有以下优点：

(1) 结构简单紧凑，体积较小，零件少。

(2) 噪声低，容积效率高。

(3) 对油污不敏感，可用于输送黏度大的油液。

(4) 转速高，运动平稳。

(5) 工作可靠，便于维护。

主要缺点如下：

(1) 加工复杂，价格高。

(2) 流量脉动大。

(3) 排量不可调。

应用场合：

广泛应用于精度要求不高的一般机床和工作条件较为恶劣的情况下。

2.2.4　齿轮泵的常见故障及排除

故障一：噪声大或压力波动严重

原因及解决办法：

1. 过滤器被污物阻塞或吸油管贴近过滤器底面

清除过滤器铜网上的污物；吸油管不得贴近过滤器底面。

2. 油管露出油面或伸入油箱较浅，或吸油位置太高

吸油管应伸入油箱内 2/3 深，吸油位置不得超过 500 mm。

3. 油箱中的油液不足

按油标规定线加注油液。

4. 泵和电动机的联轴器碰撞

联轴器中的弹性体损坏需要更新，装配时应保证同轴度要求。

5. 齿轮的齿形精度不好

调换齿轮或修整齿形。

故障二：输油量不足或压力提不高

原因及解决办法：

1. 轴向间隙与径向间隙过大

修复或更新泵的机件。

2. 连接处有泄漏，从而引起空气混入

紧固连接处的螺钉，严防泄漏。

3. 油液黏度太高或油温过高

选用合适黏度的液压油，并注意气温变化对油温的影响。

4. 电动机旋转方向不对，造成泵不吸油，并在泵吸油口有大量气泡

改变电动机的旋转方向。

5. 过滤器或管道堵塞

清除污物,定期更换油液。

6. 压力阀中的阀芯在阀体中移动不灵活

检查压力阀,使阀芯在阀体中移动灵活。

故障三:泵旋转不通畅或咬死

原因及解决办法:

1. 轴向间隙或径向间隙过小

修复或更换泵的机件。

2. 压力阀失灵

检查压力阀中弹簧是否失灵、阀上小孔是否堵塞。

3. 泵和电动机的联轴器同轴度不好

使两者的同轴度在规定的范围内。

4. 油液中杂质被吸入泵体内

严防周围灰尘、铁屑及冷却水等污物进入油箱,保持油液清洁。

故障四:泵严重发热(泵温度应低于 65℃)

原因及解决办法:

1. 油液黏度过高

更换适当的油液。

2. 油箱小、散热不好

加大油箱容积或增设冷却器。

3. 泵的径向间隙或轴向间隙过小

调整间隙或调整齿轮。

4. 卸荷方法不当或泵带压溢流时间过长

改进卸荷方法或减少泵带压溢流时间。

5. 油在油管中流速过高,压力损失过大

加粗油管,调整系统布局。

故障五:外泄漏

原因及解决办法:

1. 泵盖与密封圈配合过松

调整配合间隙。

2. 密封圈失效或装配不当

更换密封圈或重新装配。

3. 零件密封面划痕严重

修磨或更换零件。

四、实操

1. 齿轮泵的拆装

拆装如图 1 - 2 - 12、1 - 2 - 13 所示外啮合齿轮泵、内啮合齿轮泵。

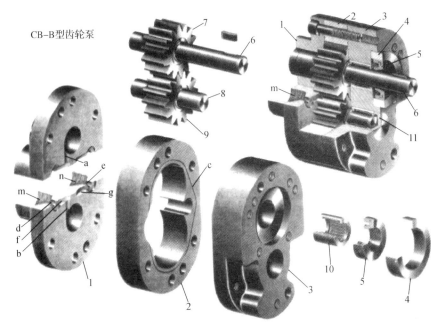

图 1 - 2 - 12　外啮合齿轮泵的立体结构图

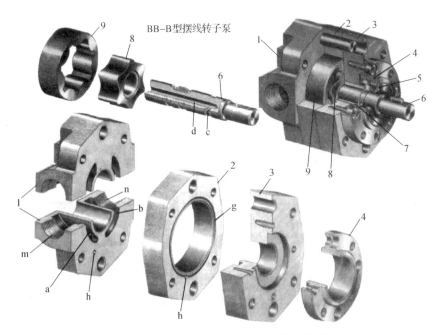

图 1 - 2 - 13　内啮合齿轮泵的立体结构图

2. 齿轮泵的安装

齿轮泵的安装应注意以下几点：

（1）一般情况下，吸压油口不能通用；口径大者为吸油口，口径小者为压油口，将压油口与系统相连接，吸油口与油箱连接。

（2）齿轮泵的吸油高度过高时，不容易吸油或根本吸不上来油。比较合适的吸油高度一般不大于 0.5 m。

（3）如果泵的吸油口和压油口的口径大小相同，吸油口和压油口允许互换，齿轮可反转。

（4）泵的传动轴与电动机驱动轴的同轴度偏差应小于 0.1 mm。一般采用弹性联轴器连接，不允许用 V 带直接带动泵的轴转动。

（5）齿轮泵的吸油管不得漏气并应设置过滤器。

3. 齿轮泵的使用

齿轮泵的使用应注意以下几点：

（1）泵传动轴与原动机输出轴之间的安装采用弹性联轴器，其同轴度偏差应小于 0.1 mm；若采用轴套式联轴器，同轴度偏差应小于 0.05 mm。

（2）传动装置应保证泵的主动轴受力在允许的范围内。

（3）泵的吸油高度不得大于 0.5 m。

（4）在泵的吸油口常用网式过滤器，其过滤器精度应小于 40 μm，设置在系统回路上的过滤器精度最好小于 20 μm。

（5）工作油液应严格按规定选用，通常用运动黏度为 25～33 mm^2/s，工作温度范围为 -20～80℃的油液。

（6）拆卸和装配泵时，必须严格按出厂使用说明书进行。

（7）要拧紧泵进、出油口管接头的螺钉，密封装置要可靠，以免引起吸空和漏油，影响泵的工作性能。

（8）应避免泵带负载启动和有负载情况下停车。

（9）启动前，必须检查系统中的安全阀是否在调定的许可压力上。

（10）泵如长时间不用，应将泵与原动机分离。再使用时，不得立即使用最大负载，应有不少于 10 分钟的空负载运转。

通过对齿轮泵的学习，我们知道它噪声大，压力脉动也很大，工作不平稳。而一些精密控制的场合需要工作平稳、噪声小，或是大功率的场合需要压力大的时候，我们就要选择叶片泵或者柱塞泵作为动力元件。下面我们就来认识一下这两种泵。

另外，在工程实践中如何根据不同的工况，结合各类泵的特点来选择泵，也是我们需要掌握的。

一、叶片泵

叶片泵的结构较齿轮泵复杂，一般为中压低泵，流量脉动小，工作平稳，噪声较小，寿命较长，所以被广泛应用于专业机床、自动线等中低压液压系统中。叶片泵分单作用叶片泵和双作用叶片泵，叶片泵有定量泵和变量泵。工作压力为 7 MPa～21 MPa。

（一）单作用叶片泵

1. 结构组成

扫一扫观看单作用叶片泵动作动画演示视频

图1－2－14　单作用叶片泵外观图

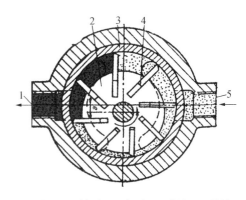

1－压油口；2－转子；3－定子；4－叶片；5－吸油口

图1－2－15　单作用叶片泵原理图

单作用叶片泵由定子、转子、叶片、壳体、左、右配流盘和传动轴等组成，如图1－2－15所示。定子具有圆柱形内表面，定子和转子间有偏心距 e，叶片装在转子槽中，并可在槽内滑动。

2. 工作原理

当转子回转时，由于离心力的作用，使叶片紧靠在定子内壁，这样在定子、转子、叶片和两侧配油盘间就形成若干个密封的工作区间。当转子按图示的方向回转时，在图的右部，叶片逐渐伸出，叶片间的工作空间逐渐增大，从吸油口吸油，这就是吸油腔。在图的左部，叶片被定子内壁逐渐压进槽内，工作空间逐渐减小，将油液从压油口压出，这就是压油腔。在吸油腔和压油腔间有一段封油区，把吸油腔和压油腔隔开，叶片泵转子每转一周，每个工作空间完成一次吸油和压油，故称单作用叶片泵。

3. 结构特点

（1）单作用式

转子转一圈，吸压油各一次，因此称为单作用式。

（2）非卸荷式

由于单作用式叶片泵的吸油腔和压油腔各占一侧，转子受到压油腔油液的作用力大于吸油腔油液的作用力，致使转子所受的径向力不平衡，从而转子轴受力也不平衡，使得轴承受到较大载荷作用。

（3）变量式

可通过改变定子的偏心距来调节泵的排量，因此可以做成变量泵。

（4）双向式

通过改变配油盘的位置,可任意改变泵的进出油口方向,因此是双向式。

（二）双作用叶片泵

1. 结构组成

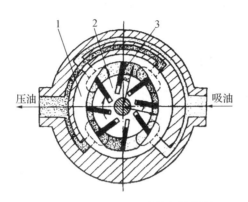

图 1-2-16 双作用叶片泵结构图

如图 1-2-16 所示,双作用叶片泵由定子、转子、叶片、左、右配流盘、传动轴等组成。定子由两段大半径圆弧、两段小半径圆弧和四段过渡曲线组成,因此定子内表面近似椭圆形。转子上有数个叶片槽,并且与定子同心。叶片可以在叶片槽内自由滑动。左右配油盘上开有对称布置的吸压油窗口。传动轴上带有花键槽,由轴承支撑。

2. 工作原理

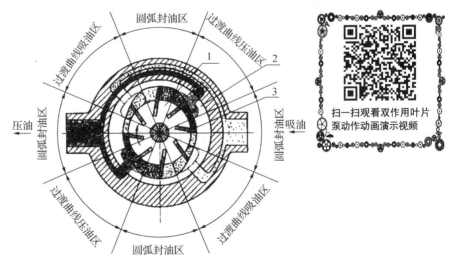

扫一扫观看双作用叶片泵动作动画演示视频

图 1-2-17 双作用叶片泵原理图

如图 1-2-17 所示,当转子转动时,叶片在离心力和(建压后)根部压力油的作用下,在转子槽内向外移动而压向定子内表面,叶片、定子的内表面、转子的外表面和两侧配油盘间就形成若干个密封空间。当转子按图示方向顺时针旋转时,处在小圆弧上的密封空间经过渡曲线而运动到大圆弧的过程中,叶片外伸,密封空间的容积增大,要吸入油液;再从大圆弧

经过渡曲线运动到小圆弧的过程中,叶片被定于内壁,逐渐压过槽内,密封空间容积变小,将油液从压油口压出。因而,转子每转一周,每个工作空间要完成两次吸油和压油,称之为双作用叶片泵。这种叶片泵由于有两个吸油腔和两个压油腔,并且各自的中心夹角是对称的,作用在转子上的油液压力相互平衡。因此双作用叶片泵又称为卸荷式叶片泵,为了使径向力完全平衡,密封空间数(即叶片数)应当是双数。

3. 结构特点

(1)双作用式:

转子每转一周,每个油腔吸油两次,压油两次,因此称为双作用式。

(2)卸荷式:

双作用式叶片泵有两个吸油腔和两个压油腔,并且对称于转轴分布,压力油作用于轴承上的径向力是平衡的,故又称为卸荷式叶片泵。

(3)定量式:

由于转子和定子是同心的,因此是定量的。

(4)双向式:

可任意改变泵的进出油口方向,因此是双向式。

(三)叶片泵的性能评价及应用

1. 叶片泵的主要性能

(1)压力

双作用定量叶片泵的最高工作压力现已达到 $28\sim30$ MPa。单作用变量叶片泵的工作压力一般不超过 17.5 MPa。

(2)排量范围

已知叶片泵产品的排量范围为 $0.5\sim4\,200$ mL/r,常用产品约为 $2.5\sim300$ mL/r。常见变量叶片泵产品排量范围约为 $6\sim120$ mL/r。

(3)转速

小排量双作用定量叶片泵最高转速达 $8\,000\sim10\,000$ r/min,一般产品只有 $1\,500\sim2\,000$ r/min。常用单作用变量叶片泵的最高转速约为 $3\,000$ r/min,但其同时还有最低转速的限制(一般为 $600\sim900$ r/min),以保证有足够的离心力可靠地甩出叶片。

(4)效率

双作用定量叶片泵在额定工况下的容积效率可超过 $93\%\sim95\%$。

(5)功率密度

由于双作用叶片泵的单位结构体积中可设置的工作容积较大("双作用"的特点),因此在排量相同时,尺寸有可能比齿轮泵更小。但后者许用压力和转速较高,且外啮合齿轮泵多用铝合金壳体,因此功率密度方面仍然是齿轮泵占优。

2. 应用场合

叶片泵在中、低压系统中用得较多,常用于精密机床和一些功率较大的设备上,如高精度平面磨床和塑料机械等。组合机床液压系统中用得很多。

3. 叶片泵的优缺点

主要有以下优点:

（1）流量脉动小，运动平稳，噪声小。

（2）转子受力相互平衡，轴承寿命长。

（3）工作压力高。

（4）容积效率高，可达90％以上。

（5）结构紧凑、轮廓尺寸小，排量大。

主要有以下缺点：

（1）结构复杂，制造比较困难。

（2）叶片易出现咬死现象（叶片卡在槽内不能沿槽滑动），并且启动时的速度高，否则离心力过小，因叶片不能紧压在定子内表面上而吸不上油来，但速度也不能太高。

（3）对油液的质量要求较高，工作可靠性差。

（4）自吸性能较差，对吸油条件要求较严格，转速范围必须在500～1 000 r/min。

（四）叶片泵的常见故障及排除

故障一：吸不上油液，没有压力

原因及解决办法：

1. 电动机转向不对

纠正电动机的旋转方向。

2. 油面过低，吸不上油液

定期检查油箱的油液，并加油至油标规定线。

3. 叶片在转子槽内配合过紧

单独配叶片，使各叶片在所处的转子槽内移动灵活。

4. 油液黏度过高，使叶片移动不灵活

更换黏度低的液压油。

5. 泵体有砂眼，高低压油互通

更换新的泵体。

6. 配油盘在压力油作用下变形，配油盘与壳体接触不良

修整配油盘的接触面。

故障二：输油量不足，提不高压力

原因及解决办法：

1. 各连接处密封不严，吸入空气

检查吸油口及各连接处是否泄漏，紧固各连接处。

2. 个别叶片移动不灵活

不灵活的叶片应单槽配研。

3. 轴向间隙和径向间隙过大

修复或更换有关零件。

4. 叶片和转子装反

重新装配，纠正转子和叶片的方向。

5. 配油盘内孔磨损

严重损坏时需更换。

6. 转子槽和叶片的间隙过大

根据转子叶片槽单配叶片。

7. 叶片和定子内环曲面接触不良

定子磨损一般在吸油腔。对于双作用叶片泵，可翻转180°装上，在对称位置重新加工定位孔。

8. 吸油不通畅

清洗过滤器，定期更换工作油液，并加油至油标规定线。

故障三：噪声和振动严重

原因及解决办法

1. 有空气侵入

详细检查吸油管路和油封的密封情况及油面的高度是否正常。

2. 配油盘端面与内孔不垂直，或叶片本身垂直度不好

修磨配油盘端面和叶片侧面，使其垂直度在 $10\,\mu m$ 之内。

3. 配油盘上的三角形节流槽太短

可用什锦锉刀将其适当修长。

4. 个别叶片过紧

详细检查，进行研配。

5. 油液黏度过高

适当降低油液黏度。

6. 联轴器的安装同轴度不好或松动

调节同轴度至要求范围内，并将螺钉紧固好。

7. 转速过高

适当降低转速

8. 轴的密封圈过紧

适当调整密封圈，使之松紧适度。

9. 吸油不畅，或油面过低

清理吸油油路，使之通畅，或加油到油面高度。

10. 定子曲线面拉毛

抛光或修磨。

二、柱塞泵

柱塞泵工作原理是通过柱塞在液压缸内做往复运动来实现吸油和压油。与齿轮泵和叶片泵相比，该泵能以最小的尺寸和最小的重量供给最大的动力，是一种高效率的泵，但制造成本相对较高，该泵用于高压、大流量、大功率的场合。按柱塞排列和运动方向的不同可将柱塞泵分为轴向式和径向式两种。

（一）轴向柱塞泵

轴向柱塞泵是将多个柱塞轴向配置在一个共同缸体的圆周上，并使柱塞中心线和缸体中心线平行的一种泵，轴向柱塞泵有两种形式，直轴式（斜盘式）和斜轴式（摆缸式）。

斜盘式：

1. 结构组成

图 1-2-18　柱塞泵外观图

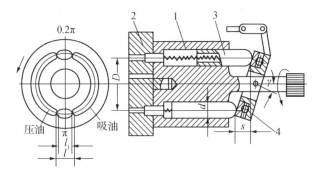

图 1-2-19　斜盘式内部结构图

主要由缸体 1、配油盘 2、柱塞 3 和斜盘 4 组成。柱塞沿圆周均匀分布在缸体内。斜盘与缸体轴线倾斜一角度 γ。

2. 工作原理

柱塞靠机械装置或在低压油作用下压紧在斜盘上（图中为弹簧），配油盘 2 和斜盘 4 固定不转，当原动机通过传动轴使缸体转动时，由于斜盘的作用，迫使柱塞在缸体内作往复运动，并通过配油盘的配油窗口进行吸油和压油。如图 1-2-19 中所示回转方向，当缸体转角在 $\pi \sim 2\pi$ 范围内，柱塞向外伸出，柱塞底部的密封工作容积增大，通过配油盘的吸油窗口吸油；在 $0 \sim \pi$ 范围内，柱塞被斜盘推入缸体，使密封容积减小，通过配油盘的压油窗口压油。缸体每转一周，每个柱塞各完成吸、压油一次，如改变斜盘倾角 γ，可改变液压泵的排量，改变斜盘倾角方向，就能改变吸油和压油的方向，成为双向变量泵。

3. 结构特点

（1）由于改变斜盘倾角 γ 可改变柱塞翻往复运动行程的长度，从而改变了泵的排量，因此是变量泵。

（2）可改变泵的进出油口方向，对泵的性能不会有任何影响，因此是双向式泵。

斜轴式：

1. 结构组成

斜轴式柱塞泵内部结构如图 1-2-20 所示。

2. 工作原理

与斜盘式轴向柱塞泵类似，只是缸体轴线与传动轴间有一个摆角 β，柱塞和传动轴间通过连杆连接。传动轴旋转通过连杆拨动缸体旋转，强制带动柱塞在缸体孔内作往复运动。

3. 结构特点

柱塞受力状态比斜盘式好，不仅可增大摆角来增大流量，且耐冲击，寿命长。

扫一扫观看柱塞泵工作原理动画演示视频

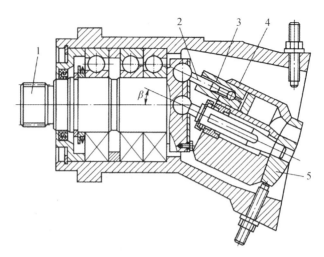

1-传动轴;2-连杆;3-柱塞;4-缸体;5-配流盘

图 1-2-20 斜轴式柱塞泵内部结构图

(二) 径向柱塞泵

径向是指柱塞运动方向与液压缸体的中心线垂直,径向柱塞泵又分为固定液压缸式和回转液压缸式。

固定液压缸式径向柱塞泵:

1. 结构组成

如图 1-2-21 所示,径向柱塞泵由偏心轮、柱塞及吸压油口组成。

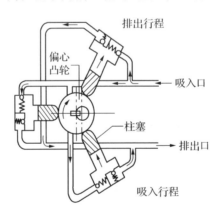

图 1-2-21 固定液压缸式径向柱塞泵

2. 工作原理

偏心轮转动,推动柱塞产生往复运动,完成吸压油过程。

3. 结构特点

径向柱塞泵为定量泵,最高压力可达 32 MPa 以上。

回旋液压缸式径向柱塞泵：

1. 结构组成

如图 1 - 2 - 22 所示,回旋液压缸式径向柱塞泵由缸体、柱塞、定子、分配轴、传动轴等组成。

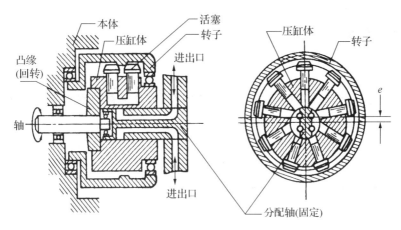

图 1 - 2 - 22　回旋液压缸式径向柱塞泵

2. 工作原理

缸体带动柱塞在定子内旋转,同时柱塞作径向往复运动,造成密闭容积的不断变化,通过分配轴完成吸压油功能。缸体每转一周,每个柱塞吸油、排油各一次。

3. 结构特点

由于缸体与定子间偏心安装(偏心距为 e),因此要通过改变偏心距来改变泵的排量,所以该类型径向柱塞泵是变量泵。

（三）柱塞泵的性能评价及应用

1. 主要优点

(1)构成密封容积的零件为圆柱形的柱塞和缸孔,加工方便,可得到较高的配合精度。密封性能好,在高压下工作仍有较高的容积效率。能达到的工作压力一般为 20～40 MPa,最高可达 100 MPa。

(2)只需改变柱塞的工作行程就能改变流量,易于实现变量。

(3)柱塞泵中的主要零件均受压应力作用,材料强度性能可得到充分利用。

(4)结构紧凑,外观尺寸小。

2. 主要缺点

(1)结构复杂,价格较高。

(2)柱塞受侧向力作用,有一定的摩擦损失。

(3)对油液污染敏感。

3. 应用场合

柱塞泵一般用于高压、大功率、大流量及流量需要调节的系统中,如龙门刨床、拉床、液压机、工程机械、矿山冶金机械、船舶上。

（四）柱塞泵的常见故障及排除

故障一：流量不足或不排油

原因及解决办法

1. 变量机构失灵或实际倾角太小

修复调整变量机构或增大倾斜盘倾角。

2. 回程盘损坏而使泵无法自吸

更换回程盘。

3. 中心弹簧断裂使柱塞回程不够或不能回程，缸体与配流盘间失去密封

更换弹簧。

故障之二：输出压力不足

原因及解决办法

1. 缸体与配流盘之间、柱塞与缸孔之间严重磨损

修磨接触面，重新调整间隙或更换配流盘和柱塞等。

2. 外泄漏

紧固各连接处，更换油封和油封垫等。

故障之三：变量机构失灵

原因及解决办法

1. 控制油路上的小孔堵塞

净化油液，用压力油冲洗或将泵拆开，冲洗控制油路的小孔。

2. 变量机构中的活塞或弹簧芯轴卡死

若机械卡死应研磨修复，若油液污染应净化油液。

故障之四：柱塞泵不转或转动不灵活

原因及解决办法

1. 柱塞与缸体卡死，或者装配不当导致柱塞球头折断或滑靴脱落

拆卸冲洗，重新装配，更换柱塞和有关零件。

三、液压泵的选用

　　液压泵的选择包括两方面的内容，也可以说是分两步走，一是根据工作机对液压系统性能的要求来选定泵的形式，二是根据具体的工况要求来确定所需的压力和流量，从而确定泵的具体规格。

（一）选用步骤

　　首先根据主机工况、功率大小和系统对工作性能的要求确定液压泵的类型。表1-2-1为常用液压泵的性能比较及应用。

表 1－2－1　常用液压泵的性能比较及应用

项　目	外啮合齿轮泵	双作用叶片泵	径向柱塞泵	轴向柱塞泵
输出压力	低压、中压、中高压	中低压、中压	高压	高压
流量调节	不能	不能	能	能
效率	低	较高	高	高
流量脉动	很大	很小	一般	一般
自吸特性	好	较差	差	差
对油的污染敏感性	不敏感	较敏感	很敏感	很敏感
噪声	大	小	大	大
功率重量比	中等	中等	小	大
寿命	较短	较长	长	长
单位功率造价	最低	中等	高	高
应用范围	机床、工程机械、农机、航空、船舶、一般机械	机床、注塑机、液压机、起重运输机、工程机械、飞机	机床、液压机、船舶机械	工程机械、锻压机械、起重运输机械、矿山机械、冶金机械、船舶、飞机

其次按系统所要求的压力、流量大小确定规格型号。常见泵的参数见下表 1－2－2。

表 1－2－2　几种常用泵的各种性能值

泵类型	速度/(r/min)	排量/cm³	工作压力/MPa	总效率
外啮合齿轮泵	500～3 500	12～250	6.3～16	0.8～0.91
内啮合齿轮泵	500～3 500	4～250	16～25	0.8～0.91
螺杆泵	500～4 000	4～630	2.5～16	0.7～0.85
叶片泵	960～3 000	5～160	10～16	0.8～0.93
轴向柱塞泵	750～3 000	100 25～800	20 16～32	0.8～0.92
径向柱塞泵	960～3 000	5～160	16～32	0.9

（二）选用原则

（1）是否要求变量

根据结构特点,柱塞泵、单作用叶片泵是变量泵。齿轮泵、双作用叶片泵为定量泵。

（2）工作压力

柱塞泵压力为 31.5 MPa～35 MPa;叶片泵压力为 6.3 MPa,高压化以后可达 21 MPa;齿轮泵压力为 2.5 MPa,高压化以后可达 25 MPa。

（3）工作环境

齿轮泵的抗污染能力最好。

（4）噪声指标

低噪声泵有内啮合齿轮泵、双作用叶片泵和螺杆泵，双作用叶片泵和螺杆泵的瞬时流量均匀。

（5）效率

轴向柱塞泵的总效率最高；同一结构的泵，排量大的泵总效率高；同一排量的泵在额定工况下总效率最高。

一般在机床液压系统中采用双作用叶片泵和限压式变量叶片泵；在工程机械、筑路机械、港口机械中采用齿轮泵；负载大、功率大的场合选用柱塞泵。具体讲：

对于齿轮泵选用时应遵守如下原则：

（1）根据不同压力等级来选用合适的齿轮泵。目前，齿轮泵分为低压＜2.5 MPa，中压8～16 MPa 和高压 20～25 MPa 三挡。

（2）由于齿轮泵是定量泵，所选用齿轮泵的流量要尽可能与所要求的流量相符合，以免不必要的功率损失。

（3）可采用多联泵来解决多个液压源问题，或采用串级泵来达到所需要的压力，以便实现节省功率和合理使用。

（4）泵的转向应根据原动机的转向来确定，并且泵的转速要与原动机的转速范围相匹配。

（5）系统选用过滤器的精度应与泵的压力相匹配。即低压齿轮泵的污染敏感度较低，允许系统选用过滤精度较低的过滤器；高压齿轮泵的污染敏感度较高，其系统所选用的过滤器的精度也应较高。

（6）考虑对泵的噪声和流量脉动的要求，外啮合齿轮泵的噪声大，内啮合齿轮泵的流量脉动较小。

对于叶片泵选用时应遵守如下原则：

（1）根据液压系统使用压力来选择

若系统常用工作压力在 10 MPa 以下，可选用中压叶片泵，若常用工作压力在 10 MPa以上，应选用中高压或高压叶片泵。

（2）根据系统对噪声的要求选泵

一般来说，叶片泵的噪声较低，且双作用叶片泵的噪声又比单作用泵的噪声低。若主机要求泵噪声低，则应选低噪声的叶片泵。

（3）从工作可靠性和寿命来考虑

双作用叶片泵的寿命较长，而单作用叶片泵的寿命较短。

（4）考虑污染因素

叶片泵抗污染能力较差，不如齿轮泵。若系统过滤条件较好，油箱又是密封的，则可以选用叶片泵。否则应选用齿轮泵或其他抗污染能力强的泵。

（5）从节能角度考虑

为了节省能量，减少功率消耗，应选用变量泵，最好选用比例压力、流量控制变量叶片泵。

（6）考虑价格因素

在保证系统可靠工作的条件下，为降低成本，应选用价格较低的泵为宜，在选择变量泵或双联泵时,除了从节能方面进行比较,还应从成本等多方面进行分析比较。

对于柱塞泵选用时应遵守如下原则:

(1) 泵的参数

泵的基本参数是压力、流量、转速和效率。根据系统的工作压力来选择,一般来讲,在固定设备中液压系统的正常工作压力可选择为泵额定压力的70%～80%,车辆用泵可选择为泵额定压力的50%～60%,以保证泵足够的寿命。选择泵的第二个重要的考虑因素是泵的流量或排量。泵的流量与工况有关,选择的泵的流量须大于液压系统工作时的最大流量。泵的效率是泵的质量体现,一般来说,应使主机的常用工作参数处于泵效率曲线的高效区域参数范围内。另外,泵的最高压力与最高转速不宜同时使用,以延长泵的使用寿命。产品说明书中提供了较详细的泵参数指导图表,在选择时,应严格遵照产品说明书中的规定。

轴向柱塞泵转速的选择应严格按照产品技术规格表中规定的数据,不得超过最高转速值。至于最低转速,在正常使用条件下,并没有严格限制,但对于某些转速均匀性和稳定性要求很高的场合,最低转速不得低于50 r/min。

(2) 泵的结构形式

柱塞泵有定量泵和变量泵两种。定量泵结构简单、价格便宜,大多数液压系统中采用,而能量利用率高的变量泵也在越来越多的场合发挥作用。一般来说,如果液压功率小于10 kW,工作循环是开式,泵在不使用时可完全卸荷,并且大多数工况下需要泵输出全部流量则可以考虑选用定量泵;如果液压功率大于10 kW,流量的变化要求较大,则可以考虑选用变量泵,变量泵的变量形式的选择,可根据系统的工况要求以及控制方式等因素选择。

(3) 油温和黏度

液压泵的最低工作温度一般根据油液黏度随温度降低而加大来确定。当油液黏稠到进口条件下不再保证液压泵完全充满时将发生气蚀。抗燃液压油的比重大于石油基液压油,有时低温黏度也更大。许多抗燃液压油含水,如果压力低或温度高则水会蒸发。因此,使用这些油液时,泵进口条件更加敏感。常用的解决办法是用辅助泵给主泵进口升压,或把泵进口布置成低于油箱液面,以便向泵进口灌油。

液压泵的最高允许工作温度取决于所用油液和密封的性质。超过允许温度时,油液会变稀,黏度降低,不能维持高载荷部位的正常润滑,引起氧化变质。

柱塞泵的工作温度为 $-25 \sim 80℃$,工作介质的最低黏度为 $10\ mm^2/s$,最高黏度为 $100\ mm^2/s$。

(4) 使用寿命

所谓使用寿命,通常是指大修周期内泵在额定条件下正常工作时间的总和。通常车辆用泵大修周期为2 000 小时以上,室内泵的使用大修周期为5 000 小时以上。

(5) 价格

一般来讲,斜盘式轴向柱塞泵比斜轴式轴向柱塞泵价格低,定量泵比变量泵价格低,与其他泵相比,柱塞泵比叶片泵、齿轮泵贵,但性能和寿命要优于它们。

(6) 安装和维修

一般来讲,非通轴泵安装和维修比通轴泵方便,单泵比集成式泵维修方便。泵的油口连接有螺纹式和法兰式两种,油口位置也有多种选择,因此,选用时应仔细确认。

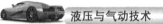

（7）尺寸和重量

对比各种泵的尺寸与重量，可以用比功率即功率与重量之比作为指标。不同的应用场合对比功率有不同的要求。对轴向柱塞泵，有多种比功率，要视不同的使用场合而定。对车辆，特别是航空用泵，要求比功率越大越好，而对固定式机械，对此项要求不严格。

（三）液压泵与电机参数的计算及选用

1. 液压泵大小的选用

液压泵的选择通常先根据液压泵的性能要求来选定液压泵的形式，再根据液压泵所应保证的压力和流量来确定它的具体规格。

液压泵的工作压力是根据执行元件的最大工作压力来决定的，考虑到各种压力损失，泵的最大工作压力 $p_泵$ 可按下式确定：

$$p_泵 \geqslant k_压 \times p_缸$$

式中，$p_泵$ 表示液压泵所需要提供的压力（Pa）；$k_压$ 表示系统中压力损失系数，一般取 $1.3 \sim 1.5$；$p_缸$ 表示液压缸中所需的最大工作压力（Pa）。

液压泵的输出流量取决于系统所需最大流量及泄漏量，即

$$Q_泵 \geqslant k_流 \times Q_缸$$

式中，$Q_泵$ 表示液压泵所需输出的流量（m^3/min）；$k_流$ 表示系统的泄漏系数，一般取 $1.1 \sim 1.3$；$Q_缸$ 表示液压缸所需提供的最大流量（m^3/min）。

若为多液压缸同时动作，$Q_缸$ 应为同时动作的几个液压缸所需的最大流量之和。

在 $p_泵$、$Q_泵$ 求出以后，就可具体选择液压泵的规格，选择时应使实际选用泵的额定压力大于所求出的 $p_泵$ 值，通常可放大 25%。泵的额定流量一般选择略大于或等于所求出的 $Q_缸$ 值即可。

2. 电动机参数的选择

液压泵是由电动机驱动的，可根据液压泵的功率计算出电动机所需要的功率，再考虑液压泵的转速，然后从样本中合理地选定标准的电动机。

驱动液压泵所需的电动机功率可按下式确定：

$$P_M = \frac{p_泵 \times Q_泵}{60\eta} (kW)$$

式中，P_M 表示电动机所需的功率（kW）；$p_泵$ 表示泵所需的最大工作压力（Pa）；$Q_泵$ 表示泵所需输出的最大流量（m^3/min）；η 表示泵的总效率。

各种泵的总效率大致为

齿轮泵：$0.6 \sim 0.7$；

叶片泵：$0.6 \sim 0.75$；

柱塞泵：$0.8 \sim 0.85$。

【例 2 - 2】 已知某液压系统如图 1 - 2 - 23 所示，工作时，活塞上所受的外载荷为 $F = 9\,720$ N，活塞有效工作面积 $A = 0.008$ m^2，活塞运动速度 $v = 0.04$ m/s，问应选择额定压力和额定流量为多少的液压泵？驱动它的电机功率应为多少？

解 首先确定液压缸中最大工作压力 $p_缸$ 为

$$p_缸=\frac{F}{A}=12.15\times10^5(Pa)=1.215(MPa)$$

选择 $k_压=1.3$，计算液压泵所需最大压力为

$$p_泵=1.3\times1.215=1.58(MPa)$$

再根据运动速度计算液压缸中所需的最大流量为

$$Q_缸=vA=0.04\times0.008=3.2\times10^{-4}(m^3/s)$$

选取 $k_流=1.1$，计算泵所需的最大流量为

$$Q_泵=k_流\times Q_缸=1.1\times3.2\times10^{-4}=3.52\times10^{-4}(m^3/s)=21.12(L/min)$$

查液压泵的样本资料，选择 CB-B25 型齿轮泵。该泵的额定流量为 25 L/min，略大于 $Q_泵$；该泵的额定压力为 25 kgf/cm² (约为 2.5 MPa)，大于泵所需要提供的最大压力。

选取泵的总效率＝0.7，驱动泵的电动机功率为

$$P_M=\frac{p_泵\times Q_泵}{60\eta}=\frac{15.8\times10^5\times25\times10^{-3}}{60\times0.7}=0.94(kW)$$

由上式可见，在计算电机功率时用的是泵的额定流量，而没有用计算出来的泵的流量，这是因为所选择的齿轮泵是定量泵的缘故，定量泵的流量是不能调节的。

【例 2-3】 如上图 1-2-23 所示的液压系统，已知负载 $F=30\ 000$ N，活塞的有效面积 $A=0.01m^2$，空载时的快速前进的速度为 0.05 m/s，负载工作时的前进速度为 0.025 m/s，选取 $k_压=1.5，k_流=1.3，\eta=0.75$，试从下列已知泵中选择一台合适的泵，并计算其相应的电动机功率。

已知泵如下：

YB-32 型叶片泵，$Q_额=32$ L/min，$p_额=6.3$ MPa；

YB-40 型叶片泵，$Q_额=40$ L/min，$p_额=6.3$ MPa；

YB-50 型叶片泵，$Q_额=50$ L/min，$p_额=6.3$ MPa。

解

$$p_缸=\frac{F}{A}=\frac{30\ 000}{0.01}=30\times10^5(Pa)$$

$$p_泵=k_压\times p_缸=1.5\times30\times10^5=45\times10^5(Pa)$$

因为快速前进的速度大，所需流量也大，所以泵必须保证的流量应满足快进的要求，此时流量按快进计算，即

$$Q_缸=v_{快进}\times A=0.05\times0.01=5\times10^{-4}(m^3/s)$$

$$Q_泵=k_流\times Q_缸=1.3\times5\times10^{-4}=6.5\times10^{-4}(m^3/s)=39(L/min)$$

在 $p_泵、Q_泵$ 求出后，就可从已知泵中选择一台。

因为求出的 $p_泵=45\times10^5Pa=4.5$ MPa，而求出的 $Q_泵=39$ L/min，所以应选择 YB-40 型叶片泵。

电动机功率为

$$P_M=\frac{p_泵\times Q_泵}{60\eta}=\frac{45\times10^5\times40\times10^{-3}}{60\times0.75}=4(kW)$$

四、实操

（一）叶片泵的拆装

拆装下图 1 - 2 - 24 所示叶片泵。

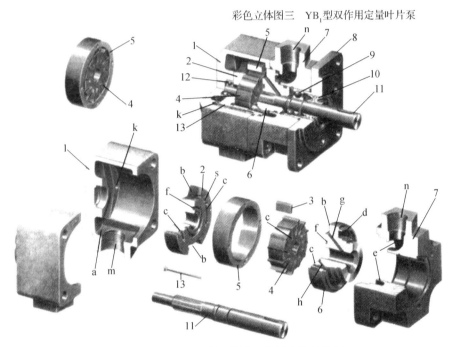

彩色立体图三　YB₁型双作用定量叶片泵

图 1 - 2 - 24　**YB1 型双作用叶片泵立体结构图**

（二）叶片泵的安装

1. 叶片泵的安装要点

（1）要特别注意清洁,零件必须在煤油中清洗,千万不要用棉纱等易掉毛物来擦拭。

（2）配油盘是叶片泵中极为重要的零件,装配前要严格检查其端面平面度是否在要求范围内。

（3）选配好叶片,使它在槽中的松紧度适宜,并注意倒角方向。

（4）安装转子时,要注意旋转方向,不得装反,并且不能装得太紧。

（5）装配完毕,用手旋转主动轴,应运行平稳、无阻滞现象。

2. 叶片泵的使用要点

（1）为了使叶片泵可靠地吸油,其转速必须符合产品规定。转速太低时,叶片不能紧压定子的内表面且不能吸油;转速过高则造成泵的"吸空"现象,泵的工作不正常。一般范围为 500～1 500 rpm。

（2）油的黏度要合适,黏度太大,吸油阻力增大,油液过稀,或因间隙影响,真空度不够,都会对吸油造成不良影响。

（3）要注意油液的清洁。叶片泵对油中的污物很敏感,油液不清洁会使叶片卡死,因此必须注意油液良好过滤和环境清洁。

（4）因泵的叶片有安装倾角,故转子只允许单向旋转,不应反向使用,否则会使叶片折断。

（三）柱塞泵的拆装

按下图 1-2-25 所示拆装柱塞泵。

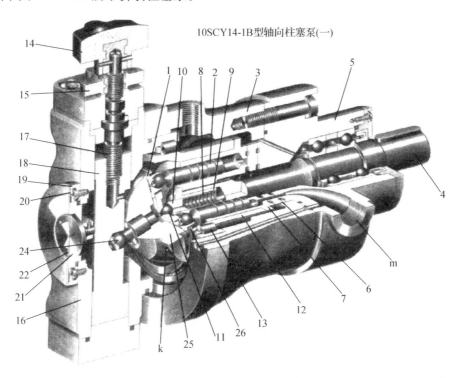

10SCY14-1B型轴向柱塞泵(一)

图 1-2-25　轴向柱塞泵立体结构图

（四）柱塞泵的安装及使用

柱塞泵的安装及使用应注意以下几点:

（1）轴向柱塞泵有两个泄油口,安装时将高处的泄油口接上通往油箱的油管,使其无压漏油,而将低处的泄油口堵死。

（2）经拆洗重新安装的泵,在使用前要检查轴的回转方向和排油管的连接是否正确可靠。并且从高处的泄油口往泵体内注满油液,先用手盘转 3~4 周再启动,以免烧坏泵。

（3）泵启动前应将排油路上的溢流阀调至最低压力,待泵运转正常后逐渐调高到所需压力。调整变量机构要先将排量调到最小值,再逐渐调到所需流量。

（4）若系统中装有辅助液压泵,应先启动辅助液压泵,调整控制辅助泵的溢流阀,使其达到规定的供油压力,再启动主泵。若发现异常现象,应先停主泵,待主泵停稳后再停辅助泵。

（5）检修液压系统时,一般不要拆洗泵。若确认泵有问题必须拆开时,则必须注意保持清洁,严防碰撞拉毛,划伤和将细小杂质留在泵内。

（6）装配花键轴时,不应用力过猛,各个缸孔配合要用柱塞逐个试装,不能用力打入。

液压系统的执行元件

【主要能力指标】

掌握液压缸、液压马达的分类及工作原理；

掌握液压缸的结构与组成。

【相关能力指标】

养成独立工作的习惯，能够正确判断和选择；

能够与他人友好协作，顺利完成任务；

能够严格按照操作规程，安全文明操作。

一、任务引入

液压系统中的什么元件带动机床工作台实现左右移动的呢？它是如何工作的，又该如何选择这一元件呢？

二、任务分析

分析上述任务可知，这个元件就是液压传动系统中的执行元件。在液压系统中执行元件一般有液压缸和液压马达。液压缸将压力能转化为直线运动的机械能，液压马达将压力能转化为旋转运动的机械能。

下面我们来学习有关液压缸的知识。

三、知识学习

液压缸(又称油缸)是液压系统中常用的一种执行元件,是把液体的压力能转变为机械能(力和位移)的装置。液压缸主要用于实现机构的直线往复运动,也可以实现摆动,其结构简单,工作可靠,维修方便,广泛地应用于工业生产各个部门。本学习情景介绍应用最广的活塞缸,同时也介绍其他类型液压缸。

3.1 液压缸的类型

液压缸按不同的使用压力,又可分为中低压、中高压和高压液压缸。对于机床类机械一般采用中低压液压缸,其额定压力为 2.5～6.3 MPa;对于要求体积小、重量轻、出力大的建筑车辆和飞机用液压缸多数采用中高压液压缸,其额定压力为 10～16 MPa;对于油压机一类机械,大多数采用高压液压缸,其额定压力为 25～31.5 MPa。

液压缸可按运动方式、作用方式、结构形式的不同进行分类,其常见种类如下。

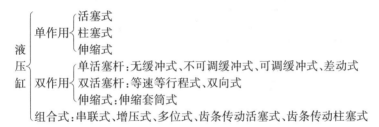

具体各种形式的示意图和职能符号及相关说明见下表 1-3-1。

表 1-3-1 常见液压缸类型

名　称	示意图	符　号	说　明
单作用液压缸 活塞式液压缸			活塞仅能单向运动,其反向运动需由外力来完成
柱塞式液压缸			同上,但其行程一般较活塞式液压缸大
伸缩式液压缸			有多个依次运动的活塞,各活塞逐次运动时,其输出速度和输出力均是变化的

（续表）

名　称			示意图	符　号	说　明
双作用液压缸	单活塞杆	无缓冲式			活塞双向运动产生推、拉力。活塞在行程终了时不减速
		不可调缓冲式			活塞双向运动产生推、拉力。活塞行程终了时减速制动,减速值不变
		可调缓冲式			活塞双向运动产生推、拉力。活塞行程终了时减速制动,减速值可调节
		差动式			活塞两端面积差较大,使活塞往复运动时的输出速度及力差值较大。差动连接用于快速进给。
	双活塞杆	等速等行程式			活塞两端杆径相同,活塞正、反向运动速度和推力均相等
		双向式			两活塞同时向相反方向运动,其输出速度和力相等
	伸缩式套筒液压缸				有多个可依次动作的活塞,其行程可变,活塞可双向运动
组合式液压缸	串联式				当液压缸直径受到限制时,用以获得较大的推力
	增压式		p_B　p_A		—
	多位式			A	活塞 A 可有三个位置
	齿条传动活塞液压缸			*	经齿轮具条传动,将液压缸的直线运动转换成齿轮的回转运动
	齿条传动柱塞液压缸			*	

3.2 液压缸的工作原理

1. 单杆活塞缸

单杆活塞缸只有一根活塞杆,作用方式又分为单作用式和双作用式。

单作用式是指只有一腔进油,活塞杆在油压的作用下只能向一个方向运动,另一个方向的运动,要借助外力,有的靠弹簧力,有的靠重力。

双作用式是指两腔均可进油、回油,活塞杆在油压的作用下可以有两个方向的运动,而根据油液进口方式的不同,又有三种,如图1-3-1所示。

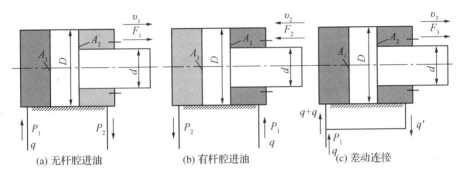

图1-3-1 双作用单活塞杆液压缸的不同进油方式

当无杆腔进油时,如图1-3-1(a)所示:

活塞的运动速度 v_1 和推力 F_1 分别为

扫一扫观看单杆活塞缸动画演示视频

$$v_1 = \frac{q}{A_1}\eta_v = \frac{4q}{\pi D^2}\eta_v \qquad (1-3-1)$$

$$F_1 = (P_1 A_1 - P_2 A_2)\eta_m = \frac{\pi}{4}[D^2 P_1 - (D_2 - d^2)P_2]\eta_m$$
$$(1-3-2)$$

式中,P_1、P_2 分别为缸的进、回油压力;η_v、η_m 分别为缸的容积效率和机械效率;D、d 分别为活塞直径和活塞杆直径;q 为输入流量;A 为活塞有效工作面积。

当有杆腔进油时,如图1-3-1(b)所示:

活塞的运动速度 v_2 和推力 F_2 分别为

$$v_2 = \frac{q}{A_2}\eta_v = \frac{4q}{\pi(D^2 - d^2)}\eta_v \qquad (1-3-3)$$

$$F_2 = (P_1 A_2 - P_2 A_1)\eta_m = \frac{\pi}{4}[(D^2 - d^2)P_1 - D^2 P_2]\eta_m \qquad (1-3-4)$$

式中,符号意义同上式。

比较上述各式,可以看出:$v_2 > v_1$,$F_1 > F_2$;

上式表明，当活塞杆直径越小时速比越接近于1，在两个方向上的速度差值就越小。

液压缸差动连接时，如图1-3-1(c)所示：

当单杆活塞缸两腔同时通入压力油时，由于无杆腔有效作用面积大于有杆腔的有效作用面积，使得活塞向右的作用力大于向左的作用力，因此，活塞向右运动，活塞杆向外伸出；与此同时，又将有杆腔的油液挤出，使其流进无杆腔，从而加快了活塞杆的伸出速度。单活塞杆液压缸的这种连接方式被称为差动连接。差动连接时，液压缸的有效作用面积是活塞杆的横截面积，工作台运动速度比无杆腔进油时的速度大，而输出力则减小。差动连接是在不增加液压泵容量和功率的条件下，实现快速运动的有效办法。

此种情况下：

活塞的运动速度 v_3 和推力 F_3 分别为

$$v_3 = \frac{q}{A_1 - A_2}\eta_v = \frac{4q}{\pi d^2}\eta_v$$

在忽略两腔连通油路压力损失的情况下，差动连接液压缸的推力为

$$F_3 = P_1(A_1 - A_2)\eta_m = \frac{\pi}{4}d^2 P_1 \eta_v$$

2. 双杆活塞缸

图1-3-2为双活塞杆活塞式液压缸。可见，它两腔面积相等，所以当压力相同时，推力相等；当流量相同时，速度相等。因此它具有等推力等速度的特性。

缸的运动速度 v 和推力 F 分别为：

$$v = \frac{q}{A} = \frac{4q\eta_v}{\pi(D^2 - d^2)} \qquad (1-3-5)$$

$$F = \frac{\pi}{4}(D^2 - d^2)(P_1 - P_2)\eta_m \qquad (1-3-6)$$

式中，符号意义同上式。

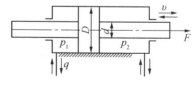

图1-3-2 双杆活塞缸

扫一扫观看双杆活塞缸动画演示视频

这种液压缸常用于要求往返运动速度相同的场合。

另外，它的运动范围受安装方式的影响。而安装方式有缸筒固定和活塞杆固定两种方式。如图1-3-3所示。

缸筒固定，运动范围=3倍缸体长(3l)

杆固定，运动范围=2倍缸体长(2l)

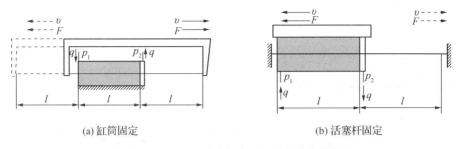

(a) 缸筒固定　　　　　　　　　　　(b) 活塞杆固定

图1-3-3　双活塞杆液压缸安装方式简图

3. 柱塞式液压缸

前面所讨论的活塞式液压缸的应用非常广泛,但这种液压缸由于缸筒内孔加工精度要求很高,当行程较长时,加工难度大,使得制造成本增加。在生产实际中,某些场合所用的液压缸并不要求双向控制,柱塞式液压缸正是满足了这种使用要求的一种价格低廉的液压缸。

如图1-3-4(a)所示,柱塞缸由缸筒、柱塞、导套、密封圈和压盖等零件组成,柱塞和缸筒内壁不接触,因此缸筒内孔不需精加工,工艺性好,成本低。柱塞式液压缸是单作用的,它的回程需要借助自重或弹簧等其他外力来完成。如果要获得双向运动,可将两柱塞液压缸成对使用,如图1-3-4(b)所示。柱塞缸的柱塞端面是受压面,其面积大小决定了柱塞缸的输出速度和推力。为保证柱塞缸有足够的推力和稳定性,一般柱塞较粗,重量较大,水平安装时易产生单边磨损,故柱塞缸适宜于垂直安装使用。为减轻柱塞的重量,有时将其制造成空心柱塞。

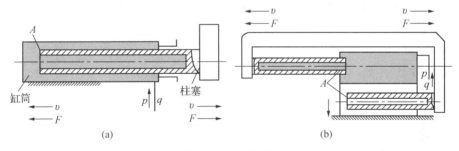

(a)　　　　　　　　　　　　　　(b)

图1-3-4　柱塞缸

柱塞缸结构简单,制造方便,常用于工作行程较长的场合,如大型拉床、矿用液压支架等。

4. 摆动式液压缸

摆动液压缸能实现小于360°角度的往复摆动运动,由于它可直接输出扭矩,故又称为摆动液压马达,主要有单叶片式和双叶片式两种结构形式。

图1-3-5(a)所示为单叶片摆动液压缸,主要由定子块1、缸体2、摆动轴3、叶片4、左右支承盘和左右盖板等主要零件组成。两个工作腔之间的密封靠叶片和隔板外缘所嵌的框形密封件来保证。定子块固定在缸体上,叶片和摆动轴固连在一起,当两油口相继通以压力油时,叶片即带动摆动轴做往复摆动。当考虑到机械效率时,单叶片缸的摆动轴输出转矩为

$$T = \frac{b}{8}(D^2 - d^2)(P_1 - P_2)\eta_m \tag{1-3-7}$$

根据能量守恒原理,结合上式得输出角速度为

$$\omega = \frac{8q\eta_v}{b(D^2 - d^2)} \qquad (1-3-8)$$

式中,未说明符号同上列各式,其余符号意义如下:

D 为缸体内孔直径;d 为摆动轴直径;b 为叶片宽度。

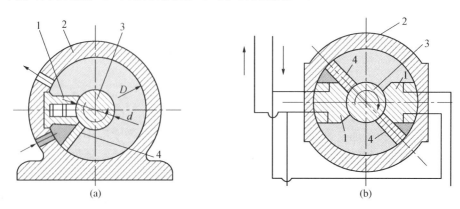

1-定子块;2-缸体;3-摆动轴;4-叶片

图 1-3-5 摆动液压缸

单叶片摆动液压缸的摆角一般不超过 $280°$,双叶片摆动液压缸的摆角一般不超过 $150°$。当输入压力和流量不变时,双叶片摆动液压缸摆动轴输出转矩是相同参数单叶片摆动缸的两倍,而摆动角速度则是单叶片的一半。

摆动缸结构紧凑,输出转矩大,但密封困难,一般只用于中、低压系统中往复摆动、转位或间歇运动的地方。

5. 增压缸

增压缸又叫增压器,它是活塞缸与柱塞缸组成的复合缸,如图 1-3-6 所示。

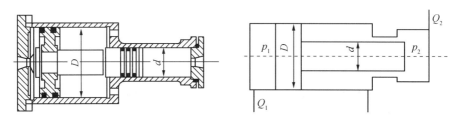

图 1-3-6 单作用增压缸

它不是能量转换装置,只是一个增压器。

$$p_1 A_1 = p_2 A_2$$

$$p_2 = (D/d)^2 p_1$$

$$(D/d)^2 = K$$

K 称为增压比。

增压原理就是在不提高系统压力的前提下,通过减小截面积来增大压力。它作为中间环节,用在低压系统要求有局部高压油路的场合。它只能将高压油输入其他液压缸以获得大的推力或拉力,其本身不能直接作为执行元件。

单作用增压缸只能断续向系统供高压油。要想获得持续的高压油,可用双作用增压缸,如图 1-3-7 所示。

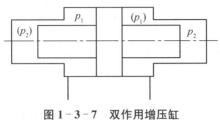

图 1-3-7　双作用增压缸

6. 多级缸

如图 1-3-8 所示,它由两个或两个以上活塞式缸筒套装而成,前一级活塞缸的活塞杆是后一级活塞缸的缸筒,可获得很长的工作行程。

当通入压力油时,活塞由大到小依次伸出,速度逐渐加快,推力逐渐减小;缩回时,活塞由小到大依次收回,速度逐渐减慢。

它特别适合于工程机械及自动线步进式输送装置中。

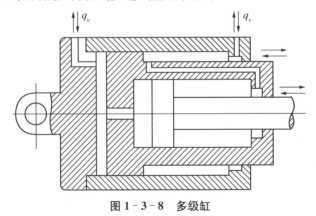

图 1-3-8　多级缸

7. 齿条缸

如图 1-3-9 所示,它是由活塞缸与齿轮齿条机构组合而成的复合式液压缸。

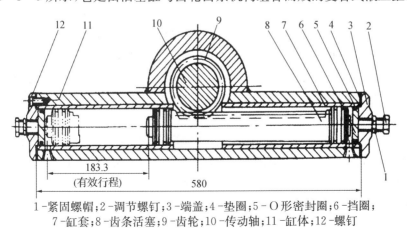

1-紧固螺帽;2-调节螺钉;3-端盖;4-垫圈;5-O 形密封圈;6-挡圈;
7-缸套;8-齿条活塞;9-齿轮;10-传动轴;11-缸体;12-螺钉

图 1-3-9　齿条缸

它将活塞的直线往复运动转变为齿轮的旋转运动,当左腔进油,右腔回油时,齿条右移,齿轮带动工作台逆时针转动;当右腔进油,左腔回油时,齿条左移,齿轮带动工作台顺时针转动。

齿条缸主要用于机床的进刀机构、液压机械手及工程机械的回转机构中。

3.3　液压缸的结构与组成

图1-3-10所示为一种用于机床上的单杆活塞缸结构,它由缸筒、端盖、活塞、活塞杆、导向套、密封圈等组成。缸筒8和前后端盖1、10用四个拉杆15和螺帽16紧固连成一体,活塞3通过螺母2和压板5固定在活塞杆7上。为了保证形成的油腔具有可靠的密封,在前后端盖和缸筒之间、缸筒和活塞之间、活塞和活塞杆之间及活塞杆与后端盖之间都分别设置相应的密封圈19、4、18和11。后端盖和活塞杆之间还装有导向套12、刮油圈13和防尘圈14,它们是用压板17夹紧在后端盖上的。压板5后面的缓冲套6和活塞杆的前端部分分别与前、后端盖上的单向阀21和节流阀20组成前后缓冲器,使活塞及活塞杆在行程终端处减速,防止或减弱活塞对端盖的撞击。缸筒上的排气阀9供导出液压缸内积聚的空气之用。

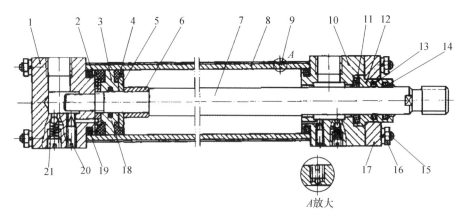

图1-3-10　机床用单杆活塞缸结构

上述的液压缸易装易拆,更换导向套方便,占用空间较小,成本较低。但在液压缸行程长时,液压力的作用容易引起拉杆伸长变形,组装时也易于使拉杆产生弯扭。

图1-3-11所示为用于挖掘机的典型液压缸结构,其最大工作压力可达31.5 MPa。

它由缸筒、活塞、活塞环、支承环、导向套及密封圈等组成。缸筒1用无缝钢管制作,外与前缸盖焊接在一起,内壁的粗糙度很低(Ra0.1),缸筒上有两个通油孔。活塞2依靠支承环4导向,密封采用Y型密封圈5。活塞杆3依靠导向套6、8导向,并采用V型密封圈7密封。导向套9与缸筒采用螺纹连接。螺母10的作用是调整V型密封圈的松紧。在液压缸的前端盖和活塞杆的头部都有耳环,用以将液压缸铰接在支座上。因此,这种液压缸在进行往复运动的同时,轴线可以随工作的需要自由摆动。

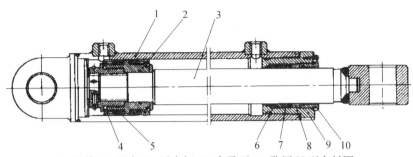

1-缸筒;2-活塞;3-活塞杆;4-支承环;5-孔用 Y 型密封圈;

6、8-支承套;7-V 型密封;9-导向套;10-调节螺母

图 1-3-11　挖掘机用液压缸结构

从以上的例子中可以看到,液压缸的结构基本上由缸筒组件、活塞组件、活塞杆组件、导向套组件等四大件及密封装置、缓冲装置和排气装置等三大系统共七个部分组成。

3.4　液压缸的主要性能参数

液压缸的主要性能参数一般有七个,包括输出力、运动速度(流量)、压力、缸径、杆径、行程。

不同形式的液压缸,这七个参数的计算方法是不同的。由于在工程实践中 90% 以上使用的都是双作用单活塞杆液压缸,因此,就以它为例,确定液压缸的主要性能参数。

1. 输出力(F)

是指液压缸在额定压力下,活塞杆伸出或缩回时的力量。

(1)活塞杆伸出时的理论推力 F_1:

$$F_1 = A_1 p \times 10^6 = \pi/4 \times D^2 p \times 10^6 (\text{N}) \tag{1-3-9}$$

(2)活塞杆收回时的理论拉力 F_2:

$$F_2 = A_2 p \times 10^6 = \pi/4 \times (D^2 - d^2) p \times 10^6 (\text{N}) \tag{1-3-10}$$

(3)活塞杆差动前进时(活塞两侧同时进压力相同的液压油)的理论推力 F_3:

$$F_3 = (A_1 - A_2) p \times 10^6 = \pi/4 \times d^2 p \times 10^6 (\text{N}) \tag{1-3-11}$$

式中,D 为活塞直径(缸筒内径)(m);d 为活塞杆直径(m);A_1 为无杆腔有效面积(m^2);A_2 为有杆腔有效面积(m^2);p 为工作压力(MPa)。

2. 压力(P)

也是系统的压力,由泵和压力控制阀决定,包括:

(1)工作压力 P(MPa)

(2)试验压力 P_t(MPa)

$$P_t = 1.25 \sim 1.5 P$$

一般 16 MPa 以上,称为中高压,有 16、20、25、32、63 MPa 等。

3. 速度(v)

指液压缸工作时活塞杆(或缸筒)伸出或收回的速度。

它与单位时间内流入液压缸的油液多少有关,还与缸体内腔的截面积有关。

(1)伸出速度 v_1:

$$v_1 = 4Q/\pi D^2 \tag{1-3-12}$$

(2)收回速度 v_2

$$v_2 = 4Q/\pi(D^2 - d^2) \tag{1-3-13}$$

引入速比的概念

$$\psi = \frac{v_2}{v_1} = \frac{D^2}{D^2 - d^2} \tag{1-3-14}$$

一般取 1.33、1.46、2 等值。

4. 流量(Q)

指流入缸体的油量。它由泵和流量控制阀决定。

5. 缸径(D)

指缸筒的内径尺寸。

知道了液压缸的推力和压力,可由式 1-3-9 推导出。

计算出的数值,一般不能直接作为缸径,为了液压缸的加工制造方便,计算出结果后要进行圆整。国家标准 GB/T 2348-1993 给出了缸径系列,常用的有(单位 mm):

40、50、63、80、(90)、100、(110)、125、(140)、160、(180)、200、(220)、250、(280)、320、(360)、400、(450)、500。

目前国内生产最大缸径已到 1 500 mm。

6. 杆径(d)

指活塞杆的最大外径。

知道了有关的参数可由式 1-3-10 或 1-3-14 推导出。

同样,计算出的数值,为了方便液压缸的加工制造,也要进行圆整。国家标准 GB/T 2348-1993 给出了杆径系列,常用的有(单位 mm):

20、22、25、28、32、36、40、45、50、56、63、70、80、90、100、110、125、140、160、180、200、220、250、280、320、360。

7. 行程(S)

指活塞从缸底运动到缸头的最大距离。一般也是给定的值。它受结构的限制。国家标准 GB/T 2349-1993 给出了一些推荐值。若不受结构限制,应尽量采用。

行程不可过长,当 $S/d \geq 15$ 时,而液压缸又是受压时,液压缸相当于细长杆,应进行稳定性校核。

3.5 常见故障及排除

表 1-3-2 液压缸常见故障及排除

故障现象	故障原因分析	排除对策
推力不足或工作速度逐渐下降甚至停止	液压缸和活塞配合间隙太大或O圈损坏,造成高低压腔互通	单配活塞和液压缸的配合间隙或更换O圈
	由于工作时经常用工作行程的某一段,造成液压缸孔径直线性不良,局部液压缸两端高低压腔互通	镗磨修复液压缸孔径,单配活塞
	缸端油封压得太紧或活塞杆弯曲,使摩擦或阻力增加	放松油封,以不漏油为限,校直活塞杆
	漏油过多	寻找泄漏部位,紧固各接合面
	油温太高,黏度减小,靠间隙密封或密封质量差的液压缸,若液压缸两端高低压腔互通,运行速度逐渐减慢	分析发热原因,设法散热降温,如密封间隙过大则单配活塞或增装密封环
冲击	活塞和液压缸配合间隙太大,节流阀失去节流作用	按规定配活塞与液压缸的间隙,减少泄漏现象
	端头缓冲的单向阀失灵,缓冲不起作用	修正研配单向阀与阀座
爬行	空气侵入	增设排气装置,如无排气装置,可开动液压系统以最大行程使工作部件快速运动,强迫排出空气
	液压缸端盖密封圈压得太紧或太松	调整密封圈,保证活塞杆用手来回平稳地拉动而无泄漏
	活塞杆与活塞不同轴	校正同轴度
	活塞杆全长或局部弯曲	校直活塞杆
	液压缸的安装位置偏移	检查液压缸与导轨的平行性并校正
	液压缸内孔直线性不良	镗磨修复,重配活塞
	缸内腐蚀,拉毛	轻微者修去锈蚀和毛刺,严重者必须镗磨
	双活塞杆两端螺母拧得太紧,使其同轴度不良	螺母一般用手旋紧,以保持活塞杆处于自然状态

3.6 液压马达的分类及特点

1. 分类

液压马达是将液压能转换为机械能的装置,可以实现连续地旋转运动。液压马达可分为高速和低速两大类,如图 1-3-12 所示。一般认为,额定转速高于 500 rpm 的属于高速液压马达;额定转速低速 500 rpm 的则属于低速液压马达。

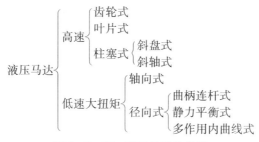

图 1-3-12　液压马达的分类

高速液压马达的基本形式有齿轮式、螺杆式、叶片式和轴向柱塞式等。它们的主要特点是：转速较高、转动惯量小、便于起动和制动、调节（调速和换向）灵敏度高。通常高速液压马达的输出扭矩不大，仅几十 N·m 到几百 N·m，所以又称为高速小扭矩液压马达。

低速液压马达的基本形式是径向柱塞式，例如多作用内曲线式、单作用曲轴连杆式和静压平衡式等。低速液压马达的主要特点是：排量大、体积大、转速低，有的可低到每分钟几转甚至不到一转，因此可以直接与工作机构连接，不需要减速装置，使传动机构大大简化。通常低速液压马达的输出扭矩较大，可达几千 N·m 到几万 N·m，所以又称为低速大扭矩液压马达。

2. 特点

从原理上讲，马达和泵在工作原理上是互逆的，当向泵输入压力油时，其轴输出转速和转矩就成为马达。同类型的泵和马达在结构上相似，但由于二者的功能不同，导致了结构上的某些差异，在实际结构上只有少数泵能做马达使用。例如：

（1）液压泵的吸油腔一般为真空，为改善吸油性能和抗气蚀能力，通常把进口做得比出口大；而液压马达的排油腔的压力稍高于大气压力，所以没有上述要求，进、出油口的尺寸相同。

（2）液压泵在结构上必须保证具有自吸能力，而液压马达则没有这一要求。

（3）液压马达需要正、反转，所以在内部结构上应具有对称性；而液压泵一般是单方向旋转，其内部结构可以不对称。

（4）在确定液压马达的轴承结构形式及其润滑方式时，应保证在很宽的速度范围内都能正常地工作；而液压泵的转速高且一般变化很小，就没有这一苛刻要求。

（5）液压马达应有较大的起动扭矩（即马达由静止状态起动时，其轴上所能输出的扭矩）。因为将要起动的瞬间，马达内部各摩擦副之间尚无相对运动，静摩擦力要比运行状态下的动摩擦力大得多，机械效率很低，所以起动时输出的扭矩也比运行状态下小。另外，起动扭矩还受马达扭矩脉动的影响，如果起动工况下马达的扭矩正处于脉动的最小值，则马达轴上的扭矩也小。为了使起动扭矩尽可能接近工作状态下的扭矩，要求马达扭矩的脉动小，内部摩擦小。例如齿轮马达的齿数就不能像齿轮泵那样少，轴向间隙补偿装置的压紧系数也比泵取得小，以减少摩擦。

由于上述原因，就使得很多同类型的泵和马达不能互逆通用。

3. 职能符号(如图 1-3-13 所示)

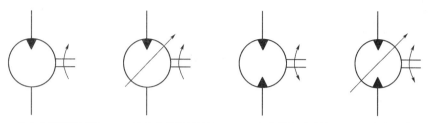

(a) 单向定量液压马达　(b) 单向变量液压马达　(c) 双向定量液压马达　(d) 双向变量液压马达

图 1-3-13　液压马达的职能符号

3.7　液压马达的主要工作参数

液压马达的基本性能参数主要是指压力、转矩、转速、功率等。

1. 压力

(1) 工作压力 p：

指马达实际工作时的压力。对马达来讲，则是指它的输入压力，是指其输入油液的压力，实际工作压力的大小取决于相应的负载(输出轴上的负载转矩)。

(2) 额定压力 p_n：

马达在额定工况条件下按试验标准规定的连续运转的最高压力，超过此值就是过载，马达的效率将下降，寿命将降低。马达铭牌上所标定的压力就是额定压力。

(3) 液压马达背压：

为保证马达正常工作所需的出口背压，它的值与马达结构有关。

2. 液压马达的转速(常用单位为 r/min)

(1) 额定转速 n_s：

在额定压力下，根据试验结果推荐能长时间连续运行并保持较高运行效率的转速。

(2) 最高转速 $n_{\max}$：

在额定压力下，为保证使用性能和使用寿命所允许的短暂运行最高转速。随着转速的提高，马达流道中的流速增加，因而流体的摩擦损失增加，效率降低。马达的最高转速还受其零件摩擦副最高允许相对摩擦速度及其他工作机理的限制。

(3) 最低转速 $n_{\min}$：

为保证使用性能所允许的最低转速。当马达在低速运行时，其运行效率将下降。过低的运行效率将无法被用户所接受。对马达来说，由于泄漏、摩擦力、流量脉动等因素的影响，在低速时会出现爬行现象，所以还有最低稳定转速的限制。

(4) 工作转速 n：

$$n = \frac{Q}{q}\eta_v \qquad (1-3-15)$$

式中，n 为马达的转速(r/min)；Q 为马达的流量($\mathrm{m^3/min}$)；q 为马达的排量($\mathrm{m^3/r}$)；η_v 为马达的容积效率。

3. 液压马达的转矩

（1）理论输出转矩 T_{th}：

不考虑能量损失时，马达轴上的输出转矩。

$$T_{th} = \frac{q \cdot \Delta P}{2\pi} \qquad (1-3-16)$$

（2）实际输出转矩 T_{ac}：

$$T_{ac} = T_{th} \cdot \eta_m \qquad (1-3-17)$$

式中，q 为液压马达的排量，单位为 m^3/r；ΔP 为液压马达进出口压差，单位为 Pa；η_m 为液压马达的机械效率。

（3）液压马达的启动转矩：

当马达在一定的压力下，由静止状态起动时，输出轴上的瞬时转矩比 T_{ac} 要小。这是因为：

① 在起动瞬间，马达内部零件间的静摩擦力比正常运行时的动摩擦力大；

② 由于马达的瞬时转矩具有脉动性。

4. 液压马达的功率（P_r）

液压马达输出的液压功率用流量和压力的乘积来表示。

$$P_r = \frac{2\pi n T_{ac}}{60 \times 10^3} (\text{kW}) \qquad (1-3-18)$$

式中，n 为马达的转速（r/min）；T_{ac} 为马达的实际转矩（N·m）。

实际上，液压马达在能量转换过程中是有能量损失的，因此输出功率小于输入功率。两者之间的差值即为功率损失，功率损失可以分为容积损失和机械损失两部分。

容积损失是因泄漏、气穴和油液在高压下压缩等造成的流量损失（内泄漏）。

机械损失是指因摩擦而造成的转矩上的损失。

液压马达的总效率是其输出功率和输入功率之比：

$$\eta = \frac{P_r}{P_i} = \eta_m \eta_v \qquad (1-3-19)$$

即总效率还等于其容积效率和机械效率的乘积。

马达的容积效率和机械效率在总体上与油液的泄漏和摩擦副的摩擦损失有关，而泄漏及摩擦损失则与马达的工作压力、油液黏度、泵和马达转速有关，马达的使用转速、工作压力和传动介质均会影响使用效率。

3.8　齿轮液压马达（gear motor）

1. 工作原理

如图 1-3-14 所示，当压力油作用到齿面上时（如图中箭头所示），在两个齿轮上就各有一个使它们产生转矩的作用力。在上述力作用下两齿轮按图示方向回转，并把油液带到低压腔随着轮齿的啮合而排出。同时在液压马达的输出轴上输出一定的转矩和转速。

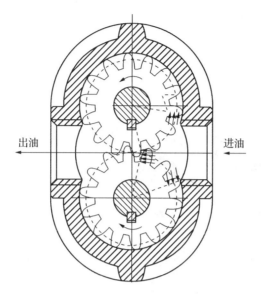

出油　　　　　　　　进油

扫一扫观看齿轮液
压马达工作原理动
画演示视频

图 1 - 3 - 14　齿轮马达工作原理

　　为适应正反转的要求,马达的进出口大小相等,位置对称,并有单独的泄漏口。

　　和一般齿轮泵一样,齿轮液压马达由于密封性差,容积效率较低,所以输入的油压不能过高,因而不能产生较大的转矩,并且它的转速和转矩都是随着齿轮啮合情况而脉动的。齿轮液压马达多用于高转速低转矩的液压系统中。

　　2. 齿轮马达和齿轮泵在结构上的主要区别

　　齿轮马达和齿轮泵在结构上的主要区别如下:

　　(1)齿轮泵一般只需一个方向旋转,为了减小径向不平衡液压力,因此吸油口大,排油口小。而齿轮马达则需正、反两个方向旋转,因此进油口大小相等。

　　(2)齿轮马达的内泄漏不能像齿轮泵那样直接引到低压腔去,而必须将单独的泄漏通道引到壳体外去。因为马达低压腔有一定背压,如果泄漏油直接引到低压腔,所有与泄漏通道相连接的部分都按回油压力承受油压力,这可能使轴端密封失效。

　　(3)为了减少马达的启动摩擦扭矩,并降低最低稳定转速,一般采用滚针轴承和其他改善轴承润滑冷却条件等措施。

　　齿轮马达具有体积小、重量轻、结构简单、工艺性好、对污染不敏感、耐冲击、惯性小等优点。因此,齿轮马达在矿山、工程机械及农业机械上广泛使用。但由于压力油作用在液压马达齿轮上的作用面积小,所以输出转矩较小,一般都用于高转速低转矩的情况下。

3.9　叶片液压马达（vane motor）

1. 工作原理

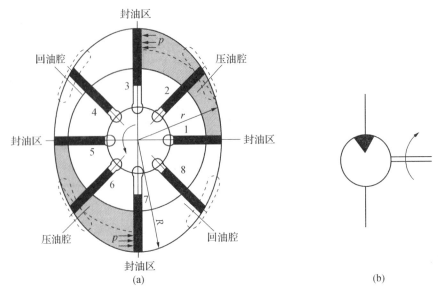

图 1-3-15　叶片液压马达工作原理

扫一扫观看叶片液压马达工作原理动画演示视频

　　如图 1-3-15 所示，当压力为 P 的油液从配油窗口进入相邻两叶片间的密封工作腔时，位于压油腔的叶片 2、6 因两面所受的压力相同，故不产生转矩。位于回油腔的叶片 4、8 也同样不产生转矩，而位于封油区的叶片 1、5 和 3、7 因一面受压力油作用，另一面受回油的低压作用，故可产生转矩，且叶片 1、5 的转矩方向与叶片 3、7 的相反，但因叶片 3、7 的承压面积大、转矩大，因此转子沿着叶片 3、7 的转矩方向做逆时针方向旋转。叶片 3、7 和叶片 1、5 产生的转矩差就是液压马达的（理论）输出转矩。当定子的长短径差越大，转子的直径越大，以及输入的油压越高时，液压马达的输出转矩也越大。

　　与单作用相比，双作用叶片马达是在力偶作用下旋转的，运行更为平稳。单作用叶片马达可以制作成变量马达，而双作用马达只能为定量马达。

　　当改变输油方向时，液压马达反转，所有的叶片泵在理论上均能做相应的液压马达。马达与泵不同，为适应马达正反转要求，马达叶片均径向安装；为防止马达启动时（离心力尚未建立）高低压腔串通，叶片槽底装有弹簧，以便使叶片始终伸出贴紧定子；另外，在向叶片底槽通入压力液的方式上也与叶片泵不同，为保证叶片槽底始终与高压相通，油路中设有单向阀。但由于变量叶片液压马达结构较复杂，相对运动部件多，泄漏较大，容积效率低，机械特性软及调节不便等原因，叶片液压马达一般都制成定量式的，即一般叶片液压马达都是双作用式的定量液压马达。

2. 结构特点

叶片液压马达与相应的叶片泵相比有以下几个特点：

（1）叶片底部有弹簧，以保证在初始条件下叶片能紧贴在定子内表面上，以形成密封工作腔，否则进油腔和回油腔将串通，就不能形成油压，也不能输出转矩。

（2）叶片槽是径向的，以便叶片液压马达双向都可以旋转。

（3）在壳体中装有两个单向阀，以使叶片底部能始终通压力油（使叶片与定子内表面压紧）而不受叶片液压马达回转方向的影响。

叶片液压马达的最大特点是体积小、惯性小、动作灵敏，允许换向频率很高，甚至可在几毫秒内换向。但其最大缺点是泄漏较大，机械特性较软，不能在较低转速下工作，调速范围不能很大。因此叶片液压马达适用于低转矩、高转速以及对惯性要求较小，特别是机械特性要求不严的场合。

3.10　柱塞马达（piston motor）

液压马达按其柱塞的排列方式和运动方向的不同，可分为轴向柱塞液压马达和径向柱塞液压马达两大类。

1. 轴向柱塞马达（axial piston motor）

轴向柱塞泵可做液压马达使用，即两者是可逆的。图1-3-16以轴向（斜盘式）柱塞液压马达为例，来说明液压马达的工作原理。

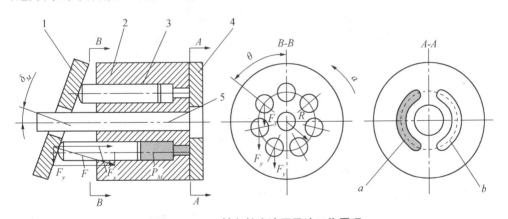

图1-3-16　轴向柱塞液压马达工作原理

图中斜盘1和配油盘4固定不动，柱塞3轴向地放在缸体2中，缸体2和液压马达5相连，并一起转动。斜盘的中心线和缸体的中心线杆交一个倾角δ_M。当压力油通过配油盘4上的配油窗口 a 输入到与窗口 a 相通的缸体上的柱塞孔时，压力油把该孔中柱塞顶出，使之压在斜盘上。由于斜盘对柱塞的反作用力垂直于斜盘表面（作用在柱塞球头表面的法线方向上），这个力的水平分量 F_x 与柱塞右端的液压力平衡，而垂直分量 F_y 则使每一个与窗口 a 相通的柱塞都对缸体的回转中心产生一个转矩，使缸体和液压马达轴做逆时针方向旋转，在轴5上输出转矩和转速。如果改变液压马达压力油的输入方向，液压马达轴就做顺时针方向旋转。

3.11 低速大扭矩液压马达（low speed high torque hydraulic motor）

低速大扭矩液压马达是相对于高速马达而言的，通常这类马达在结构形式上多为径向柱塞式，其特点是：最低转速低，大约在5～10转/分；输出扭矩大，可达几万牛·米；径向尺寸大，转动惯量大。由于上述特点，它可以直接与工作机构连接，不需要减速装置，使传动结构大为简化。低速大扭矩液压马达广泛用于起重、运输、建筑、矿山和船舶等机械上。

低速大扭矩液压马达的基本形式有三种：它们分别是曲柄连杆径向柱塞马达、静力平衡马达和多作用内曲线马达。下面分别予以介绍。

1. 曲柄连杆低速大扭矩液压马达（slot-and-crank low speed high torque hydraulic motor）

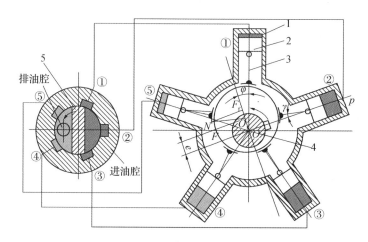

1-壳体；2-柱塞；3-连杆；4-曲轴；5-配流轴

图1-3-17 连杆型径向柱塞马达工作原理

曲柄连杆式低速大扭矩液压马达应用较早，国外称为斯达发（Stuffa）液压马达。我国的同类型号为JMZ型，其额定压力16 MPa，最高压力21 MPa，理论排量最大可达5 000 mL/r。图1-3-17是曲柄连杆式液压马达的工作原理，马达由壳体、曲柄-连杆-活塞组件、偏心轴及配流轴组成。壳体1内沿圆周呈放射状均匀布置了五只缸体，形成星形壳体；缸体内装有柱塞2，柱塞2与连杆3通过球绞连接；连杆大端做成鞍形圆柱瓦面紧贴在曲轴4的偏心圆上，其圆心为它与曲轴旋转中心的偏心矩；液压马达的配流轴5与曲轴通过十字键连接在一起，随曲轴一起转动；马达的压力油经过配流轴通道，由配流轴分配到对应的活塞油缸；在图中，油缸的②③腔通压力油，活塞受到压力油的作用；在其余的活塞油缸中，油缸①处于过渡状态，与排油窗口接通的是油缸④⑤；根据曲柄连杆机构运动原理，受油压作用的柱塞就通过连杆对偏心圆中心作用一个力N，推动曲轴绕旋转中心转动，对外输出转速和扭矩。如果进、排油口对换，液压马达也就反向旋转。随着驱动轴、配流轴转动，配流状态交替变化。在曲轴旋转过程中，位于高压侧的油缸容积逐渐增大，而位于低压侧的油缸的容积逐渐缩小，因此，在工作时高压油不断进入液压马达，然后由低压腔不断排出。

2. 静力平衡式低速大扭矩液压马达（static balancing-type low speed high torque hydraulic motor）

静力平衡式低速大扭矩马达也叫无连杆马达，是从曲柄连杆式液压马达改进、发展而来的，它的主要特点是取消了连杆，并且在主要摩擦副之间实现了油压静力平衡，所以改善了工作性能。国外把这类马达称为罗斯通（Roston）马达，国内也有不少产品，并已经在船舶机械、挖掘机以及石油钻探机械上使用。

3. 多作用内曲线马达（multi-action inner curve motor）

多作用内曲线液压马达的结构形式很多，就使用方式而言，有轴转、壳转与直接装在车轮的轮毂中的车轮式液压马达等形式。而从内部的结构来看，根据不同的传力方式，柱塞部件的结构可有多种形式，但是，液压马达的主要工作过程是相同的。

3.12　液压马达的性能评价及应用

1. 性能评价

（1）在一般工作条件下，液压马达的进、出口压力都高于大气压，因此不存在液压泵那样的吸入性能问题，但是，如果液压马达可能在泵工况下工作，它的进油口应有最低压力限制，以免产生汽蚀。

（2）马达应能正、反运转，因此，就要求液压马达在设计时具有结构上的对称性。

（3）液压马达的实际工作压差取决于负载力矩的大小，当被驱动负载的转动惯量大、转速高，并要求急速制动或反转时，会产生较高的液压冲击，为此，应在系统中设置必要的安全阀、缓冲阀。

（4）由于内部泄漏不可避免，因此将马达的排油口关闭而进行制动时，仍会有缓慢的滑转，所以，需要长时间精确制动时，应另行设置防止滑转的制动器。

（5）某些形式的液压马达必须在回油口具有足够的背压才能保证正常工作，并且转速越高所需背压也越大。背压的增高意味着油源的压力利用率低，系统的损失大。

每种液压马达都有自己的特点和最佳使用范围，使用时应根据具体工况，结合各类液压马达的性能、特点及适用场合，合理选择。

2. 应用

齿轮式液压马达输出转矩小，泄漏大，但结构简单，价格便宜，可用于高转速低转矩的场合。叶片式液压马达惯性小，动作灵活，但容积效率不高，机械特性软，适用于转速较高、转矩不大而要求启动换向频繁的场合。轴向柱塞马达应用广泛，容积效率高，调速范围大，且稳定转速较低，但耐冲击振动性较差，油液要求过滤清洁，价格也较高。径向柱塞液压马达常用于低转速大转矩的场合。性能参数见表1-3-3。

表 1-3-3　各类常用液压马达的性能参数

性能	齿轮式		轴向柱塞式		叶片式		多作用内曲线式
	外啮合	内啮合	斜盘	斜轴	单作用	双作用	
排量范围(mL/r)	5.2~160	80~1250	2.5~560	2.5~3 600	10~200	50~220	
最高压力 MPa	20~25	20	40	40	20	25	32
转速范围 r/min	150~2 500	10~800	100~3 000	100~4 000	100~2 000	100~2 000	0.2~180
容积效率%	85~94	94	95	95	90	75	
总效率%	77~85	76	90	90	90	75	
噪声	较大	较小	大	较大	中	中	大
对油的污染敏感性	较好	较好	中	中	敏感	敏感	较好
价格	最低	低	较高	高	较低	低	较高

3.13　液压马达的常见故障及排除

液压马达的常见故障及排除见表 1-3-4。

表 1-3-4　液压马达常见故障及排除

故障现象	故障原因分析	排除对策
转速低,输出功率不足	液压泵输出流量或压力不足	检查泵并排除原因
	液压泵内部泄漏严重	查明原因和部位,采取密封措施
	液压泵外部泄漏严重	加强密封
	液压马达零件磨损严重	更换磨损的零件
	液压油黏度不合适	按要求选用黏度适当的液压油
噪声大	进油口堵塞	排除污物
	进油口漏气	拧紧接头
	油液不清洁,空气混入	加强过滤,排除空气
	安装不良	重新安装
	液压马达零件磨损严重	更换磨损的零件
泄漏	密封件损坏	更换密封件
	组合面螺钉未拧紧	拧紧螺钉
	管接头未拧紧	拧紧管接头
	配油装置发生故障	检修配油装置
	运动件间的间隙过大	重新装配或调整

四、实操

1. 拆装如图 1-3-18 所示液压缸

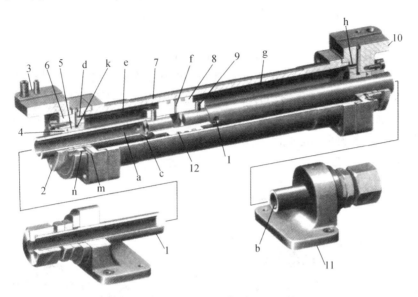

图 1-3-18 双出空心杆液压缸立体图

2. 拆装注意事项

（1）如果从液压系统上拆卸液压缸，首先应使液压回路卸压，否则当把与油缸相连接的油管接头拧松时，回路中的高压油会迅速喷出。液压回路卸压时应先使压力油卸荷，然后切断电源或切断动力源，使液压装置停止运转。

（2）拆卸时应防止损伤活塞杆顶端螺纹、油口螺纹和活塞杆表面、缸套内壁等。为了防止活塞杆等细长杆件发生弯曲或变形，放置时应用垫木均匀支撑，条件许可时尽量垂直放置。

（3）拆卸时要按顺序进行。由于各种液压缸结构和大小不尽相同，拆卸顺序也稍有不同。一般应放掉油缸两腔的油液，然后拆卸缸盖，最后拆卸活塞与活塞杆。在拆卸液压缸的缸盖时，对于内卡键式连接的卡键或卡环要用专用工具，禁止使用扁铲；对于法兰式端盖必须用螺钉顶出，不允许锤击或硬撬。在活塞和活塞杆难以抽出时，不可强行打出，应先查明原因再进行拆卸。

（4）拆卸前后要设法创造条件防止液压缸的零件被周围的灰尘和杂质污染。例如，拆卸时应尽量在干净的环境下进行；拆卸后所有零件要用塑料布盖好，不要用棉布或其他工作用布覆盖。

（5）油缸拆卸后要认真检查，以确定哪些零件可以继续使用，哪些零件可以修理后再用，哪些零件必须更换。

（6）装配前必须对各零件仔细清洗。

（7）要正确安装各处的密封装置。安装 O 圈时，不要将其拉到永久变形的程度，也不要边滚动边套装,否则可能因形成扭曲状而漏油;安装 Y 圈和 V 圈,其唇边应对着有压力的油腔;此外,YX 圈还要注意区分是轴用还是孔用,不要装错。V 圈由形状不同的支承环、密封环和压环组成,当压环压紧密封环时,支承环可使密封环产生 V 形而起密封作用,安装时应将密封环的开口面向压力油腔;调速压环时,应以不漏油为限,不可压得过紧,以防密封阻力过大;密封装置如与滑动表面配合,装配时应涂以适量的液压油;拆卸后的 O 圈和防尘圈应全部换新。

(8) 螺纹连接件拧紧时应使用专用扳手,扭矩应符合标准要求。

(9) 活塞与活塞杆装配后,需设法测量其同轴度和在全长上的直线度是否超差。

(10) 装配完毕后活塞组件移动时应无阻滞感和阻力大小不匀等现象。

(11) 液压缸向主机上安装时,进出油口接头之间必须加上密封圈并紧固好,以防漏油。

(12) 按要求装配好后,应在低压情况下往复运动几次,以排出缸内气体。

3. 拆卸并组装下图 1－3－19 所示结构的马达

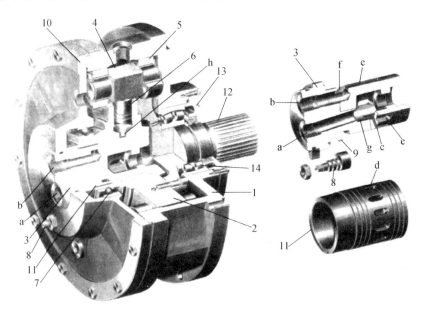

图 1－3－19 马达结构图

液压系统的辅助元件

【主要能力指标】

掌握液压辅件的分类及工作原理；
掌握液压辅件的主要性能参数。

【相关能力指标】

养成独立工作的习惯，能够正确判断和选择；
能够与他人友好协作，顺利完成任务；
能够严格按照操作规程，安全文明操作。

一、任务引入

对于机床工作台要顺利地工作，光有产生压力能的液压泵和在压力能的推动下作运动的执行元件是远远不够的，那么，我们还需要哪些元件的帮助才能很好地完成一个液压系统的功能呢？

二、任务分析

液压传动介质是液压油，它要有地方存放，这就需要油箱。油从液压泵传递到液压执行元件需要沿着一定的路线走，这就需要管路和接头。油温高了，需要降温，低了需要升温，这就需要加热器和冷却器。油液还要保证干净，这就需要过滤器，等等。总之，液压系统要想正常发挥作用，还需要很多辅助元件的帮助，下面我们就来一一认识它们。

三、知识学习

4.1 概述

液压系统中的液压辅助元件是保证液压系统正常工作所必需的工作装置,是指除液压动力元件、执行元件和控制元件以外的其他种类组成元件,包括油管及管接头、油箱、过滤器、密封装置、压力表、蓄能器等,除油箱需要自行设计外,其他辅助元件都为标准件或外购件。它们是液压系统中不可缺少的部分,对液压系统的性能、效率、温升、噪声和寿命等均有很大的影响,因此有必要掌握它们的功用、结构原理、使用方法及使用场合。

4.2 油管及管接头

液压系统用油管传送工作流体,用管接头把油管与油管或元件连接起来。

1. 油管

在液压传动系统中,使用的油管种类很多,有钢管、铜管、尼龙管、塑料管及橡胶管等。吸油管路和回油管路一般用低压的有缝钢管,也可以使用橡胶和塑料软管;控制油路中流量小,多用小直径铜管。在中、低压油路中常使用铜管,高压油路一般使用冷拔无缝钢管。高压软管是由橡胶管中间加一层或几层钢丝编制网制成。如图1-4-1所示。

图1-4-1 高压软管

2. 管接头

管接头是连接油管与液压元件或阀板的可拆卸的连接件。液压系统中油液的泄漏多发生在管接头处,所以管接头的重要性不容忽视。对它的要求常有以下几点:

足够的强度;

良好的密封;

较小的压力损失;

方便的装拆性。

常用的管接头有以下几种,如下图1-4-2所示。

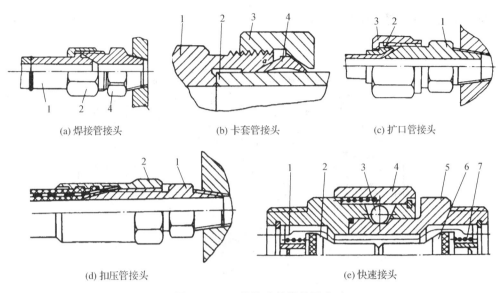

(a) 焊接管接头	(b) 卡套管接头	(c) 扩口管接头

(d) 扣压管接头	(e) 快速接头

图 1 - 4 - 2　管接头的常见形式

4.3　油箱

4.3.1　油箱的功用和要求

1. 功用

储存油液,散发油液中的热量,分离油液中的气体,沉淀油液中的污物。

2. 应满足的要求

① 具有足够容量,以满足系统对油量的要求;

② 分离杂质,并散发热量,使油温不超过规定值;

③ 油箱上部应有通气孔,以保证液压泵正常吸油;

④ 便于油箱中元件的安装和更换,便于装油和排油。

4.3.2　油箱形式

油箱形式可分为开式和闭式两种,开式油箱中油的液面和大气相通,而闭式油箱中的油液面和大气隔绝,液压系统中大多数采用开式油箱。

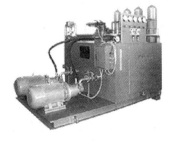

图 1 - 4 - 3　油箱外观

开式油箱大部分是以钢板焊接而成,图1-4-3,1-4-4所示为工业上使用的典型焊接式油箱。

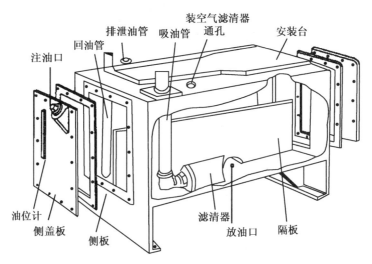

图1-4-4 油箱的典型结构

4.3.3 油箱容积的计算

有两种计算方法:

1. 经验估算法

$$V = KQ$$

式中,V 为油箱容积;Q 为泵的流量;

K 为系数:低压系统取 2～4,中压系统取 5～7,高压系统取 6～12。

2. 热平衡计算法

功率损失:
$$\Delta P = P(1-\eta)$$

散热量:
$$Q_R = kA\Delta t$$

油箱散热面积:
$$A = Q_R/k\Delta t$$
$$= \Delta P/k\Delta t$$
$$= P(1-\eta)/k\Delta t$$

常见油箱长、宽、高之比为1∶1∶1或1∶2∶3。

4.3.4 油箱的设计要点

油箱是液压辅助元件中自行设计的元件。在进行油箱结构的设计时应注意以下几点:

1. 油箱应有足够的刚度和强度

油箱一般用2.5～10 mm的钢板焊接而成,尺寸大的油箱一般采用角钢焊成骨架后再焊上钢板。油箱上盖若安装电动机传动装置、液压泵和其他液压元件时,盖板不仅要适当加厚,而且还要采取措施局部加强。

2. 油箱要有足够的有效容积

为使系统回油不致溢出油箱,油面高度不超过油箱高度的 80%。当系统较大,连续长期工作时用热平衡计算法求它的容积,一般情况下用经验估算法计算它的容积。

3. 吸油管、回油管、泄油管的设置

吸油管和回油管应尽量相距远些,两者之间要用隔板隔开,以增加油液循环距离,使油液有足够的时间分离气泡,沉淀杂质。吸油管入口处要装粗过滤器,过滤器和回油管口应插入最低油面以下,防止吸油时吸入空气和回油时回油冲入油箱搅动油面,混入气泡。吸油管的口径应为其余供油管径的 1.5 倍,以免泵吸入不良。吸油和回油管管端宜斜切 45°,以增大通流面积、降低流速,回油管斜切口应面向箱壁。管端与箱底、箱壁之间距离均应大于管径的三倍,过滤器距箱底不应小于 20 mm,泄油管管端亦可斜切、面壁,但不可没入油中,以防产生背压,而泵和马达的外泄油管其端部应在液面之下以免吸入空气。

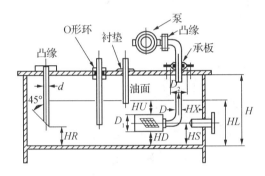

回油管:$HR \geqslant 2d$,吸入管:$D_2 > D_1$

吸入位置:$HS = \dfrac{1}{4}H$　为基准

HD,HU 在 50~100 mm 左右

$HX \geqslant 3D$

图 1-4-5　配管的设置

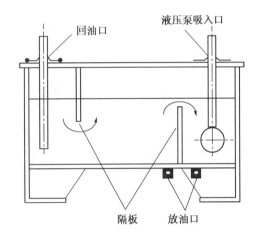

图 1-4-6　隔板的安装

4. 隔板的安装

隔板装在吸油侧和回油侧之间,如图 1-4-6 所示,以达到沉淀杂质、分离气泡及散热作用。隔板高度最好为箱内油面高度的 3/4。

5. 防止油污染

为了防止油液污染,油箱盖板、窗口连接处、管口处都要加密封垫。加油口上要加过滤网,平时加盖封闭。为防止油箱出现负压而设置的通气孔上须装滤清器。

6. 便于监控

为了监测液面,油箱侧壁应装油面指示计。为了检测油温,一般在油箱上装温度计,温度计直接浸入油中。在油箱上亦装有压力计可用以指示泵的工作压力。

7. 易于散热和维护保养

油箱底部应离地有一定距离且适当倾斜,以增大散热面积。在最低部位处设放油阀或放油塞,以利于排放污油。大油箱还应在侧面设计清洗窗口。过滤器的安装位置应便于拆卸,箱内各处应便于清洗。大、中型油箱应设起吊钩或起吊孔,以便于安装、运输和保养。

8. 油箱应进行油温控制

油箱正常的工作温度应在15～65℃之间,必要时设置温度计和热交换器。

9. 油箱内壁要加工

新油箱经喷丸、酸洗和表面清洗后,内壁可涂一层塑料膜或防锈漆。

4.4 滤油器(filter)

4.4.1 滤油器的功能

液压系统中75%以上的故障和液压油的污染有关,油液的污染能加速液压元件的磨损,卡死阀芯,堵塞工作间隙和小孔,使元件失效,导致液压系统不能正常工作,因而必须使用滤油器对油液进行过滤。图1-4-7为常见滤油器的形式。

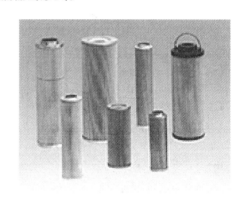

图1-4-7 常见滤油器

它的功用主要是过滤混在油液中的杂质,把杂质颗粒控制在能保证液压系统正常工作的范围内。

4.4.2 滤油器的主要参数和特性

1. 过滤精度

指过滤器对各种不同尺寸的污染颗粒的滤除能力。

原则上大于滤芯网目的污染物就不能通过滤芯。滤油器上的过滤精度常用能被过滤掉的杂质颗粒的公称尺寸大小来表示。系统压力越高,过滤精度越低。表1-4-1为液压系统中建议采用的过滤精度。

表1-4-1 建议过滤精度

使用场所	提高换向阀操作可靠度	保持微小流量控制	一般液压机器操作可靠度	保持伺服阀可靠度
建议采用的过滤精度	$10\,\mu m$左右	$10\,\mu m$	$25\,\mu m$左右	$5\sim10\,\mu m$

2. 压降特性

指油液流过滤芯时产生的压力降。

为减低压降,滤油器的容量为泵流量的2倍以上。

3. 纳垢容量

指过滤器在压力降达到规定值之前可以滤除并容纳的污染物数量。

4. 耐压特性

指滤油器承受高压油的能力。

滤油器的耐压包含滤芯的耐压和壳体的耐压。一般滤芯的耐压为$0.01\sim0.1$ MPa,这主要靠滤芯有足够的通流面积,使其压降减小,以避免滤芯被破坏。滤芯被堵塞,压降便增加。必须注意滤芯的耐压和滤油器的使用压力是不同的,当提高使用压力时,要考虑壳体是否承受得了而和滤芯的耐压无关。

4.4.3 滤油器的结构

滤油器由滤芯(或滤网)和壳体构成。

壳装滤油器,装在泵和油箱吸油管途中,如图$1-4-8$所示。

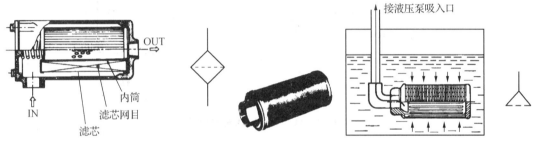

图$1-4-8$ 壳装滤油器　　　　　　图$1-4-9$ 无外壳滤油器

无外壳滤油器装在油箱内,拆装不方便,但价格便宜。如图$1-4-9$所示。

壳装滤油器又分为压力管用滤油器及回油管用滤油器。图$1-4-10$所示压力管用滤油器因要承受压力管路中的高压力,故耐压力问题必须考虑;回油管用滤油器是装在回油管路上,压力低,只需注意冲击压力的发生。就价格而言,压力管路用滤油器较回油管路用滤油器贵出许多。

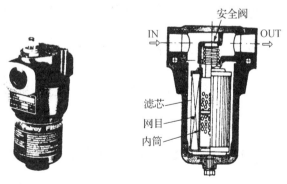

图$1-4-10$ 压力管路用滤油器

4.4.4 滤油器的分类

按滤芯材料和结构形式,滤油器可分为网式、线隙式、纸芯式、烧结式和磁性滤油器。如

图 1 - 4 - 11 所示。

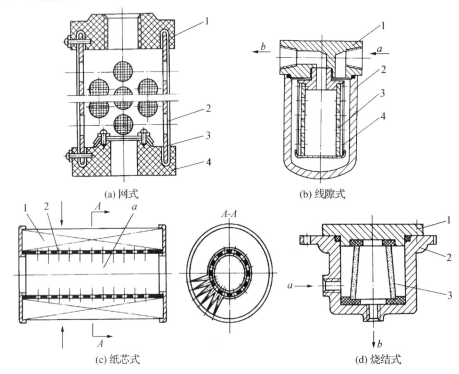

(a) 网式   (b) 线隙式

(c) 纸芯式   (d) 烧结式

图 1 - 4 - 11 常见滤油器的种类

1. 网式

特征:用金属网包在支架上而成,一般装在系统中泵入口处做粗滤,过滤精度为 80～180 μm。

特点:结构简单;清洗方便;通流能力大;压降小;过滤精度低。

2. 线隙式

特征:特形金属线缠绕在筒形芯架上,制成滤芯,利用线间间隙过滤杂质,过滤精度为 30～100 μm。

特点:结构简单;过滤精度较高;通流能力大;不易清洗;用于低压回路或辅助回路。

3. 纸芯式

特征:用微孔过滤纸折叠成星状绕在骨架上形成,利用滤纸的微孔过滤,过滤精度为 30～50 μm。

特点:结构紧凑,重量轻;过滤精度高;通流能力小,强度低;易堵塞,无法清洗;适用于精滤。

4. 烧结式

特征:由颗粒状锡青铜粉末压制后烧结而成。利用颗粒之间的微小间隙过滤,过滤精度为 10～30 μm。

特点:强度高,抗冲击性能好;抗腐蚀性好;耐高温;制造简单,但易堵塞,难清洗;用于精密过滤。

5. 磁式

可将油液中对磁性敏感的金属颗粒吸附在上面,常与其他形式滤芯一起制成复合滤油器。

4.4.5　滤油器的安装

如图 1-4-12 所示,有五个安装位置:

位置一:安装在液压泵的吸油管路上,可选择粗滤器,避免较大杂质颗粒进入液压泵,保护液压泵。

位置二:安装在液压泵的压油管路上,须选择精滤器,以保护液压泵以外的液压元件,要求能承受油路上的工作压力和压力冲击。

位置三:安装在回油管路上,滤去系统生成的污物,可采用滤芯强度低的滤油器,为防止滤油器阻塞,一般要并联安全阀或安装发讯装置。

位置四:安装在系统的支路上,当泵的流量较大时,为避免选用过大的滤油器,在支路上安装小规格的滤油器。

位置五:安装在独立的过滤系统中,通过不断的循环,专门滤去油箱中的污物,用在大型的液压系统中。

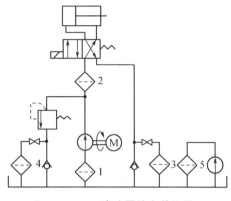

图 1-4-12　滤油器的安装位置

4.5　空气滤清器

为防止灰尘进入油箱,通常在油箱上方的通气孔安装空气滤清器,同时可作为注油口使用。

如图 1-4-13 所示为带注油口的空气滤清器。空气滤清器的容量必须使液压系统即使达到最大负荷状态时,仍能保持大气压力的程度。

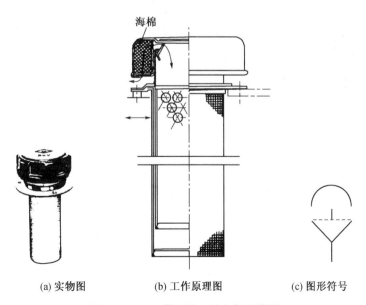

(a) 实物图　　　　(b) 工作原理图　　　　(c) 图形符号

图 1-4-13　带注油口的空气滤清器

4.6 热交换器

液压系统的工作温度一般保持在 30～50℃ 的范围之内,最高不超过 65℃,最低不低于 15℃。若系统长时间在较高温度下工作,会加快油液氧化,析出沉淀物,并导致影响泵和阀的运动部分正常工作的严重故障。所以当依靠自然散热无法使系统油温降低到正常温度时,就应采用冷却器进行强制冷却。相反,油温过低,则油液黏度过大,会造成设备启动困难,压力损失加大并使振动加剧等不良后果,这时就要通过设置加热器来提高油液温度。

4.6.1 冷却器

一般说来,造成油箱散热面积不够,必须采用冷却器来抑制油温的原因有三:

因机械整体的体积和空间使油箱的大小受到限制;

因经济上的理由,需要限制油箱的大小等;

要把液压油的温度控制得更低。

冷却器按冷却介质的不同可分成水冷式和风冷式两大类。

1. 水冷式冷却器

水冷式冷却器通常都采用壳管式冷却器,它是由一束小管子(冷却管)装置在一个外壳里所构成,如图 1-4-14 所示。

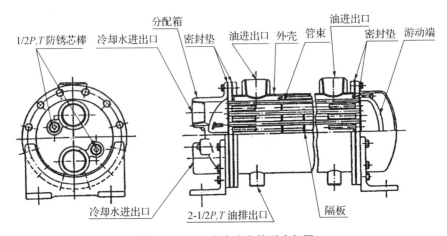

图 1-4-14 水冷式直管型冷却器

壳管式冷却器形式多种,根据冷却管的不同,可分为蛇形管式、多管式及翅片管式,如图 1-4-15 所示。

三者相比,蛇形管式冷却效果最差,耗水量大,运转费用高,但结构简单。多管式冷却效果好,但结构复杂。翅片管式冷却效果最好,但结构最复杂。

水冷式冷却器一般安装在系统回油路或溢流阀溢流回路上。

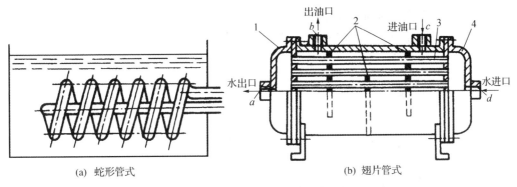

(a) 蛇形管式　　　　　　　(b) 翅片管式

图 1-4-15　水冷式冷却器的形式

2. 风冷式冷却器

风冷式构造如图 1-4-16 所示,由风扇和许多带散热片的管子所构成。油在冷却管中流动,风扇使空气穿过管子和散热片表面,使液压油冷却。其冷却效率较水冷低,但如果冷却水取得不易或在水冷式冷却器不易安装的场所,必须采用风冷式,尤以行走机械的液压系统使用较多。

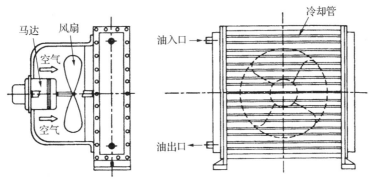

图 1-4-16　气冷式油冷却器

3. 冷却器安装的场所

油冷却器安装在热发生体附近,且液压油流经油冷却器时,压力不得大于 1 MPa。有时必须以安全阀来保护,以使它免于高压的冲击而造成损坏。

(1) 热发生源,如溢流阀附近,如图 1-4-17(a)所示。

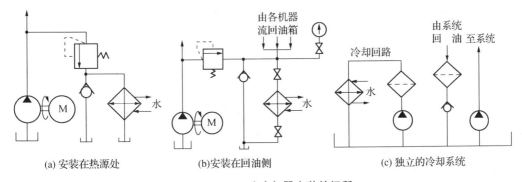

(a) 安装在热源处　　　　(b)安装在回油侧　　　　(c) 独立的冷却系统

图 1-4-17　油冷却器安装的场所

（2）安装在配管的回油侧，如图 1 - 4 - 17(b)所示。

（3）如液压装置很大且运转的压力很高，此时使用独立的冷却系统，如图 1 - 4 - 17(c)所示。

4.6.2 加热器

液压系统的加热一般常采用结构简单，能按需要自动调节最高和最低温度的电加热器。这种加热器的安装方式是用法兰盘装在箱壁上油液流动处。

4.7 蓄能器(accumulators)

1. 蓄能器功用

蓄能器是液压系统中一种储存油液压力能的装置，其主要功用如下：

（1）作辅助动力源：在液压系统工作循环中不同阶段需要的流量变化很大时，常采用蓄能器和一个流量较小的泵组成油源，如图 1 - 4 - 18(a)所示。当系统需要很小流量时，蓄能器将液压泵多余的流量储存起来；当系统短时期需要较大流量时，蓄能器将储存的液压油释放出来与泵一起向系统供油。在某些特殊的场合：如驱动泵的原动机发生故障，蓄能器可作应急能源紧急使用；如现场要求防火防爆，也可用蓄能器作为独立油源。

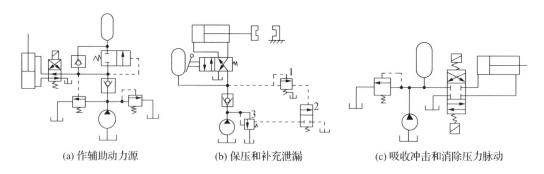

(a) 作辅助动力源　　　(b) 保压和补充泄漏　　　(c) 吸收冲击和消除压力脉动

图 1 - 4 - 18　蓄能器的功能

（2）保压和补充泄漏：有的液压系统需要较长时间保压而液压泵卸载，此时可利用蓄能器释放所储存的液压油，补偿系统的泄漏，保持系统的压力，如图 1 - 4 - 18(b)所示。

（3）吸收压力冲击和消除压力脉动：由于液压阀的突然关闭或换向，系统可能产生压力冲击，此时可在压力冲击处安装蓄能器起吸收作用，使压力冲击峰值降低。如在泵的出口处安装蓄能器，还可以吸收泵的压力脉动，提高系统工作的平稳性，如图 1 - 4 - 18(c)所示。

2. 蓄能器的分类和选用

蓄能器按产生流体压力的方式不同分为弹簧式、重锤式和充气式三类。

常用的是充气式，它利用气体的压缩和膨胀储存、释放压力能，在蓄能器中气体和油液被隔开，而根据隔离的方式不同，充气式又分为活塞式、皮囊式和气瓶式等三种。

下面主要介绍常用的活塞式和皮囊式两种。

（1）活塞式蓄能器：

图 1 - 4 - 19(a)为活塞式蓄能器，用缸筒内浮动的活塞将气体与油液隔开，气体（一般为

惰性气体氮气)经充气阀进入上腔,活塞的凹部面向充气,以增加气室的容积,蓄能器的下腔油口充液压油。活塞式结构简单,安装和维修方便,寿命长,但由于活塞惯性和密封件的摩擦力影响,其动态响应较慢。

活塞式蓄能器适用于压力低于 20 MPa 的系统储能或吸收压力脉动。

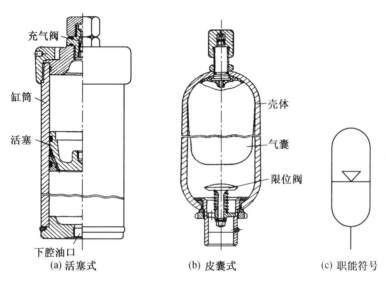

图 1-4-19　蓄能器

(2) 皮囊式蓄能器:

图 1-4-19(b)为皮囊式蓄能器,采用耐油橡胶制成的气囊内腔充入一定压力的惰性气体,气囊外部液压油经壳体底部的限位阀通入,限位阀还保护皮囊不被挤出容器之外。此蓄能器的气液完全隔开,皮囊受压缩储存压力能,其惯性小、动作灵敏,适用于储能和吸收压力冲击,工作压力可达 32 MPa。

3. 蓄能器的安装

(1) 充气式一般应使用惰性气体(主要为氮气)。

(2) 一般应垂直安装,油口向下。

(3) 用支架或支板将蓄能器固定,且便于检查、维修,并远离热源。

(4) 用作降低噪声,吸收脉动和冲击时应尽可能靠近振源。

(5) 与管路间应安装截止阀,供充气或检修使用。

(6) 搬运和拆装时应排出压缩气体,保证安全。

四、实操

到实训室或校外实习基地认识各种辅助件。

液压系统的工作介质

【主要能力指标】

掌握液压油的黏性和黏度；
熟知液压油的类型和选用；
了解液压油的污染和清洁度。

【相关能力指标】

能够也乐于与他人讨论，分享成果；
能够严格按照操作规程，安全文明操作。

一、任务引入

通过以上内容的学习，我们知道液压油是液压传动系统中五大组成之一，液压油对液压系统的作用就像血液对人体一样重要。所以合理选择、使用、维护、保管液压油是关系到液压设备工作的可靠性、耐久性和工作性能好坏的关键问题，它也是减少液压设备故障的有力措施。因此，必须正确的掌握液压油的各种理论性质，合理地使用液压油，从而减少液压系统的故障。

二、任务分析

液压油是用来传递能量的液体工作介质。除了传递能量外，它还起着润滑、冷却、保护（防锈）、密封、清洁、减振七大作用。液压系统能否可靠有效地工作，在一定程度上取决于液压油的性能。特别是在液压元件已定型的情况下，液压油的性能与正确应用则成为首要问题。

因此,必须正确地掌握液压油的各种物理性质,合理地使用液压油,从而减少液压系统的故障。

三、知识学习

5.1　液体的特性

1. 连续性

流体是一种连续介质,这样就可以把油液的运动参数看作是时间和空间的连续函数,并有可能利用解析数学来描述它的运动规律。

2. 不抗拉性

由于油液分子与分子间的内聚力极小,几乎不能抵抗任何拉力而只能承受较大的压应力,不能抵抗剪切变形而只能对变形速度呈现阻力。

3. 易流性

不管作用的剪力怎样微小,油液总会发生连续的变形,这就是油液的易流性,它使得油液本身不能保持一定的形状,只能呈现所处容器的形状。

4. 均质性

其密度是均匀的,物理特性是相同的。

5.2　液压油的性质

1. 密度

单位体积液体的质量称为液体的密度。体积为 V,质量为 m 的液体的密度为

扫一扫观看液压油介绍视频

$$\rho = m/V \qquad 单位为 \ kg/m^3 \qquad (1-5-1)$$

液压油一般为均质的,对于矿物油型液压油,其密度随温度的上升而有所减小,随压力的提高而稍有增加,但变动值很小,可以认为是常值。我国采用 20℃时的密度作为油液的标准密度,一般为 $850 \sim 950 \ kg/m^3$。

2. 可压缩性

当流体受压力作用时其体积减小的特性称为流体的可压缩性。

压力为 p_0、体积为 V_0 的液体,如压力增大时,体积减小,则此液体的可压缩性可用体积压缩系数 β 表示:

$$\beta = -\frac{1}{\Delta p} \cdot \frac{\Delta V}{V} \qquad (1-5-2)$$

即用单位压力变化下的体积相对变化量来表示。由于压力增大时液体的体积减小,因此上式右边须加一负号,以使其成为正值。液压油的压缩系数一般在 $(5 \sim 7) \times 10^{-10} \ m^2/N$。

液体体积压缩系数的倒数,称为体积弹性模量 K,简称体积模量。即

$$K = \frac{1}{\beta} = -\frac{\Delta p}{\Delta V} V \qquad (1-5-3)$$

K 表示单位体积相对变化所需要的压力增量。实际应用中常用 K 值说明液体抵抗压缩能力的大小。液压油的体积模量越大,液体的压缩性越小,其抗压性能越强,反之越弱。

液压油的体积模量一般为 $(1.4\sim2.0)\times10^9\,\mathrm{N/m^2} = (1.4\sim2.0)\times10^3\,\mathrm{MPa}$,而钢的弹性模量为 $2.06\times10^{11}\,\mathrm{N/m^2} = 2.06\times10^5\,\mathrm{MPa}$。可见前者与后者相比,压缩性差 $100\sim150$ 倍。对于一般的液压系统,可认为油液是不可压缩的,但当液压油中混入空气时,其可压缩性将显著增加,这会严重影响液压系统的工作性能。在有较高要求或压力变化较大的液压系统中,应尽量减少油液中混入的气体及其他易挥发物质(汽油、煤油、乙醇、苯等)的含量。由于油液中的气体难以完全排除,实际计算中常取 $K = 0.7\times10^3\,\mathrm{MPa}$。

液压油的体积模数与压缩过程、温度、压力等因素有关,等温压缩与绝热压缩下的 K 值不同,但由于二者差别很小,故工程上使用时通常不加以区别。

3. 黏性

(1) 黏性的定义

液体在外力作用下流动时,由于液体分子间的内聚力而产生一种阻碍液体分子之间进行相对运动的内摩擦力,液体的这种产生内摩擦力的性质称为液体的黏性。由于液体具有黏性,当流体发生剪切变形时,流体内就产生阻滞变形的内摩擦力,由此可见,黏性表征了流体抵抗剪切变形的能力。处于相对静止状态的流体中不存在剪切变形,因而也不存在变形的抵抗,只有当运动流体流层间发生相对运动时,流体对剪切变形的抵抗,也就是黏性才表现出来。黏性所起的作用为阻滞流体内部的相互滑动,在任何情况下它都只能延缓滑动的过程而不能消除这种滑动。

黏性的大小可用黏度来衡量,黏度是选择液压用流体的主要指标,是影响流动流体的重要物理性质。

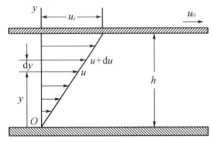

图 1-5-1 液体的黏性示意图

当液体流动时,由于液体与固体壁面的附着力及流体本身的黏性使流体内各处的速度大小不等。以流体沿如图 1-5-1 所示的平行平板间的流动情况为例,设上平板以速度 u_0 向右运动,下平板固定不动。紧贴于上平板上的流体黏附于上平板上,其速度与上平板相同。紧贴于下平板上的流体黏附于下平板上,其速度为零。中间流体的速度按线性分布。我们把这种流动看成是许多无限薄的流体层在运动,当运动较快的流体层在运动较慢的流体层上滑过时,两层间由于黏性就产生内摩擦力的作用。根据实际测定的数据所知,流体层间的内摩擦力 F 与流体层的接触面积 A 及流体层的相对流速 $\mathrm{d}u$ 成正比,而与此两流体层间的距离 $\mathrm{d}z$ 成反比,即

$$F = \mu A \, \mathrm{d}u/\mathrm{d}z \qquad (1-5-4)$$

以 $\tau = F/A$ 表示切应力,则有:

$$\tau = \mu du/dz \qquad (1-5-5)$$

式中，μ 为衡量流体黏性的比例系数，称为绝对黏度或动力黏度；du/dz 表示流体层间速度差异的程度，称为速度梯度。

上式是液体内摩擦定律的数学表达式。当速度梯度变化时，μ 为不变常数的流体称为牛顿流体，μ 为变数的流体称为非牛顿流体。除高黏性或含有大量特种添加剂的液体外，一般的液压用流体均可看作是牛顿流体。

流体的黏度通常有三种不同的测试单位。

（2）黏性的度量

① 绝对黏度 μ

绝对黏度又称动力黏度，它直接表示流体的黏性即内摩擦力的大小。动力黏度 μ 在物理意义上讲，是当速度梯度 $du/dz=1$ 时，单位面积上的内摩擦力的大小，即

$$\mu = \frac{\tau}{du/dz} \qquad (1-5-6)$$

动力黏度的国际（SI）计量单位为牛顿·秒/米^2，符号为 N·s/m^2，或为帕·秒，符号为 Pa·s。

② 运动黏度 ν

运动黏度是绝对黏度 μ 与密度 ρ 的比值：

$$\nu = \mu/\rho \qquad (1-5-7)$$

式中，ν 为液体的动力黏度，m^2/s；ρ 为液体的密度，kg/m^3。

运动黏度的 SI 单位为米^2/秒，m^2/s。还可用 CGS 制单位：斯（托克斯），St（斯）的单位太大，应用不便，常用 1‰斯，即 1 厘斯来表示，符号为 cSt，故：

$$1 \text{ cSt} = 10^{-2} \text{ St} = 10^{-6} \text{ m}^2/\text{s}$$

运动黏度 ν 没有什么明确的物理意义，它不能像 μ 一样直接表示流体的黏性大小，但对 ρ 值相近的流体，例如各种矿物油系液压油之间，还是可用来大致比较它们的黏性。由于在理论分析和计算中常常碰到绝对黏度与密度的比值，为方便起见才采用运动黏度这个单位来代替 μ/ρ。它之所以被称为运动黏度，是因为在它的量纲中只有运动学的要素长度和时间因次的缘故。机械油的牌号上所标明的号数就是表明以厘斯为单位的，在温度 50℃时运动黏度 ν 的平均值。例如 10 号机械油指明该油在 50℃时其运动黏度 ν 的平均值是 10 cSt。蒸馏水在 20.2℃时的运动黏度 ν 恰好等于 1 cSt，所以从机械油的牌号即可知道该油的运动黏度。例如 20 号油说明该油的运动黏度约为水的运动黏度的 20 倍，30 号油的运动黏度约为水的运动黏度的 30 倍，依此类推。动力黏度和运动黏度是理论分析和推导中经常使用的黏度单位。它们都难以直接测量，因此，工程上采用另一种可用仪器直接测量的黏度单位，即相对黏度。

③ 相对黏度

相对黏度以相对于蒸馏水黏性的大小来表示该液体的黏性。相对黏度又称条件黏度。各国采用的相对黏度单位有所不同。有的用赛氏黏度，有的用雷氏黏度，我国采用恩氏黏度。恩氏黏度的测定方法如下：测定 200 cm^3 某一温度的被测液体在自重作用下流过直径 2.8 mm 小孔所需的时间 t_A，然后测出同体积的蒸馏水在 20℃时流过同一孔所需时间 t_B（$t_B=50\sim52$ s），t_A 与 t_B 的比值即为流体的恩氏黏度值。恩氏黏度用符号 °E 表示。被测液

体温度 t℃时的恩氏黏度用符号 $°E_t$ 表示。

$$°E_t = t_A/t_B \tag{1-5-8}$$

工业上一般以 20℃、50℃ 和 100℃ 作为测定恩氏黏度的标准温度,并相应地以符号 $°E_{20}$、$°E_{50}$ 和 $°E_{100}$ 来表示。

知道恩氏黏度以后,利用下列的经验公式,将恩氏黏度换算成运动黏度,单位为 m^2/s。

$$\nu = (7.31°E - 6.31/°E) \times 10^{-6} \tag{1-5-9}$$

（3）压力对黏度的影响

在一般情况下,压力对黏度的影响比较小,在工程中当压力低于 5 MPa 时,黏度值的变化很小,可以不考虑。当液体所受的压力加大时,分子之间的距离缩小,内聚力增大,其黏度也随之增大。因此,在压力很高以及压力变化很大的情况下,黏度值的变化就不能忽视。

（4）温度对黏度的影响

液压油黏度对温度的变化是十分敏感的,当温度升高时,其分子之间的内聚力减小,黏度就随之降低,造成泄漏、磨损增加、效率降低等问题。当温度下降时,黏度增加,造成流动困难及泵转动不易等问题。

而不同种类的液压油,它的黏度随温度变化的规律也不同。我国常用黏温图表示油液黏度随温度变化的关系,如图 1-5-2 所示。

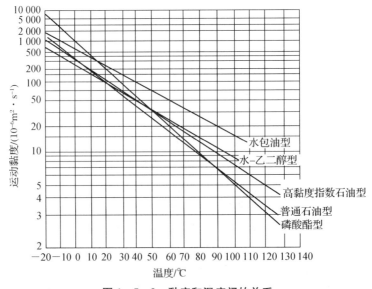

图 1-5-2 黏度和温度间的关系

对于一般常用的液压油,当运动黏度不超过 76 mm^2/s,温度在 30～150℃ 范围内时,可用下述公式近似计算其温度为 t℃的运动黏度:

$$\nu_t = \nu_{50}(50/t)^n \tag{1-5-10}$$

式中,ν_t 为温度在 t℃时油的运动黏度;ν_{50} 为温度为 50℃时油的运动黏度;n 为黏温指数。黏温指数 n 随油的黏度而变化,其值可参考表 1-5-1。

表 1－5－1 黏温指数

$\nu_{50}/mm^2 \cdot s^{-1}$	2.5	6.5	9.5	12	21	30	38	45	52	60
n	1.39	1.59	1.72	1.79	1.99	2.13	2.24	2.32	2.42	2.49

4. 闪点

油温升高时,部分的油会蒸发而与空气混合成油气,此油气所能点火的最低温度称为闪点。如继续加热,则会连续燃烧,此温度称为燃点。

5. 其他性质

液压传动工作介质还有其他一些性质,如稳定性(热稳定性、氧化稳定性、水解稳定性、剪切稳定性等)、抗泡沫性、抗乳化性、防锈性、润滑性以及相容性(对所接触的金属、密封材料、涂料等作用程度)等,它们对工作介质的选择和使用有重要影响。这些性质需要在精炼的矿物油中加入各种添加剂来获得,其含义较为明显,不多作解释,可参阅有关资料。

5.3 对液压传动工作介质的要求

不同的工作机械、不同的使用情况对液压传动工作介质的要求有很大的不同。为了很好地传递运动和动力,液压传动工作介质应具备如下性能:

1. 合适的黏度,较好的黏温特性。
2. 润滑性能好。
3. 质地纯净,杂质少。
4. 对金属和密封件有良好的相容性。
5. 对热、氧化、水解和剪切都有良好的稳定性。
6. 抗泡沫好,抗乳化性好,腐蚀性小,防锈性好。
7. 体积膨胀系数小,比热容大。
8. 流动点和凝固点低,闪点和燃点高。
9. 对人体无害,成本低。

对轧钢机、压铸机、挤压机和飞机等液压系统则须突出耐高温、热稳定、不腐蚀、无毒、不挥发、防火等各项要求。

具体见表 1－5－2。

表 1－5－2 对液压油的要求

项目	要求性能
压缩性	压缩性尽可能小
黏性	温度及压力对黏度的影响小,具有低温流动性,剪切安定性好
润滑性	具有对元件的滑动部位的充分润滑性,能防止异常磨损和卡咬等现象的发生
安定性	不因热、氧化或水解而生成腐蚀性物质,沉渣生成量小,寿命长
防锈性耐腐蚀性	对铁及非铁金属的防锈性及耐腐蚀性良好
脱气性消泡性	油液中的气泡及液面上的泡沫少,且容易消除

（续表）

项　目	要求性能
抗乳化性	除含水液压油外的油液,油水分离容易
清净性	尽可能不包含污染物,当污染物从外部侵入时,要能迅速分离,使之来不及作用于液压元件而产生不良影响
相容性	不能引起密封件、橡胶软管、涂料等变质
防火性	燃点高,挥发性小,最好具有不燃性
毒性	不得有毒性和异味,应无公害,且容易排水处理
其他	长期保存或紫外线照射不引起析出物沉淀 针对不同用途,具有橡胶-金属及金属-金属之间的防爬行性 难燃性

5.4　工作介质的分类和选择

1. 分类

液压油主要有以下两类：

$$石油基液压油\begin{cases}普通液压油\\专用液压油\\抗磨液压油\\高黏度指数液压油\end{cases}$$

石油基液压油是以石油的精炼物为基础,加入抗氧化或抗磨剂等混合而成的液压油,不同性能、不同品种、不同精度则加入不同的添加剂。

$$难燃液压油\begin{cases}合成液压油——磷酸酯液压油\\含水液压油\begin{cases}水——乙二醇液压油\\乳化液\begin{cases}油包水乳化液\\水包油乳化液\end{cases}\end{cases}\end{cases}$$

（1）石油基液压油

这种液压油是以石油的精炼物为基础,加入各种为改进性能的添加剂而成。添加剂有抗氧化添加剂、油性添加剂、抗磨添加剂等。不同工作条件要求具有不同性能的液压油,不同品种的液压油是由于精制程度不同和加入不同的添加剂而成。

（2）合成液压油

磷酸酯液压油是难燃液压油之一。它的使用范围宽,可达 $-54\sim135℃$。抗燃性好,氧化安定性和润滑性都很好。缺点是与多种密封材料的相容性很差,有一定的毒性。

（3）水—乙二醇液压油

这种液体由水、乙二醇和添加剂组成,而蒸馏水占 $35\%\sim55\%$,因而抗燃性好。这种液体的凝固点低,达 $-50℃$。缺点是能使油漆涂料变软,但对一般密封材料无影响。

（4）乳化液

乳化液属抗燃液压油，它由水、基础油和各种添加剂组成。分水包油乳化液和油包水乳化液，前者含水量达 90%～95%，后者含水量大于 40%。

液压系统工作介质的品种以其代号和后面的数字组成，代号 L 是石油产品的总分类号，H 表示液压系统用的工作介质，数字表示该工作介质的黏度等级。

2. 工作介质的选用原则

正确而合理地选用液压油，乃是保证液压设备高效率正常运转的前提。

选用液压油时，可根据液压元件生产厂样本和说明书所推荐的品种牌号来选用液压油，或者根据液压系统的工作压力、工作温度、液压元件种类及经济性等因素全面考虑，一般是先确定适用的黏度范围，再选择合适的液压油品种。同时还要考虑液压系统工作条件的特殊要求，具体讲，选择时应主要考虑以下因素：

（1）液压系统的工作压力

工作压力较高的系统宜选用黏度较高的液压油，以减少泄露；反之便选用黏度较低的油。

例如，当压力 $p=7.0～20.0$ MPa 时，宜选用 N46～N100 的液压油；当压力 $p<7.0$ MPa 时，宜选用 N32～N68 的液压油。

（2）运动速度

执行机构运动速度较高时，为了减小液流的功率损失，宜选用黏度较低的液压油。

（3）液压泵的类型

在液压系统中，对液压泵的润滑要求苛刻，不同类型的泵对油的黏度有不同的要求，见表 1-5-3，具体可参见有关资料。

液压油的牌号（即数字）表示在 50℃ 下油液运动黏度的平均值（单位为 cSt）。

选择时，虽然要统筹考虑以上因素，但是总的来说，应尽量选用较好的液压油。虽然初始成本要高些，但由于优质油使用寿命长，对元件损害小，所以从整个使用周期看，其经济性要比选用劣质油好些。

表 1-5-3　常见液压油系列品种

名　称	黏度等级	使用范围	主要用途
普通液压油	32、46、68	7～14 MPa	室内固定设备液压系统
液压导轨油	22、32、56、68		液压与导轨润滑全用一种油液的系统。如万能磨床、轴承磨床、螺纹磨床的液压导轨系统
抗磨液压油	32、46、68	−18～70℃	工程机械、车辆液压系统
低温液压油	32、46、68	25～70℃	工程机械、车辆液压系统
高黏度液压油	22、32、46		数控机床液压系统
机械油	15、22、32、46、	7 MPa	普通机床液压系统
汽轮机油	22、32、68	7 MPa	一般液压系统
水包油乳化液			要求难燃、油液用量大且泄漏严重的液压系统，如煤矿液压支架、水压机、炼钢炉系统

（续表）

名　　称	黏度等级	使用范围	主要用途
油包水乳化液			要求难燃的中压液压系统,如采煤机、凿岩机
水乙二醇			要求难燃、清洁的中低压液压系统,如冶炼炉、操作机
磷酸酯			要求难燃、高压、精密的液压系统,如民航客机、舰船、汽轮机调速液压系统

5.5　液压油的污染控制

工作介质的污染是液压系统发生故障的主要原因。它严重影响液压系统的可靠性及液压元件的寿命,因此工作介质的正确使用、管理以及污染控制,是提高液压系统的可靠性及延长液压元件使用寿命的重要手段。

1. 污染的根源

进入工作介质的固体污染物有四个根源:已被污染的新油、残留污染、侵入污染和内部生成污染。

（1）液压系统的管道及液压元件内的型砂、切屑、磨料、焊渣、锈片、灰尘等污垢在系统使用前冲洗时未被洗干净,在液压系统工作时,这些污垢就进入到液压油里。

（2）外界的灰尘、砂粒等,在液压系统工作过程中通过往复伸缩的活塞杆,流回油箱的漏油等进入液压油里。另外在检修时,稍不注意也会使灰尘、棉绒等进入液压油里。

（3）液压系统本身也不断地产生污垢,而直接进入液压油里,如金属和密封材料的磨损颗粒,过滤材料脱落的颗粒或纤维及油液因油温升高氧化变质而生成的胶状物等。

2. 污染的危害

液压系统的故障75%以上是由工作介质污染物造成的。

液压油污染严重时,直接影响液压系统的工作性能,使液压系统经常发生故障,使液压元件寿命缩短。造成这些危害的原因主要是污垢中的颗粒。对于液压元件来说,由于这些固体颗粒进入到元件里,会使元件的滑动部分磨损加剧,并可能堵塞液压元件里的节流孔、阻尼孔,或使阀芯卡死,从而造成液压系统的故障。水分和空气的混入使液压油的润滑能力降低并使它加速氧化变质,产生气蚀,使液压元件加速腐蚀,使液压系统出现振动、爬行等。

3. 污染的测定

污染度测定方法有测重法和颗粒计数法两种。测重法是指让一定量的油样通过滤膜,测定滤膜上的污染物的重量。颗粒计数法是指让一定量的油样同样通过滤膜,然后测定留在滤膜上的颗粒的尺寸与数目,它可以用显微镜由人逐个计数,也可以用自动颗粒计数器计数,或是直接与标准样片进行对比,大致判断油液的污染等级。

4. 污染度的等级

我国制定的国家标准 GB/T 14039－2002《液压系统工作介质固体颗粒污染等级代号》和目前仍被采用的美国 NAS 1638 油液污染度等级是由用斜线隔开的两个标号组成:第一个标号表示 1 mL 油液中大于 5 μm 的颗粒数;第二个标号表示 1 mL 油液中大于 15 μm 的颗粒数。颗粒数与其标号的关系见表 1－5－4。

表 1-5-4　标号的规定

1 mL 中颗粒数		标号	1 mL 中颗粒数		标号
>	≤		>	≤	
80 000	160 000	24			
40 000	80 000	23	10	20	11
20 000	40 000	22	5	10	10
10 000	20 000	21	2.5	5	9
5 000	10 000	20	1.3	2.5	8
2 500	5 000	19	0.64	1.3	7
1 300	2 500	18	0.32	0.64	6
640	1 300	17	0.16	0.32	5
320	640	16	0.08	0.16	4
160	320	15	0.04	0.08	3
80	160	14	0.02	0.04	2
40	80	13	0.01	0.02	1
20	40	12	0.005	0.01	0

5. 工作介质的污染控制

造成液压油污染的原因多而复杂,液压油自身又在不断地产生污染物,因此要彻底解决液压油的污染问题是很困难的。为了延长液压元件的寿命,保证液压系统可靠地工作,将液压油的污染度控制在某一限度以内是较为切实可行的办法。对液压油的污染控制工作主要是从两个方面着手:一是防止污染物侵入液压系统;二是把已经侵入的污染物从系统中清除出去。污染控制要贯穿于整个液压装置的设计、制造、安装、使用、维护和修理等各个阶段。

为防止油液污染,在实际工作中应采取如下措施:

(1) 使液压油在使用前保持清洁。液压油在运输和保管过程中都会受到外界污染,新买来的液压油看上去很清洁,其实很"脏",必须将其静放数天后经过滤加入液压系统中使用。

(2) 使液压系统在装配后、运转前保持清洁。液压元件在加工和装配过程中必须清洗干净,液压系统在装配后、运转前应彻底进行清洗,最好用系统工作中使用的油液清洗,清洗时油箱除通气孔(加防尘罩)外必须全部密封,密封件不可有飞边、毛刺。

(3) 使液压油在工作中保持清洁。液压油在工作过程中会受到环境污染,因此应尽量防止工作中空气和水分的侵入。为完全消除水、气和污染物的侵入,采用密封油箱;通气孔上加空气滤清器,防止尘土、磨料和冷却液侵入;经常检查并定期更换密封件和蓄能器中的胶囊。

(4) 采用合适的滤油器。这是控制液压油污染的重要手段。应根据设备的要求,在液压系统中选用不同过滤方式、不同精度和不同结构的滤油器,并要定期检查和清洗滤油器和油箱。

(5) 定期更换液压油。更换新油前,油箱必须先清洗一次,排尽清洗后注入新油。

(6) 控制液压油的工作温度。液压油的工作温度过高对液压装置不利,液压油本身也会加速老化变质,产生各种生成物,缩短它的使用期限。一般液压系统的工作温度最好控制在 65℃ 以下,机床液压系统则应控制在 55℃ 以下。

5.6 换油

1. 使用中油液性状的变化

液压油液经过一段时间的使用后,由于劣化或污染而改变了原有的性状,成为缩短装置的运行寿命或引发事故的原因。

判定液压油液是否劣化,一般有在现场制取油样,观察其颜色、气味、有无沉淀物,并与新油进行比较的定性方法,及把油样送往分析实验室评定性状变化的定量方法。

吸墨纸斑点试验是一种可在现场进行的简单试验。把一滴油滴到一片吸墨纸上,如果吸墨纸仍然没有颜色或仅出现一块淡黄色,则油液可以继续使用。如果出现颜色但颜色均匀,则油液仍可继续使用。如果斑点中出现明显的环形痕迹,则应该换油。如果中心是明显的深色斑点,而淡色油液向四外散开,则表明已经超过了换油时间,油液即将或已经把油泥之类的氧化生成物带进系统。

声音变化也与油液状态有关,如果工作系统的声音变了,一般是更响了或与正常声音不一样了,就该评定油液状态了。

2. 换油标志

换油标志的确定因装置的使用条件的不同而出入很大,而且油液的劣化、污染的程度及对液压装置的影响程度很难定量确定,所以往往根据经验数据大致确定。

一般定期分析油液的性状,当超过所设定的换油标志时就换油。

四、实操

1. 从油桶中取出油液并用颗粒计数法测出它的清洁度等级。

2. 完成试验台液压传动系统液压油的更换工作:

(1) 确定液压油牌号;

(2) 放出原有液压油;

(3) 清洗油箱;

(4) 加注新液压油。

液压系统的方向控制

【主要能力指标】

掌握换向阀的类型、结构及工作原理；

掌握换向阀的中位机能；

掌握方向控制回路的类型、用途。

【相关能力指标】

养成独立工作的习惯，能够正确判断和选择；

能够与他人友好协作，顺利完成任务；

能够严格按照操作规程，安全文明操作。

一、任务引入

工作台不停地做往复运动，这一运动是由液压系统中的液压缸驱动完成的。那么液压系统中是什么元件来控制液压缸的方向的呢？就是通过方向控制阀。

二、任务分析

只要使液压油进入驱动工作台的液压缸的不同工作腔，就能使液压缸带动工作台完成往复运动。这种能够使液压油进入不同的液压缸工作油腔从而实现液压缸不同的运动方向的元件称为换向阀。换向阀又是如何改变和控制液压传动系统中油液流动的方向、油路的接通和关闭，从而改变液压系统的工作状态呢？

三、知识学习

在对换向阀进行学习前,我们先了解阀的一些基础知识。

6.1 液压控制阀概述

6.1.1 液压控制阀(hydraulic control valve)的分类

1. 按用途分

扫一扫观看控制阀介绍视频

(1) 压力控制阀(pressure control valve)

用来控制和调节液压系统中液流的压力或利用压力控制的阀类称为压力控制阀。如溢流阀、减压阀、顺序阀、电液比例溢流阀、电液比例减压阀等。

(2) 流量控制阀(flow control valve)

用来控制和调节液压系统中液流流量的阀类称为流量控制阀,如节流阀、调速阀、分流阀、电液比例流量阀等。

(3) 方向控制阀(directional control valve)

用来控制和改变液压系统中液流方向的阀类称为方向控制阀,如单向阀、换向阀等。

这三类可互相组合,成为复合阀,以减少管路连接,使结构更为紧凑,提高系统效率,如单向行程调速阀等。

2. 按控制方式分

(1) 开关或定值控制阀(switch valve)

这是最常见的一类液压阀,又称为普通液压阀。此类阀采用手动、机动、电磁铁和控制压力油等控制方式启闭液流通路,定值控制液流的压力和流量。

(2) 伺服控制阀(pilot valve)

这是一种根据输入信号(电气、机械、气动等)及反馈量成比例地连续控制液压系统中液流的压力、流量的阀类,又称为随动阀。伺服控制阀具有很高的动态响应和静态性能,但价格昂贵、抗污染能力差,主要用于控制精度要求很高的场合。

(3) 电液比例控制阀(electro-hydraulic proportional valve)

电液比例控制阀的性能介于上面两类阀之间,它可以根据输入信号的大小连续地成比例地控制液压系统中液流的参量,满足一般工业生产对控制性能的要求。与伺服控制阀相比具有结构简单、价格较低、抗污染能力强等优点,因而在工业生产中得到广泛应用。但电液比例控制阀存在中位死区,工作频宽较伺服控制阀低。电液比例阀又分为两种,一种是直接将开关定值控制阀的控制方式改为比例电磁铁控制的普通电液比例阀,另一种是带内反馈的新型电液比例阀。

(4) 数字控制阀(digital control valve)

用计算机数字信息直接控制的液压阀称为电液数字阀。数字控制阀可直接与计算机连接,不需要数/模转换器。与比例阀、伺服阀相比,数字阀具有结构简单、工艺性好、价廉、抗污染能力强、重复性好、工作稳定可靠、放大器功耗小等优点。在数字阀中,最常用的控制方法有增量控制型和脉宽调制(PWM)型。数字阀的出现至今已有二十多年,但它的发展速度不快,应用范围也不广。主要原因是,增量控制型存在分辨率限制,而PWM型主要受两个方面的制约:一是控制流量小且只能单通道控制,在流量较大或要求方向控制时难以实现;二是有较大的振动和噪声,影响可靠性和使用环境。此外,数字阀由于按照载频原理工作,故控制信号频宽较模拟器件低。

3. 根据结构形式分类

液压控制阀一般由阀芯、阀体、操纵控制机构等主要零件组成。根据阀芯结构形式的不同,控制阀又可以分为以下几类。

(1) 滑阀类(slide valves)

滑阀类的阀芯为圆柱形,通过阀芯在阀体孔内的滑动来改变液流通路开口的大小,以实现液流压力、流量及方向的控制。

(2) 提升阀类(poppet valves)

提升阀类有锥阀、球阀、平板阀等,利用阀芯相对阀座孔的移动来改变液流通路开口的大小,以实现液流压力、流量及方向的控制。

(3) 喷嘴挡板阀类(nozzle-flapper valves)

喷嘴挡板阀是利用喷嘴和挡板之间的相对位移来改变液流通路开口大小,以实现控制的阀类。该类阀主要用于伺服控制和比例控制元件。

4. 根据连接和安装方式分类

液压阀有管式(螺纹式)、板式和插装式。

(1) 管式阀(tube valve)

管式阀阀体上的进出油口通过管接头或法兰与管路直接连接。其连接方式简单,重量轻,在移动式设备或流量较小的液压元件中应用较广。其缺点是阀只能沿管路分散布置,装拆维修不方便。

(2) 板式阀(plate valve)

板式阀由安装螺钉固定在安装板上,阀的进出油口通过安装板与管路连接。安装板上可以安装一个或多个阀。当安装板安装有多个阀时,又称为集成块(也称油路块),安装在集成块上的阀与阀之间的油路通过块内的流道沟通,可减少连接管路。板式阀由于集中布置且装拆时不会影响系统管路,因而操纵、维修方便,应用十分广泛。

(3) 插装阀(plug-in valve)

插装阀主要有二通插装阀、三通插装阀和螺纹插装阀。二通插装阀是将其基本组件插入特定设计加工的阀体内,配以盖板、先导阀组成的一种多功能复合阀。因插装阀基本组件只有两个油口,因此被称为二通插装阀,简称插装阀。该阀具有通流能力大、密封性好、自动化和标准化程度高等特点。三通插装阀具有压力油口、负载油口和回油箱油口,起到两个二通插装阀的作用,可以独立控制一个负载腔。但由于三通插装阀通用化、模块化程度远不及二通插装阀,因此,未能得到广泛应用。螺纹式插装阀是二通插装阀在连接方式上的变革,由于采用螺纹连接,使安装简捷方便,整个体积也相对减小。

(4) 叠加阀(stack valve)

叠加阀是在板式阀基础上发展起来的、结构更为紧凑的一种形式。阀的上下两面为安装面,并开有进出油口。同一规格、不同功能的阀的油口和安装连接孔的位置、尺寸相同。使用时根据液压回路的需要,将所需的阀叠加并用长螺栓固定在底板上,系统管路与底板上的油口相连。

按操纵方法分类,液压阀有手动式、机动式、电动式、液动式和电液动式等多种。

具体列表见表1-6-1。

表1-6-1　控制阀的分类

分类方法	种　类		详细分类
按机能分	压力控制阀		溢流阀、减压阀、顺序阀、比例压力控制阀、压力继电器
	流量控制阀		节流阀、调速阀、分流阀、比例流量控制阀
	方向控制阀		单向阀、液控单向阀、换向阀、比例方向控制阀
按操纵方式分	人力操纵阀		手把及手轮、踏板、杠杆
	机械操纵阀		挡块、弹簧、液压、气动
	电动操纵阀		电磁铁控制、电-液联合控制
按连接方式分	管式连接		螺纹式连接、法兰式连接
	板式及叠加式连接		单层连接板式、双层连接板式、集成块连接、叠加阀
	插装式连接		螺纹式插装、法兰式连接插装
按控制信号形式分	开关定值控制阀		定值控制液流的压力和流量
	模拟量	伺服阀	根据输入信号,成比例、连续、远距离控制液流的压力、方向和流量
		比例阀	根据输入信号,成比例、连续、远距离控制液流的压力、方向和流量
	数字量	数字阀	根据输入的脉冲数或脉冲频率,控制液流的压力和流量

6.1.2　对液压阀的基本要求

各种液压阀,由于不是对外做功的元件,而是用来实现执行元件(机构)所提出的力(力矩)、速度、变向的要求的,因此对液压控制阀的共同要求是:

1. 动作灵敏、性能好,工作可靠且冲击振动小;

2. 油液通过阀时的液压损失要小;

3. 密封性能好;

4. 结构简单紧凑、体积小,安装、调整、维护、保养方便,成本低廉,通用性大,寿命长。

6.1.3　液压阀的基本参数

1. 公称通径

代表阀的通流能力的大小,对应于阀的额定流量。与阀的进出油口连接的油管与阀的通径应相一致。

2. 额定压力

阀长期工作所允许的最高压力。对压力控制阀,实际最高压力有时还与阀的调压范围有关。对换向阀和流量阀,实际最高压力还可能受它的功率极限的限制。

6.2 换向阀（directional valve）

单向阀是一对一，换向阀是多对多。

换向阀是利用阀芯和阀体间相对位置的不同来变换不同管路间的通断关系，实现接通、切断，或改变液流的方向的阀类。它的用途很广，种类也很多。

对换向阀性能的主要要求是：

1. 油液流经换向阀时的压力损失要小（一般小于0.3 MPa）；

2. 互不相通的油口间的泄漏小；

3. 换向可靠、迅速且平稳无冲击。

换向阀按阀的结构形式、操纵方式、工作位置数和控制的通道数的不同，可分为各种不同的类型。

按阀的结构形式有：滑阀式、转阀式、球阀式、锥阀式。

按阀的操纵方式有：手动式、机动式、电磁式、液动式、电液动式、气动式。如图1-6-1所示。

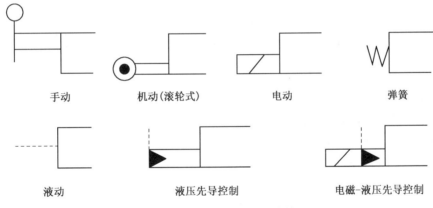

手动　　机动(滚轮式)　　电动　　弹簧

液动　　液压先导控制　　电磁-液压先导控制

图1-6-1 换向阀操纵方式符号

按阀的工作位置数和控制的通道数有：二位二通阀、二位三通阀、二位四通阀、三位四通阀、三位五通阀等。

6.2.1 换向阀的"通"和"位"——换向机能

"通"和"位"是换向阀的重要概念。不同的"通"和"位"构成了不同类型的换向阀。

"位"——阀芯的工作位置。通常所说的"二位阀"、"三位阀"是指换向阀的阀芯有两个或三个不同的工作位置。一个方格就代表一个工作位置，二格即二位，三格即三位。

"通"——指换向阀的通油口数目。所谓"二通阀"、"三通阀"、"四通阀"是指换向阀的阀体上有两个、三个、四个各不相通且可与系统中不同油管相连的油道接口，不同油道之间只能通过阀芯移位时阀口的开关来沟通。

几种不同"通"和"位"的滑阀式换向阀主体部分的结构形式和图形符号如表1-6-2所示。

表1-6-2 不同的"通"和"位"的滑阀式换向阀主体部分的结构形式和图形符号

名称	结构原理图	图形符号
二位二通	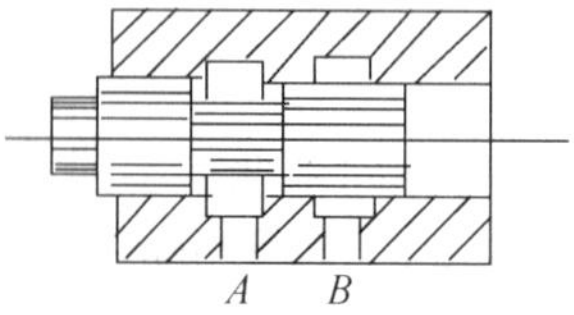	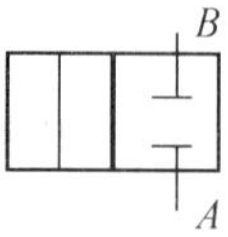
二位三通	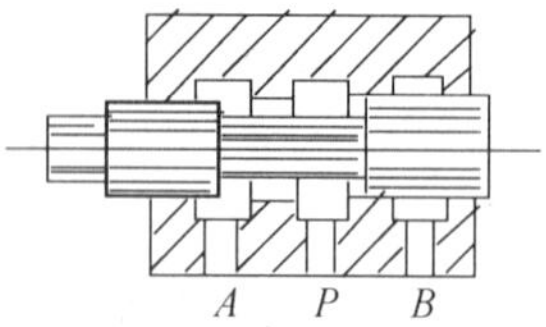	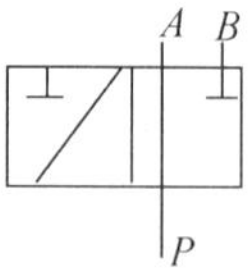
二位四通	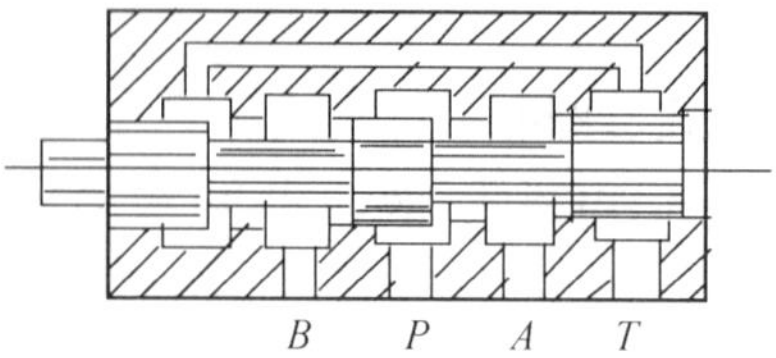	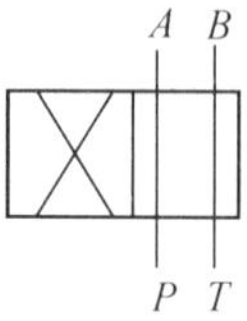
三位四通	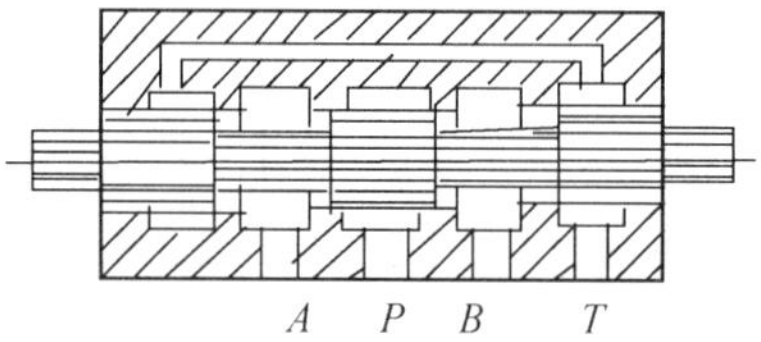	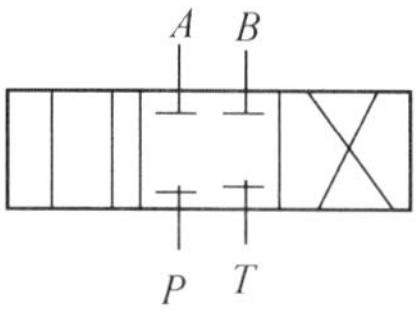

表中图形符号的含义如下:

① 用方框表示阀的工作位置,有几个方框就表示有几"位";

② 方框内的箭头表示油路处于接通状态,但箭头方向不一定表示液流的实际方向,也有可能是反应流动;

③ 方框内符号"⊥"或"┬"表示该通路不通;

④ 方框外部(全部)连接的接口数有几个,就表示几"通";

⑤ 一般,阀与系统供油路连接的进油口用字母 P 表示;阀与系统回油路连通的回油口用 T(有时用 O)表示;而阀与执行元件连接的油口用 A、B 等表示。有时在图形符号上用 L 表示泄漏油口;

⑥ 换向阀都有两个或两个以上的工作位置,其中一个为常态位,即阀芯未受到操纵力时所处的位置。图形符号中的中位是三位阀的常态位。利用弹簧复位的二位阀则以靠近弹簧的方框内的通路状态为其常态位。绘制系统图时,油路一般应连接在换向阀的常态位上。

6.2.2 滑阀机能

滑阀式换向阀处于中间位置或原始位置时,阀中各油口的连通方式称为换向阀的滑阀机能。滑阀机能直接影响执行元件的工作状态,不同的滑阀机能可满足系统的不同要求。正确选择滑阀机能是十分重要的。这里介绍二位二通和三位四通换向阀的滑阀机能。

1. 二位二通换向阀

二位二通换向阀其两个油口之间的状态只有两种：通或断（如图 1-6-2 所示）。自动复位式（如弹簧复位）的二位二通换向阀的滑阀机能有常闭式（O 型）和常开式（H 型）两种，如图 1-6-2(c) 所示。

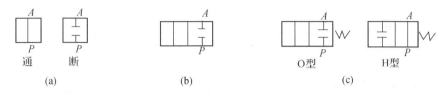

通	断		O型　　　H型
(a)	(b)		(c)

图 1-6-2　二位二通换向阀的滑阀机能

2. 三位四通换向阀

三位四通换向阀的滑阀机能有很多种，常见的有表 1-6-3 中所列的几种。中间一个方框表示其原始位置，左右方框表示两个换向位，其左位和右位各油口的连通方式均为直通或交叉相通，所以只用一个字母来表示中位的形式。

表 1-6-3　三位四通阀常用的滑阀机能

形　式	符　号	中位油口状况、特点及应用
O 型	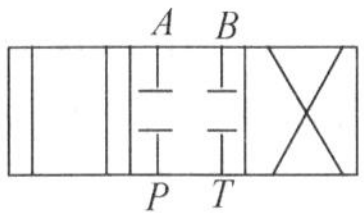	P、A、B、T 四口全封闭，液压缸闭锁，可用于多个换向阀并联工作。
H 型	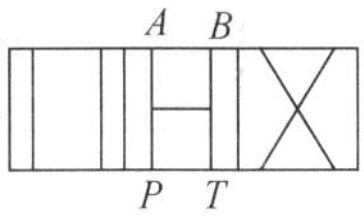	P、A、B、T 口全通；活塞浮动，在外力作用下可移动，泵卸荷。
Y 型	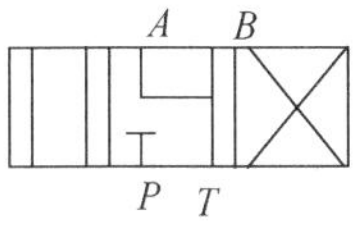	P 封闭，A、B、T 口相通；活塞浮动，在外力作用下可移动，泵不卸荷。
K 型	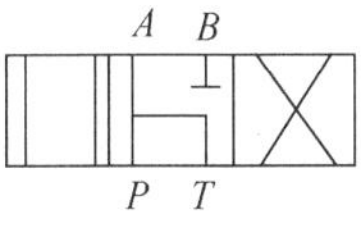	P、A、T 口相通，B 口封闭；活塞处于闭锁状态，泵卸荷。
M 型	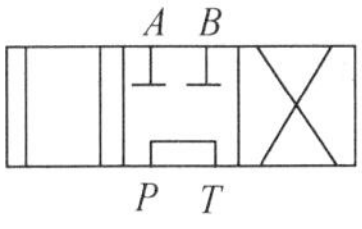	P、T 口相通，A 与 B 口均封闭；活塞闭锁不动，泵卸荷。
X 型	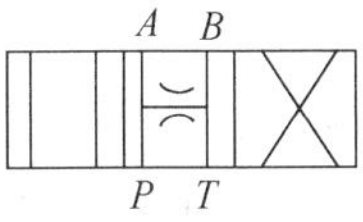	四油口处于半开启状态，泵基本上卸荷，但仍保持一定压力。
P 型	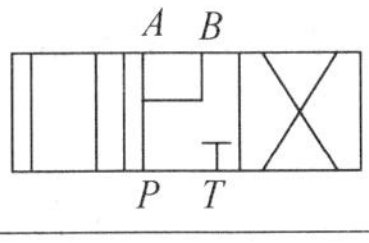	P、A、B 口相通，T 封闭；泵与缸两腔相通，可组成差动回路。

（续表）

形　式	符　号	中位油口状况、特点及应用
J 型		P 与 A 封闭，B 与 T 相通；活塞停止，但在外力作用下可向一边移动，泵不卸荷。
C 型		P 与 A 相通；B 与 T 封闭；活塞处于停止位置。
U 型		P 和 T 封闭，A 与 B 相通；活塞浮动，在外力作用下可移动，泵不卸荷。

滑阀机能是指阀芯处于常态或中位位置时，换向阀各油口的通断情况。

三位阀的机能指阀芯处于中位，阀的各油口的通断情况。中间位置的调节机能不同就有不同的用途。以下介绍常用的几种机能。

1. O 型机能

如图 1-6-3(a)所示，阀芯处于中位时，P、A、B、T 四个油口均被封闭，油液不流动。这时，液压泵不能卸荷，液压泵排出的压力油只能从溢流阀排回油箱。液压缸的两腔被封闭。活塞在任一位置均可停住，但因换向阀的内泄漏使其锁紧精度不高。由于液压缸内充满着油液，从静止到启动较平稳，但换向过程中由于运动部件惯性引起换向时冲击较大。

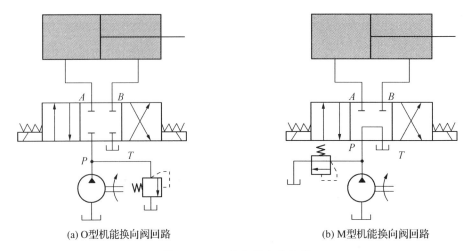

(a) O型机能换向阀回路　　　　　　　　(b) M型机能换向阀回路

图 1-6-3　换向阀中位机能

2. M 型机能

如图 1-6-3(b)所示，阀芯处于中位时，压力油口与回油口相通，液压泵排出的油液直接回油箱，使泵处于卸荷状态。AB 油口封闭。液压缸两腔不能进油也不能回油而锁紧不动，但锁紧精度不高。启动平稳，换向时有冲击现象，不宜用于多个换向阀并联的系统中。

3. H 型机能

如图 1-6-4(a)所示，P、A、B、T 四油口互通，液压泵卸荷，液压缸处于浮动状态，可用于手动机构。由于油口全通,换向时比 O 型阀平稳,但冲击较大,换向精度低。

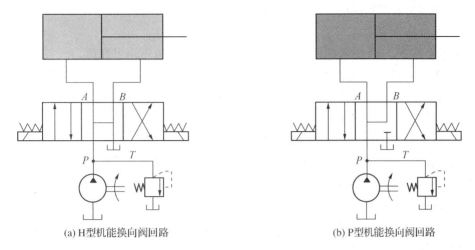

(a) H型机能换向阀回路　　　　　(b) P型机能换向阀回路

图 1 - 6 - 4　换向阀中位机能

4. P 型机能

如图 1 - 6 - 4(b) 所示,P、A、B 互通,压力油从 P 口同时进入 A、B 口。由于液压缸左右两面的有效作用面积不等,使液压缸有杆腔油经滑阀通道流入无杆腔,加快了活塞同向运动速度而形成差动连接。但在中位和活塞到死点时液压阀不卸荷,始终在调定高压下工作易使油温升高。由于液压缸两腔通高压油,换向平稳。

5. Y 型机能

如图 1 - 6 - 5 所示,阀芯处于中位时,A、B、T 相通、P 口封闭,即液压缸两腔均通油箱,活塞处于浮动状态,可用手动机构,液压泵不卸荷。启动时液压缸两腔油液通油箱有冲击。

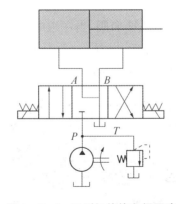

图 1 - 6 - 5　Y 型机能换向阀回路

6.2.3　滑阀机能的选用原则

1. 当系统有保压要求时:

① 宜选用油口 P 是封闭式的中位机能,如 O、Y、J、U、N 型,这时一个油泵可用于多缸的液压系统。

② 选用油门 P 和油口 O 接通但不畅通的形式,如 X 型中位机能。这时系统能保持一定压力,可供压力要求不高的控制油路使用。

2. 当系统有卸荷要求时:

应选用油口 P 与 O 畅通的形式,如 H、K、M 型。这时液压泵可卸荷。

3. 当系统对换向精度要求较高时:

应选用工作油口 A、B 都封闭的形式,如 O、M 型,这时液压缸的换向精度高,但换向过程中易产生液压冲击,换向平稳性差。

4. 当系统对换向平稳性要求较高时:

应选用 A 口、B 口都接通 O 口的形式,如 Y 型。这时换向平稳性好,冲击小,但换向过程中执行元件不易迅速制动,换向精度低。

5. 若系统对启动平稳性要求较高时:

应选用油口 A、B 都不通 O 口的形式,如 O、C、P、M 型。这时液压缸某一腔的油液在启动时能起到缓冲作用,因而可保证启动的平稳性。

6. 当系统要求执行元件能浮动时:

应选用油口 A、B 相连通的形式,如 U 型。这时可通过某些机械装置按需要改变执行元件的位置(立式液压缸除外);当要求执行元件能在任意位置上停留时,应选用 A、B 油口都与 P 口相通的形式(差动液压缸除外),如 P 型。这时液压缸左右两腔作用力相等,液压缸不动。

6.2.4 电磁换向阀(**solenoid operated directional valve**)

电磁换向阀利用电磁铁吸力推动阀芯来改变阀的工作位置。由于它可借助于按钮开关、行程开关、限位开关、压力继电器等发出的信号进行控制,所以操作轻便,易于实现自动化,因此应用十分广泛。

图 1-6-6 所示为三位五通电磁换向阀,当左边电磁铁通电,右边电磁铁断电时,阀油口的连接状态为 P 和 A 通,B 和 T_2 通,T_1 堵死;当右边电磁铁通电,左边电磁铁断电时,P 和 B 通,A 和 T_1 通,T_2 堵死;当左右电磁铁全断电时,五个油口全堵死。

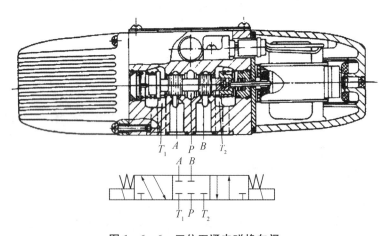

图 1-6-6　三位五通电磁换向阀

电磁换向阀按使用电源的不同可分为交流电磁阀和直流电磁阀。直流电磁铁在工作或过载情况下，其电流基本不变，因此不会因阀芯被卡住而烧毁电磁铁线圈，工作可靠，换向冲击、噪声小，换向频率较高(允许 120 次/min，最高可达 240 次/min 以上)。但需要直流电源，并且起动力小，反应速度较慢，换向时间长。交流电磁铁电源简单，起动力大，反应速度较快，换向时间短，但其起动电流大，在阀芯被卡住时会使电磁铁线圈烧毁，换向冲击大，换向频率不能太高(30 次/min 左右)，工作可靠性差。在是低压电磁换向阀的型号中，交流电磁铁用字母 D 表示，直流用 E。例如 23D-25B 表示流量为 25 L/min 的板式二位三通交流电磁换向阀；34E-25B 表示流量为 25 L/min 的板式三位四通直流电磁换向阀，电磁换向阀由电气信号，控制方便，布局灵活，在实现机械自动化方面得到广泛的应用。但电磁换向阀由于受到磁铁吸力较小的限制，其流量一般在 63 L/min 以下。故对于要求流量较大、行程较长、移动阀芯阻力较大或要求换向时间能够调节的场合，宜采用液动或电液式换向阀。

6.2.5　液动换向阀(pilot operated directional valve)

液动换向阀是利用控制压力油来改变阀芯位置的换向阀。对三位阀而言，按阀芯的对中形式，分为弹簧对中型和液压对中型两种。图 1-6-7(a)所示为弹簧对中型三位四通液动换向阀，阀芯两端分别接通控制油口 K_1 和 K_2。当 K_1 通压力油时，阀芯右移，P 与 A 通，B 与 T 通；当 K_2 通压力油时，阀芯左移，P 与 B 通，A 与 T 通；当 K_1 和 K_2 都不通压力油时，阀芯在两端对中弹簧的作用下处于中位。当对液动滑阀换向平稳性要求较高时，还应在滑阀两端 K_1、K_2 控制油路中加装阻尼调节器[见图 1-6-7(c)]。阻尼调节器由一个单向阀和一个节流阀并联组成，单向阀用来保证滑阀端面进油畅通，而节流阀用于滑阀端面回油的节流，调节节流阀开口大小即可调整阀芯的动作时间。

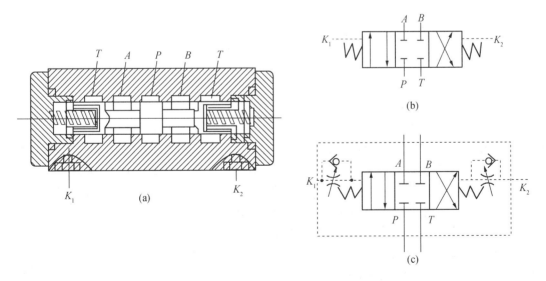

图 1-6-7　弹簧对中型三位四通液动换向阀

6.2.6 电液换向阀（solenoid controlled pilot operated directional valve）

电液换向阀是电磁换向阀和液动换向阀的组合，用在大流量、高压的液压系统中，如图1-6-8所示。

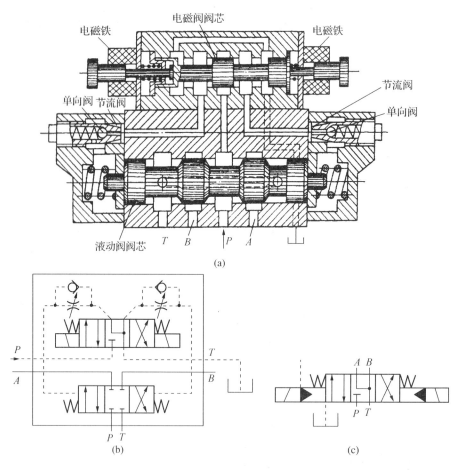

图 1-6-8 三位四通电液换向阀

其中，电磁换向阀起先导作用，控制液动换向阀的动作，改变液动换向阀的工作位置；液动换向阀作为主阀，用于控制液压系统中的执行元件。由于控制油液的流量不必很大，因而可以实现以小容量的电磁阀来控制大通径的液动换向阀，从而实现自动化控制。

由于液压力的驱动，主阀芯的尺寸可以做得很大，允许大流量通过。因此，电液换向阀主要用在流量超过电磁换向阀额定流量的液压系统中，从而用较小的电磁铁就能控制较大的流量。电液换向阀的使用方法与电磁换向阀相同。

电液换向阀有弹簧对中和液压对中两种形式。若按控制压力油及其回油方式进行分类则有：外部控制、外部回油；外部控制、内部回油；内部控制、外部回油；内部控制、内部回油等四种类型。

$$控制及回油方式\begin{cases}外部控制、外部回油\\外部控制、内部回油\\内部控制、外部回油\\内部控制、内部回油\end{cases}$$

　　电磁阀用来接受控制电路中输出的电信号,使电磁铁推动阀芯移动输出控制压力油,以推动下面的液动换向阀阀芯,由液动阀的阀芯来变换主油路的流向。因此,直接控制油路方向的是液动阀,而电磁阀只起个先导作用,不直接与主油路联系,但能够用较小的电磁铁来控制较大的流量。当两个电磁铁线圈都不通电时,电磁阀阀芯处于中间位置,其滑阀机能选用 Y 型,这样主阀的阀芯两端的油腔均通过电磁阀与油箱连通,使这两腔的压力接近于零,便于主阀芯回复到中间位置。当左边电磁铁线圈通电时,把电磁阀芯推向右端,控制油液顶开单向阀进入液动阀左腔,将液动阀芯推向右端,阀芯右腔的控制油液经节流阀和电磁阀流回油箱。这时,主阀进油口 P 和 A 相通,油口 B 和 T 相通。同理,右边电磁铁通电时,控制油路的压力油将主阀阀芯推向左端,使主油路换向。主阀阀芯向左或向右的运动速度可分别用两端的节流阀来调节,这样就调节了执行元件的换向时间,使换向平稳而无冲击,所以电液阀的换向性能较好。电液换向阀的控制油源有内控和外控两种方式。内控油源是将控制油和主油源连通在一起,压力油均由 P 腔进入阀内,即先导阀和主阀共用一个油源,这种供油方式是在主油路压力较低的情况下使用。当主油路压力较高时,采用外控方式,将控制油孔与外部油路直接接通即可。

　　若采用内控方式的电液换向阀,当主阀的滑阀机能为 H、M、K 型时,为了使此阀能正常工作,必须在回油路上安装背压阀,使控制油的压力提高到(0.3～0.5 MPa),这样主阀才能换向,如下图 1-6-9 所示。

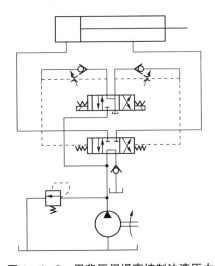

图 1-6-9　用背压阀提高控制油液压力

6.2.7　手动换向阀(manually-operated directional valve)

　　手动换向阀主要有弹簧复位和钢球定位两种形式。图 1-6-10(a)所示为钢球定位式三位四通手动换向阀,用手操纵手柄推动阀芯相对阀体移动后,可以通过钢球使阀芯稳定在三个不同的工作位置上。图(b)则为弹簧自动复位式三位四通手动换向阀。通过手柄推动阀芯后,要想维持在极端位置,必须用手扳住手柄不放,一旦松开了手柄,阀芯会在弹簧力的作用下,自动弹回中位。图(c)所示为旋转移动式手动换向阀,旋转手柄可通过螺杆推动阀芯改变工作位置。这种结构具有体积小、调节方便等优点。由于这种阀的手柄可带有锁,不打开锁不能调节,因此使用安全。

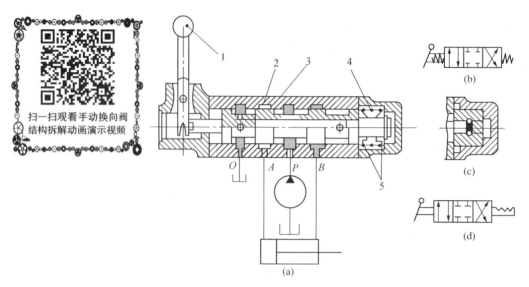

扫一扫观看手动换向阀结构拆解动画演示视频

图 1-6-10　三位四通手动换向阀

6.2.8　机动换向阀（mechanically-operated directional valve）

机动换向阀又称行程换向阀,它是用安装在执行机构上的挡块或凸轮推动阀芯实现换向。机动换向阀多为图 1-6-11 所示二位阀。

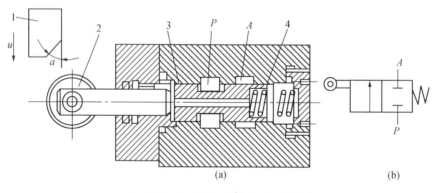

1—挡铁;2—滚轮;3—阀芯;4—弹簧

图 1-6-11　二位二通机动换向阀

上图是二位二通机动换向阀的结构图。它由挡铁 1、滚轮 2、阀芯 3、弹簧 4 等主要部件组成。在图示位置上,阀芯 3 在弹簧 4 的推力作用下,处在最上端位置,把进油口 P 与出油口 A 切断。当行程挡块将滚轮压下时,P 与 A 口接通;当行程挡块脱开滚轮时,阀芯在其底部弹簧的作用下又恢复初始位置。改变挡块斜面的角度 α(或凸轮外廓的形状),便可改变阀芯移动的速度,因而可以调节换向过程的时间。图(b)是该阀的职能符号。

机动换向阀要放在它的操纵件旁,因此这种换向阀常用于要求换向性能好、布置方便的场合。机动换向阀基本都是二位的,除上述二位二通的,述有二位三通、四通等形式。

6.2.9　换向阀的选择

换向阀的选择上就应考虑它们在系统中的作用,所通过的最高压力和最大流量、操纵方式、工作性能要求及安装方式等因素,尤其应注意:单杆活塞液压缸由于面积差形成的不同,回油量对换向阀正常工作的影响。

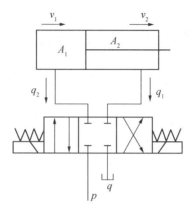

图 1-6-12　换向阀选用

如图 1-6-12 所示,当换向阀在左位工作时,$q = A_1 v_1$,$q_1 = A_2 v_1$,$q_1 = \dfrac{A_2}{A_1} q$。

因 $A_1 > A_2$,故 $q > q_1$;

当换向阀在右位工作时:$q = A_2 v_2$,$q_2 = A_1 v_2$,$q_2 = \dfrac{A_1}{A_2} q$。

因 $A_1 > A_2$,故 $q_2 > q_1$;当 $A_1 = 2A_2$ 时,$q_2 = 2q$。

换向阀的流量如果选得过小,会增加其压力损失,降低系统效率。一般只有在必要时才允许阀的实际流量比额定流量大,但不能大于 20%。如果阀的流量选得过大,又会增加整个系统装置的体积,使成本增加。

同是一种换向阀,其滑阀机能是各种各样的,应根据系统的性能要求选取适当的滑阀机能。例如,当系统要求液压泵能卸荷而执行元件又必须在任意位置停止时,可选择 M 型机能的换向阀。

对一些工作性能要求较高、流量较大的系统,一般尽可能选用直流电磁阀。但它需要直流电源,其余流量较小的系统则可选用交流电磁换向阀,使成本降低,使用方便。

6.2.10　换向阀的故障与排除

换向阀的故障与排除如表 1-6-4 所示。

表 1－6－4　换向阀常见故障及排除

现　象	原　因	排除方法
滑阀不换向	滑阀卡死	清洗，去毛刺
	阀体变形	调节阀体安装螺钉使压紧力均匀或修研阀体
	具有中间位置的对中弹簧折断	更换弹簧
	操纵压力不够	操纵压力必须大于 0.35 MPa
	电磁铁线圈烧死或电磁铁推力不足	检查、修理、更换
	电气线路出故障	检查、消除故障
	液控换向阀控制油路无油或堵塞	检查、消除
电磁铁控制的方向阀动作时有响声	滑阀卡滞或摩擦力过大	修研或调配滑阀
	电磁铁不能压到底	调节电磁铁高度
	电磁铁铁心接触面不平或接触不良	消除污物，修正铁心
	电磁铁的磁力过大	选用电磁力适当的电磁铁
换向不灵	油液混入污物，卡住滑阀	清洗滑阀
	弹簧力太小或太大	更换合适的弹簧
	电磁铁的铁心接触部位有污物	磨光清理
	滑阀与阀体间隙过大或过小	研配滑阀使间隙合适
电磁铁过热或烧毁	电磁铁铁心与滑阀轴线不同心	拆卸重新装配
	电磁铁线圈绝缘不良	更换电磁铁
	电磁铁铁心吸不紧	修理电磁铁
	电线焊不好	重新焊接
反向无法液控导通	控制压力过低	提高控制压力
	控制油管管接头泄漏	消除泄漏
	单向阀卡死	清洗
反向泄漏	单向阀全开位置上卡死	清洗、修配
	单向阀锥面与阀座锥面接触不良	检查、更换

6.3　换向回路

　　要想实现工作台的动作，光有方向控制阀不行，还要有动力源、油管等辅助元件及液压缸等共同作用、相互配合才能完成。这就是液压回路的功能。下面我们就来认识一下液压回路并深入了解方向控制回路的知识。

　　所谓液压回路是指能够完成某种特定控制功能的液压元件和管道的组合。而液压回路中的某些典型回路又称为液压基本回路，比如方向控制回路、压力控制回路、速度控制回路等就是液压基本回路。

再复杂的系统从控制结果来看,无非是控制工作机构的运动方向、运动速度及输出力,因此,我们总可以把它看成是由多个基本回路组成。

基本回路可以说是"麻雀虽小,五脏俱全"的,五个组成部分缺一不可。因此,回路既是元件的深入,又是系统的基础。

对于基本回路的学习,不但要搞清每个元件在回路中的名称、功能和特点,还要搞清组成回路的主要元件。

液压系统中,通过控制液流的通、断及改变流向,使执行元件启动、停止、锁紧及变换运动方向的回路称为方向控制回路。它的主要元件是方向控制阀。

6.3.1　手动换向回路

这种回路的换向精度和平衡性不高,常用于换向不频繁且无须自动化的场合,如一般的机床、农业机械等,如图 1-6-13 所示。

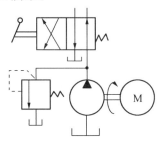

图 1-6-13　手动换向回路

6.3.2　机动换向回路

这种回路换向精度高,冲击较小,一般用于速度和惯性较大的系统中,如图 1-6-14 所示。

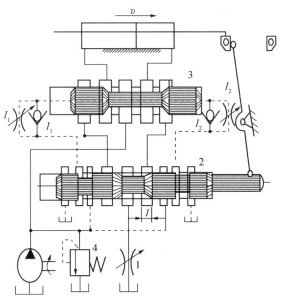

图 1-6-14　机动换向回路

6.3.3　电磁换向回路

这种回路使用方便,易实现自动化,但换向时间短、冲击大,交流电磁铁更为严重。电磁换向回路一般用于小流量,平稳性要求不高,换向频繁的场合,如图 1-6-15 所示。

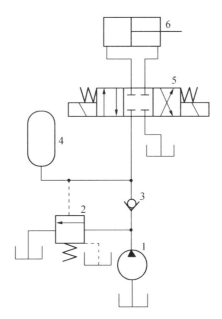

图 1-6-15　电磁换向回路

6.3.4　电液动换向回路

扫一扫观看电液换向
阀动画演示视频

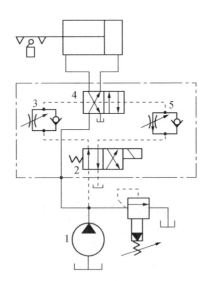

图 1-6-16　电液动换向回路

电液换向阀是利用较小的电液阀 2 来控制容量较大的液动换向阀 4 换向的,因此用于大流量的系统。电液换向阀的换向速度由单向节流阀 3 或 5 调节。这种回路,由于换向阀的阀芯切换时间长,可以调节控制油推力比电磁铁吸力大,所以可做成大流量换向阀。电液动换向回路适用于高压大流量系统和重载快速平衡的往复系统中,如图1-6-16所示。

6.3.5 双向变量泵换向回路

如图1-6-17所示,本回路为采用双向变量泵使液压缸换向的回路。为了补偿在闭式回路中单杆液压缸两油腔的油量差,采用了一个蓄能器。当活塞下行时,蓄能器放出油液以补偿泵吸油量的不足。当活塞上行时,压力油将液控单向阀打开,使液压缸上腔多余的回油流入蓄能器。阀A是安全阀。

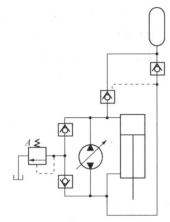

图1-6-17 双向变量泵换向回路

6.3.6 锁紧回路

使执行元件在任意位置停留,且停留后不会在外力作用下移动的回路称为锁紧回路。

锁紧的方式可采用换向阀的中位锁紧职能或液控单向阀、双向液压锁来实现。

(1) O、M机能换向阀锁紧回路

如图1-6-18所示,采用O型或M型机能的三位换向阀,当阀芯处于中位时,液压缸的进、出口都被封闭,可以将活塞锁紧。

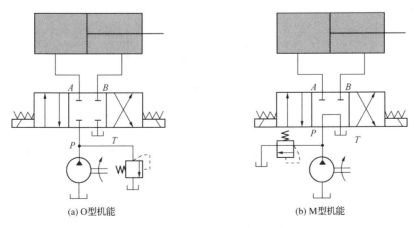

(a) O型机能   (b) M型机能

图1-6-18 换向阀锁紧回路

但由于滑阀式换向阀泄漏的不可避免,因此锁紧效果差。一般只用于锁紧时间短,锁紧要求不高的场合。

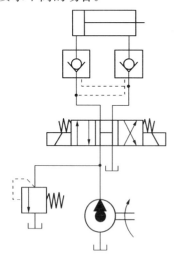

图 1-6-19 液控单向阀锁紧回路

（2）液控单向阀锁紧回路

如图 1-6-19 所示,在液压缸的进、回油路中都接有液控单向阀（液压锁）,活塞可以在行程的任何位置锁紧。

为保证锁紧迅速、准确,采用液控单向阀的锁紧回路其换向阀的中位机能采用 H 型或 Y 型,这样可以保证液控单向阀的控制油液卸压使液控单向阀立即关闭,活塞停止运动。假如采用 O 型机能,在换向阀中位时,由于液控单向阀的控制腔油液被闭死而不能使其立即关闭,直至由换向阀的内泄漏使控制腔泄压后,液控单向阀才能关闭,从而影响其锁紧精度。

这种回路一般应用于重要的锁紧场合,如汽车起重机的支腿的锁紧,飞机起落架的锁紧及矿山采掘机械液压支架的锁紧等。

6.3.7 多缸顺序动作回路

下图 1-6-20 所示为用行程阀控制的顺序动作回路。在图示状态下,A、B 两缸的活塞均在右端。当推动手柄,使阀 C 左位工作,缸 A 左行,完成动作①;挡块压下行程阀 D 后,缸 B 左行,完成动作②;手动换向阀 C 复位后,缸 A 先复位,实现动作③;随着挡块后移,阀 D 复位,缸 B 退回实现动作④,完成一个工作循环。

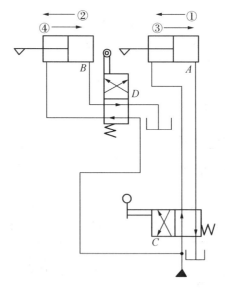

图 1-6-20 行程阀顺序动作回路

6.3.8 防干扰回路

下图1-6-21所示为用单向阀隔开油路之间不必要的联系,防止油路相互干扰。

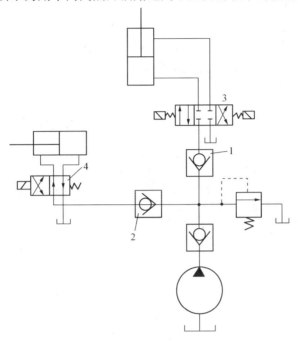

图1-6-21 单向阀防干扰回路

四、实操

1. 完成下图1-6-22,1-6-23所示换向阀的拆装。

34D-25B型三位四通电磁换向阀

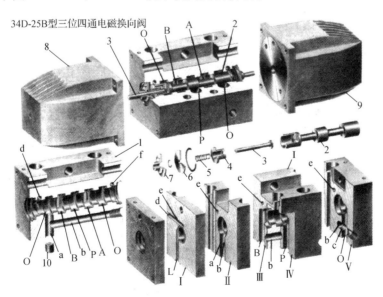

图1-6-22 电磁阀的立体结构图

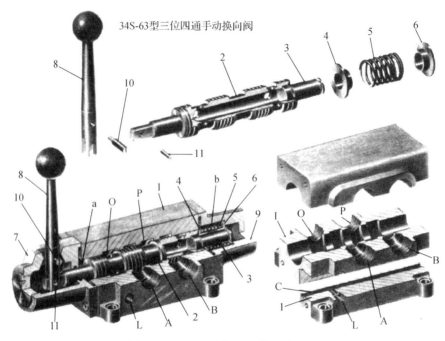

图 1-6-23　手动换向阀的立体结构图

2. 在实验室完成机床工作台方向控制回路的搭接。

3. 按下图 1-6-24 完成方向控制回路的搭接。

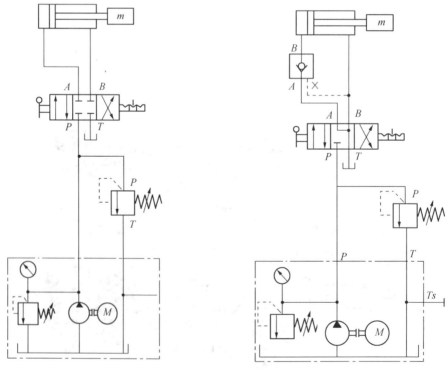

图 1-6-24　油漆烘干炉液压系统

4. 注意事项

此例实际是考察锁紧回路的原理及应用。第一种方案中还可采用 M 型中位机能,但该回路存在较大的泄漏,锁紧效果较差,只用于锁紧时间短而且要求不高的液压系统。第二种方案中也可采用 H 型中位机能,只要保证工作油口 A 和 B 与回油口 T 接通即可,此时泵处于卸荷状态,这种回路密封性好,泄漏小,锁紧效果好。

在方向控制阀中除了机床工作台上用的换向阀,还有一类用途广泛的单向阀。单向阀有普通单向阀和液控单向阀两种。

一、普通单向阀(check valve)

单向阀又称止回阀,它使液体只能沿一个方向通过,反向流通时则不通。单向阀可用于液压泵的出口,防止系统油液倒流;用于隔开油路之间的联系,防止油路相互干扰;也可用作旁通阀,与其他类型的液压阀相并联,从而构成组合阀。对单向阀的主要性能要求是:油液向一个方向通过时压力损失要小;反向不通时密封性要好;动作灵敏,工作时无撞击和噪声。

(一)工作原理图和职能符号

图 1-6-25 为单向阀的工作原理图和职能符号。当液流由 A 腔流入时,克服弹簧力将阀芯顶开,于是液流由 A 流向 B;当液流反向流入时,阀芯在液压力和弹簧力的作用下关闭阀口,使液流截止,液流无法流向 A 腔。

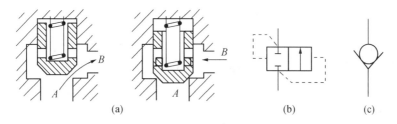

(a) (b) (c)

图 1-6-25 单向阀的工作原理和职能符号

单向阀实质上是利用流向所形成的压力差使阀芯开启或关闭。

(二)典型结构

单向阀的结构如图 1-6-26 所示。按进出口流道的布置形式,单向阀可分为直通式和直角式两种。

(a) 直通式

(b) 直角式

图 1－6－26　典型产品外形结构

　　直通式单向阀进口和出口流道在同一轴线上；而直角式单向阀进出口流道成直角布置，如图 1－6－27 所示。

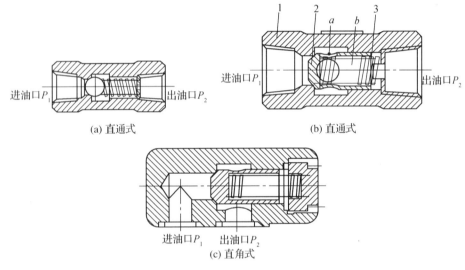
(a) 直通式

(b) 直通式

(c) 直角式

图 1－6－27　内部结构

　　图中(a)、(b)为管式连接的直通式单向阀，它可直接装在管路上，比较简单，但液流阻力损失较大，而且维修装拆及更换弹簧不便。(c)为板式连接的直角式单向阀，在该阀中，液流顶开阀芯后，直接从阀体内部的铸造通道流出，压力损失小，而且只要打开端部螺塞即可对内部进行维修，十分方便。

　　按阀芯的结构形式，单向阀又可分为钢球式和锥阀式两种。图 1－6－27 中(a)是阀芯为球阀的单向阀，其结构简单，但密封容易失效，工作时容易产生振动和噪声，一般用于流量较小的场合。(b)是阀芯为锥阀的单向阀，这种单向阀的结构较复杂，但其导向性和密封性较好，工作比较平稳。

　　单向阀开启压力一般为 0.035～0.05 MPa，所以单向阀中的弹簧很软。单向阀也可以用作背压阀。将软弹簧更换成合适的硬弹簧，就成为背压阀。这种阀常安装在液压系统的回油路上，用以产生 0.2～0.6 MPa 的背压力。

（三）主要用途

　　单向阀的主要用途如下：

（1）选择液流方向，使压力油或回油只能按单向阀限定的方向流动，构成特定的回路。

（2）分隔油路，防止高压油进入低压系统，造成干扰。图1-6-28(a)所示系统为采用双泵向系统供油，也可以采用一个泵工作，此时单向阀就可以防止另外一台泵的高压油反窜回来，对泵起保护作用。

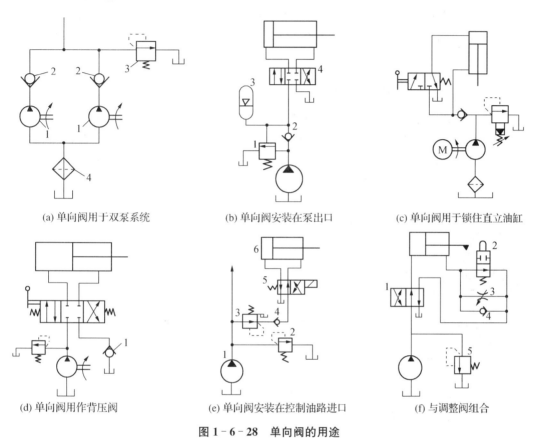

(a) 单向阀用于双泵系统　　(b) 单向阀安装在泵出口　　(c) 单向阀用于锁住直立油缸

(d) 单向阀用作背压阀　　(e) 单向阀安装在控制油路进口　　(f) 与调整阀组合

图1-6-28　单向阀的用途

（3）如图1-6-28(b)所示，安装在液压泵出口，防止系统压力突然升高反向传给泵，避免泵反转或损坏。

（4）液压泵停止时，保持液压缸的位置。如图1-6-28(c)所示，防止系统中的油液在泵停机时倒流回油箱，避免液压缸下滑，直到安全保持作用。

（5）将单向阀做背压阀用，利用单向阀的背压作用，提高执行元件运动的稳定性。如图1-6-28(d)所示，单向阀接在液压缸的回油路上，使回油产生背压，这样可以减小液压缸运动时的前冲和爬行现象。

（6）利用单向阀的背压作用，保持低压回路的压力。如图1-6-28(e)所示，单向阀进口接主油路，出口接控制油路，当主油路空载或回油时，防止油液倒流，短时保压。

（7）与其他阀并联使用，使之在单方向上起作用。如图1-6-28(f)所示，单向阀与节流阀并联使用，则实现只在单方向起节流或调速作用。

二、液控单向阀（pilot-controlled check valve）

普通单向阀是通过调节弹簧的松紧来控制,而液控单向阀则是通过液压来实现。

液控单向阀是允许液流向一个方向流动,反向开启则必须通过液压控制来实现的单向阀。液控单向阀可用作二通开关阀,也可用作保压阀,用两个液控单向阀还可以组成液压锁。

（一）工作原理图和图形符号

图1-6-29为液控单向阀的工作原理图和图形符号。当控制油口无压力油($P_c=0$)通入时,它和普通单向阀一样,压力油只能由A腔流向B腔,不能反向倒流。若从控制油口C通入控制油P_c时,即可推动控制活塞,将阀芯顶开,从而实现液控单向阀的反向开启,此时液流可从B腔流向A腔。

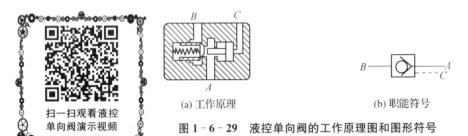

扫一扫观看液控
单向阀演示视频

(a) 工作原理　　　　　　　　　　(b) 职能符号

图1-6-29　液控单向阀的工作原理图和图形符号

（二）典型结构

液控单向阀有带卸荷阀芯的卸载式液控单向阀(见图1-6-30)和不带卸荷阀芯的简式液控单向阀两种结构形式。卸载式阀中,当控制活塞上移时先顶开卸载阀的小阀芯,使主油

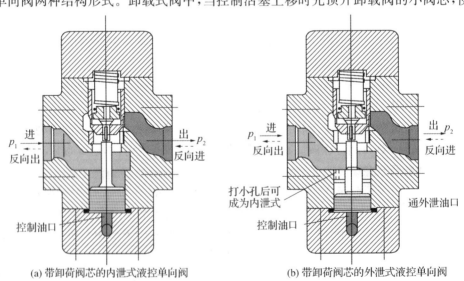

(a) 带卸荷阀芯的内泄式液控单向阀　　　　　(b) 带卸荷阀芯的外泄式液控单向阀

图1-6-30　带卸荷阀芯的液控单向阀

路卸压,然后再顶开单向阀芯。这样可大大减小控制压力,使控制压力与工作压力之比降低到 4.5%,因此可用于压力较高的场合,同时可以避免简式阀中当控制活塞推开单向阀芯时,高压封闭回路内油液的压力将突然释放,产生巨大冲击和响声的现象。

上述两种结构形式按其控制活塞处的泄油方式,又均有内泄式和外泄式之分。图 1-6-30(a)为内泄式,其控制活塞的背压腔与进油口 P_1 相通。如图 1-6-30(b)所示,外泄式的活塞背压腔直接通油箱,这样反向开启时就可减小 P_1 腔压力对控制压力的影响,从而减小控制压力 P_K。故一般在反向出油口压力 P_1 较低时采用内泄式,高压系统采用外泄式。图 1-6-31 为其原理图及职能符号。

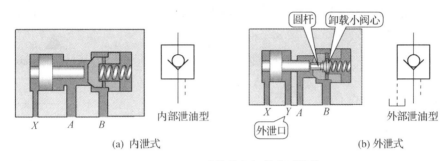

图 1-6-31　液控单向阀的典型结构

（三）主要用途

液控单向阀具有良好的单向密封性能,在液压系统中应用很广,常用于执行元件需要较长时间保压、锁紧等情况下,也用于防止立式液压缸停止时自动下滑及速度换接等回路中。具体讲,它有以下用途:

(1)保持压力

滑阀式换向阀都有间隙泄漏现象,只能短时间不精确保压。当有严格保压要求时,可在油路上加一个液控单向阀,如图 1-6-32(a)所示,利用锥阀关闭的严密性,使油路长时间的保压。

(2)用于液压缸的"支撑"

如图 1-6-32(b)所示,液控单向阀接于液压缸下腔的油路,可防止立式液压缸的活塞和滑块等活动部分因滑阀泄漏而下滑。

(3)实现液压缸的锁紧

如图 1-6-32(c)所示,换向阀处于中位时,两个液控单向阀关闭,严密封闭液压缸两腔的油液,这时活塞就不能因外力作用而产生移动。

(4)大流量排油

如图 1-6-32(d)所示,液压缸两腔的有效工作面积相差很大,在活塞退回时,液压缸右腔排油量骤然增大,此时若采用小流量的滑阀,会产生节流作用,限制活塞的后退速度;若加设液控单向阀,在液压缸活塞后退时,控制压力油将液控单向阀打开,便可顺利地将右腔油液排出。

(5)作为充液阀使用

立式液压缸的活塞在高速下降过程中,因高压油和自重的作用,致使下降迅速,产生吸空和负压,必须增高补油装置。图1-6-32(e)所示的液控单向阀就是作为充液阀使用,以完成补油功能。

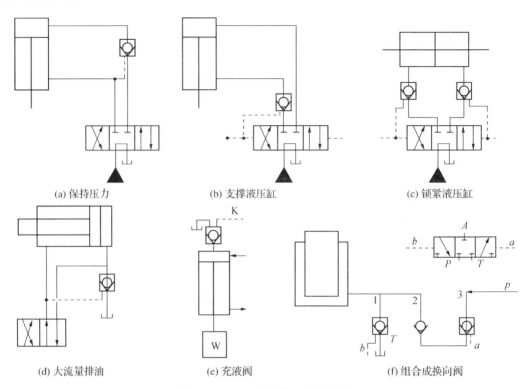

图1-6-32　液控单向阀的用途

(a) 保持压力　　　(b) 支撑液压缸　　　(c) 锁紧液压缸

(d) 大流量排油　　　(e) 充液阀　　　(f) 组合成换向阀

在垂直放置液压缸的下腔管路上安装液控单向阀,就可将液压缸(负载)较长时间保持(锁定)在任意位置上,并可防止由于换向阀的内部泄漏引起带有负载的活塞杆下落。

(四) 双向液压锁(bilateral pilot-controlled valve)

双向液压锁,又称双向液控单向阀、双向闭锁阀。其结构原理及职能符号如图1-6-33所示。它是由两个液控单向阀共用一个阀体1和控制活塞2组成。

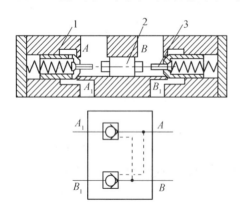

图1-6-33　双向液压锁及职能符号

当压力油从 A 腔进入时,依靠油压自动将左边的阀芯顶开,使油液从 A 向 A_1 小腔流动。同时,通过控制活塞2把右阀顶开,使 B 腔与 B_1 腔沟通,将原来封闭在 B 腔通路上的油液,通过 B 腔排出。这就是说,当一个油腔正向进油时,另一个油腔就反向出油。反之亦然。当 A、B 两腔都没有压力油时,A_1 腔与 B_1 腔的反向油液依靠顶杆3(即卸荷阀芯)的锥面与阀座的严密接触而封闭。这时执行元件被双向锁住,这就是汽车起重机的液压支腿能锁紧在任一位置的原理。

（五）常见故障及排除

单向阀的常见故障及排除见表1－6－5。

表1－6－5 单向阀常见故障及排除

现 象	原 因	排除方法
发生异常声音	油的流量超过允许值	更换流量大的阀
	与其他阀共振	可微量改变阀的额定压力,也可调试弹簧的强弱
	在卸压回路中没有卸压装置	补充卸压装置回路
阀与阀座有严重泄漏	阀座锥面密封不好	重新研配
	滑阀或阀座拉毛	重新研配
	阀座碎裂	更换并研配阀座
不起单向阀作用	阀体孔变形,使滑阀在阀体内咬住	修研阀体孔
	滑阀配合时有毛刺,使滑阀不能正常工作	修理,去毛刺
	滑阀变形胀大,使滑阀在阀体内咬住	修研滑阀外径
结合处渗漏	螺钉或管螺纹没拧紧	拧紧螺钉或管螺纹

三、实操

拆装下图1－6－34所示液控单向阀。

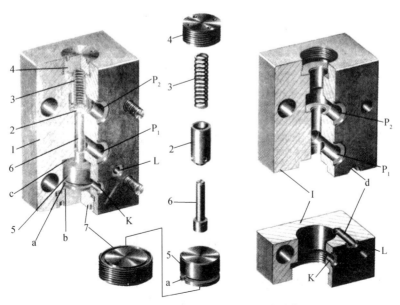

图1－6－34 IY－25B型液控单向阀结构图

液压系统的压力控制

【主要能力指标】

掌握溢流阀及减压阀的结构及工作原理；
掌握溢流阀及减压阀的用途。

【相关能力指标】

养成独立工作的习惯，能够正确判断和选择；
能够与他人友好协作，顺利完成任务；
能够严格按照操作规程，安全文明操作。

一、任务引入

机床在切削工件时，工作台需克服很大的材料变形阻力，这就需要液压系统主供油回路中的液压油提供稳定和足够的工作压力，同时既要保证系统安全，还必须保证系统过载时能有效地卸荷。那么应选用何种液压控制元件才能实现这一功能呢？这些元件又是如何工作的呢？

二、任务分析

稳定的工作压力是保证系统工作平稳的先决条件。同时，如果液压传动系统一旦过载，而无有效的卸荷措施的话，将会使液压传动系统中的液压元辅件处于过载状态，很容易发生损坏。因此，液压系统必须能有效地控制系统压力。在液压系统中，担负此重任的就是压力控制阀，就是我们机床工作台液压系统中的溢流阀，如图1-7-1所示。它在系统中的主要作用就是稳压和卸荷，下面就来认识一下溢流阀。

三、知识学习

7.1 概述

1. 溢流阀(relief valve)的主要用途

(1) 调压和稳压

如用在由定量泵构成的液压源中,用以调节泵的出口压力,保持该压力恒定。

(2) 限压

如用作安全阀,当系统正常工作时,溢流阀处于关闭状态,仅在系统压力大于其调定压力时才开启溢流,对系统起过载保护作用。

2. 溢流阀的特征

阀与负载相并联,溢流口接回油箱,采用进口压力负反馈。

3. 系统对溢流阀的要求

(1) 定压精度高;

(2) 灵敏度高;

(3) 工作平稳且无振动和噪声;

(4) 当阀关闭时密封要好,泄漏要小。

根据结构不同,溢流阀可分为直动型和先导型两类。

图 1-7-1 溢流阀

7.2 直动型溢流阀

直动型溢流阀是依靠系统中的压力油(作用在阀芯上的主油路液压油)直接作用在阀芯上的力与弹簧力相平衡,以控制阀心的启闭动作。如图 1-7-2 所示。

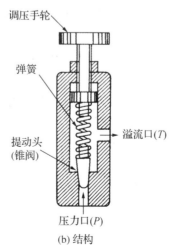
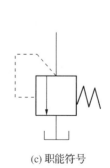

调压手轮

弹簧

溢流口(T)

提动头
(锥阀)

压力口(P)

(a) 外观   (b) 结构   (c) 职能符号

图 1-7-2 直动型溢流阀

1. 结构

直动型溢流阀的结构主要有滑阀、锥阀、球阀和喷嘴挡板等形式,其工作原理基本相同。如图 1-7-3 所示,直动型溢流阀因阀口和承压面结构形式不同,形成了三种基本结构:图 (a)所示阀采用滑阀式溢流口,端面承压方式;图(b)所示阀采用锥阀式溢流口,同样采用端面承压方式;图(c)所示阀采用锥阀式溢流口,锥面承压方式,承压面和阀口的节流边均用锥面充当。但无论何种结构,直动型溢流阀均是由调压弹簧和调压手柄、溢流阀口、承压面等三个部分构成。

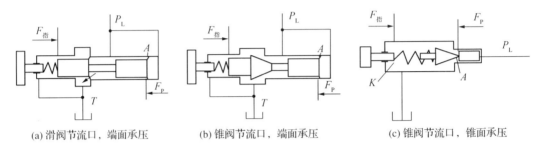

(a) 滑阀节流口,端面承压　　　(b) 锥阀节流口,端面承压　　　(c) 锥阀节流口,锥面承压

图 1-7-3　直动型溢流阀结构原理图

该阀由滑阀阀芯、阀体、调压弹簧、阀座、调节手轮等零件组成。

2. 工作原理

图 1-7-3(b)所示位置,阀芯在调压弹簧力 $F_{指}$ 的作用下处于最下端位置,阀芯台肩的封油长度 S 将进、出油口隔断,压力油从进口 P 进入阀后,经阻尼孔后作用在阀芯的底面上,阀芯的底面上受到油压的作用形成一个向上的液压力 F_P。当进口压力 p 较低,液压力 F_P 小于弹簧力 $F_{指}$ 时,阀芯在调压弹簧的预压力作用下处于最下端,由底端阀座限位(可调节封油长度 S),阀处于关闭状态。当液压力 F_P 等于或大于调压弹簧力 $F_{指}$ 时,阀芯向上运动,左移行程 S 后阀口开启,进口压力油经阀口溢流回油箱,此时阀芯处于受力平衡状态。

3. 调压原理

通过旋转调节手轮来改变弹簧预压缩量,从而调节溢流阀的压力。

4. 特点

直动型溢流阀结构简单,灵敏度高,但因压力直接与调压弹簧力平衡,不适于在高压、大流量下工作。在高压、大流量条件下,直动型溢流阀的阀芯摩擦力和液动力很大,不能忽略,故定压精度低,恒压特性不好。因而,这种滑阀型直动式溢流阀主要用于低压小流量场合。

7.3　先导型溢流阀

如图 1-7-4 所示,先导型溢流阀由先导阀和主阀两部分组成。

1. 结构

其结构分为上下两部分。上部的先导部分由提动头(锥阀芯)、调压弹簧和调压手轮等组成。下部的主阀部分由平衡活塞(主阀芯)和主阀弹簧、阀座等组成。这种阀的特点是利用主阀阀芯上下两端液体的压力差来使主阀阀芯移动。

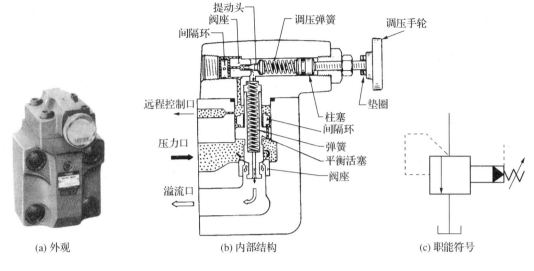

(a) 外观　　　　　　　　　　　(b) 内部结构　　　　　　　　(c) 职能符号

图 1-7-4　先导型溢流阀

2. 工作原理

压力油从压力口进入,通过平衡活塞上的阻尼孔作用在提动头上。当压力口压力较低时,液压作用力不足以克服先导阀右边的调节弹簧的作用力时,先导阀关闭,没有油液流过阻尼孔,所以平衡活塞上下两端压力相等,在较软的主阀弹簧作用下平衡活塞处于最下端位置,溢流阀压力口和溢流口不通,没有溢流。当压力口压力升高到作用在先导阀上的液压力大于先导阀弹簧作用力时,先导阀打开,压力油就可通过阻尼孔,经先导阀、溢流口流回油箱。由于阻尼孔的作用,平衡活塞上端的液压力小于下端的液压力。当这个作用在平衡活塞上的压力差等于或超过主阀弹簧力、摩擦力和主阀芯自重时,主阀芯开启,油液从压力口流入,经打开溢流口流回油箱,实现溢流。

先导式溢流阀设有远程控制口,可以实现远程控制(与远程调压阀连通)或卸荷(与油箱连通),不用时封闭。

3. 调压原理

用调节手轮来调节调压弹簧的压紧力,就可以调整溢流阀溢流时进油口的液压力,从而调定了液压系统的压力。

4. 特点

(1) 压力变化小

当溢流阀稳定工作时,主阀阀芯上下部均作用液压力,所以即使下部压力较大,因有上部压力存在,弹簧可做得较软,流量变化引起阀芯位置变化时,弹簧力的变化量较小,因此,压力变化小。

(2) 调压方便

因为先导阀的提动头的锥孔尺寸较小,所以调压弹簧不必很硬,因此调压方便。

5. 远程控制口 K 的作用

如果将 K 口用油管接到另一个远程调压阀(远程调压阀的结构和溢流阀的先导控制部分一样),调节远程调压阀的弹簧力,即可调节溢流阀主阀芯上端的液压力,从而对溢流阀的溢流压力实现远程调压。

但远程调压阀所能调节的最高压力不得超过溢流阀本身先导阀的调整压力。

7.4 溢流阀的应用

1. 溢流稳压

如图 1-7-5(a)在液压系统中用定量泵和节流阀进行节流调速时,将溢流阀旁接在泵的出口,用来保证系统压力恒定,并将液压泵多余的流量溢流回油箱,这时溢流阀起溢流稳压作用,又称为调压阀。

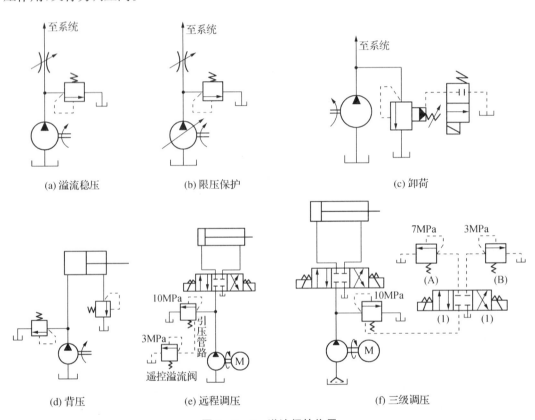

(a) 溢流稳压　　　　(b) 限压保护　　　　　　(c) 卸荷

(d) 背压　　　　(e) 远程调压　　　　(f) 三级调压

图 1-7-5　溢流阀的作用

2. 限压保护

如图 1-7-5(b)在液压系统中用变量泵进行调整时,将溢流阀旁接在泵的出口,溢流阀在液压系统正常工作时处于关闭状态,只是系统压力大于或等于溢流阀调定压力时才开启溢流,对系统起过载保护作用,因此又称作安全阀。

3. 卸荷

如图 1-7-5(c)先导式溢流阀与电磁阀组成电磁溢流阀,旁接在泵的出口,当执行机构不工作时,使泵卸荷,从而降低液压系统的功率损耗和发热量,因此又称为卸荷阀。

4. 背压

如图 1-7-5(d)溢流阀串接在执行元件的回油口,造成回油阻力,形成背压,来保护执行元件的运动平稳性,因此又称为背压阀。

5. 远程调压

如图 1-7-5(e)溢流阀可从较远距离来控制泵工作压力。其回路压力调定是由遥控溢流阀所控制的,使回路压力维持在 3 MPa。

6. 多级调压

如图 1-7-5(f)为多级压力切换回路,利用电磁换向阀可调出三种回路压力。注意:最大压力一要在主溢流阀上设定。

7.5　溢流阀常见故障及排除

表 1-7-1　溢流阀常见故障及排除

现象	产生原因	排除方法
压力波动大	弹簧太软或发生变形,不能有力推动阀芯	更换弹簧
	锥阀与阀座孔接触不良或损坏	更换锥阀,如锥阀无损坏,卸下调整螺帽,将导杆推几下,使其接触良好
	钢球不圆,钢球与阀座孔密合不良	更换钢球,研磨阀座孔
	阀芯变形或拉毛	更换或修研阀芯
	油液污染变质,阻尼孔堵塞	更换油液,疏通阻尼孔
调整失灵	弹簧断或漏装	检查、更换或补装弹簧
	阻尼孔堵塞	疏通阻尼孔
	阀芯卡住	拆卸、检查、修整
	进出油口装反	检查油流方向,纠正连接
	锥阀漏装	检查、补装
严重泄漏	锥阀或钢球与阀座孔接触不良	修复或更换锥阀、钢球或阀座
	阀芯与阀体配合间隙过大	更换阀芯,调整间隙
	管接头没拧紧	重新拧紧管螺纹或螺钉
	密封垫失效	更换密封垫
严重噪声及振动	弹簧变形不复原	检查并更换弹簧
	阀芯配合过紧	修研阀芯
	锥阀磨损	更换锥阀
	出口油路中有空气	放出空气
	流量超过允许值	调换大流量的阀
	和其他阀产生共振	微调阀的设定压力值

7.6 压力控制回路

要想满足机床工作台对不同压力的要求,光有溢流阀不行,还要组成液压控制回路,这类回路称为压力控制回路。它是利用压力控制阀来控制整个液压系统或某一局部油路的压力,以满足执行元件对力的要求以及执行元件的不同的动作顺序。这类回路包括调压、减压、卸荷、保压以及工作机构的平衡等回路。

7.6.1 调压回路(**pressure adjusting circuit**)

定义:

扫一扫观看多级调压回路动画演示视频

调压回路是指调定和限制液压系统的最高工作压力,或者使执行机构在工作过程不同阶段实现多级压力变换的回路。

功用:

对液压系统整体或某一部分的压力进行控制,使之既满足使用要求,又能降低压降,减少发热。

调压回路可分为三类:

1. 单级调压回路(如图 $1-7-6$(a)所示)

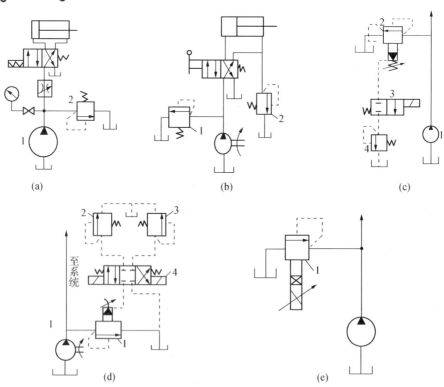

图 $1-7-6$ 调压回路

在泵 1 的出口处设置关联的溢流阀 2 来控制系统的最高压力。

在定量泵系统中,泵的供油压力可以通过溢流阀来调节,在变量泵系统中,溢流阀作安全阀用来限制系统的最高压力,防止系统过载。

溢流阀的调定压力必须大于液压缸的最大工作压力和油路中各种压力损失的总和,为了便于调压和观察,溢流阀旁就近装压力表。

这种回路的特点是回路简单,调节方便。

若将溢流阀换为比例溢流阀,则可实现远程无级调压。

2. 双向调压回路(如图1-7-6(b)所示)

当执行元件正反向运动需要不同的供油压力时,采用双向调压回路。

3. 二级调压回路(如图1-7-6(c)所示)

先导式溢流阀2的遥控口串接二位二通换向阀3和远程调压阀4。当两个压力阀的调定压力符合 $p_4 < p_2$ 时,液压系统可通过换向阀的左位和右位分别得到 p_4 和 p_2 的两种压力。如果在溢流阀的遥控口通过多位换向阀的不同通口,并联多个调压阀,即可构成多级调压回路。

4. 三级调压回路(如图1-7-6(d)所示)

由阀1调压,压力较高。由阀2或3调压,压力较低。阀2和3的压力一定小于阀1的调定压力,否则阀1不起作用,阀2和3的调定压力间没有要求。

5. 无级调压回路(如图1-7-6(e)所示)

可通过改变比例溢流阀1的输入电流来实现无级调压。回路结构简单,压力切换平稳,而且容易使系统实现远距离控制或程序控制。

为了使减压回路工作可靠,减压阀的最低调整压力不应小于0.5 MPa,最高调整压力至少比系统压力小0.5 MPa。当减压回路中的执行元件需要调速时,调速元件应放在减压阀的下游,以避免减压阀泄漏(指由减压阀泄油口流回油箱的油液)对执行元件速度产生影响。

7.6.2　增压回路(pressure booster circuit)

增压回路用以提高系统中局部油路中的压力。它能使局部压力远远高于油源的压力。采用增压回路比选用高压大流量泵要经济得多。

1. 单作用增压器的增压回路(如图1-7-7(a)所示)

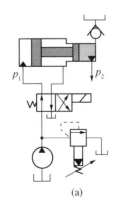 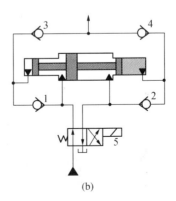

(a)　　　　　　(b)

图1-7-7　增压回路

当系统处于图示位置时,压力为 F_1 的油液进入增压器的大活塞腔,此时在小活塞腔即可得到压力为 p_2 的高压油液,增压的倍数等于增压器大、小活塞的工作面积之比。当二位四通电磁换向阀右位接入系统时,增压器的活塞返回,补油箱中的油液经单向阀补入小活塞腔。这种回路只能间断增压。

2. 双作用增压器的增压回路(如图 1-7-7(b)所示)

在图示位置,泵输出的压力油经换向阀 5 和单向阀 1 进入增压器左端大、小活塞腔,右端大活塞腔的回油通油箱,右端小活塞腔增压后的高压油经单向阀 4 输出,此时单向阀 2、3 被关闭;当活塞移到右端时,换向阀得电换向,活塞向左移动,左端小活塞腔输出的高压油经单向阀 3 输出。这样,增压缸的活塞不断往复运动,两端便交替输出高压油,实现了连续增压。

7.6.3 卸荷回路(relief circuit)

卸荷回路的功用是:在液压泵的驱动电机不频繁起闭,使液压泵在接近零压的情况下运转,以减少功率损失和系统发热,延长泵和电机的使用寿命。

1. 用换向阀的卸荷回路(如图 1-7-8 所示)

在图 1-7-8(a)中利用二位二通换向阀使泵卸荷。在图 1-7-8(b)中的 M(或 H、K)型换向阀处于中位时,可使泵卸荷,但换向压力冲击大,适用于低压小流量的系统。对于高压大流量系统,可采用 M(或 H、K)型电液换向阀对泵进行卸荷,如图 1-7-8(c)所示。由于这种换向阀装有换向时间调节器,所以切换时压力冲击小,但必须在换向阀前面设置单向阀(或在换向阀回油口设置背压阀),以使系统保持 0.2～0.3 MPa 的压力,供控制油路用。

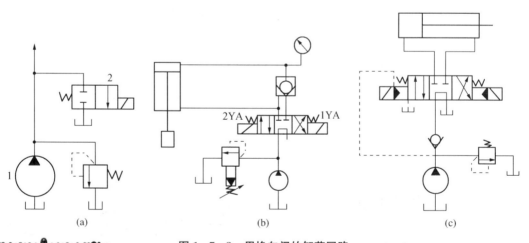

(a)   (b)   (c)

图 1-7-8 用换向阀的卸荷回路

扫一扫观看先导型
溢流阀的卸荷回路
动画演示视频

2. 用先导型溢流阀的卸荷回路

在图 1-7-9(b)中,使溢流阀的遥控口直接与二位二通换向阀 3 相连,便构成一种由先导型溢流阀卸荷的回路。这种回路的卸荷压力小,切换时冲击也小;二位二通阀只需通过很小的流量,规格尺寸可选得小些,所以这种卸荷方式适合流量大的系统。

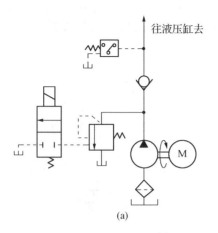
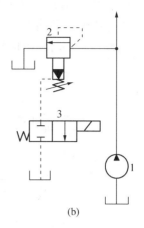

(a)　　　　　　　　　　　　　(b)

图 1-7-9　溢流阀卸荷回路

3. 复合泵卸荷回路

在双泵供油回路中,利用顺序阀作卸荷阀的卸荷方式如图 1-7-10 所示。

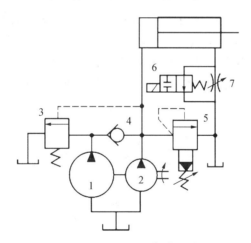

图 1-7-10　双泵卸荷回路

7.6.4　保压回路(retaining circuit)

执行元件在工作循环的某一阶段内,若需要保持规定的压力,就应采用保压回路。保压有泵保压和执行元件保压的概念。系统工作中,保持泵出口压力为溢流阀限定压力的为泵保压。当执行元件要维持工作腔一定压力而又停止运动时,即为执行元件保压。例如,压力机校直弯曲的工件时,要以校直时的压力继续压制工件一段时间,以防止工件弹性恢复。这种情况应采用执行元件保压回路。

1. 利用蓄能器保压的回路

如图图 1-7-11(a)所示的回路,当主换向阀在左位工作时,液压缸推进压紧工件,进油路压力升高至调定值,压力继电器发讯使二通阀通电,泵即卸荷,单向阀自动关闭,液压缸则由蓄能器保压。当蓄能器的压力不足时,压力继电器复位使泵重新工作。保压时间的长短取决于蓄能器的容量,调节压力继电器的通断区间即可调节缸中压力的最大值和最小值。

图(b)所示为多缸系统一缸保压回路,进给缸快进时,泵压下降,但单向阀3关闭,将夹紧油路和进给油路隔开。蓄能器4用来给夹紧缸保压并补充泄漏,压力继电器5的作用是当夹紧缸压力达到预定值时发出信号,使进给缸动作。

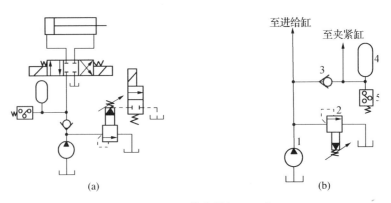

图 1-7-11　蓄能器保压回路

2. 用泵保压的回路

如图 1-7-12 所示,当系统压力较低时,低压大泵 1 和高压小泵 2 同时向系统供油,当系统压力升高到卸荷阀 4 的调定压力时,泵 1 卸荷。此时高压小泵 2 使系统压力保持为溢流阀 3 的调定值。泵 2 的流量只需略高于系统的泄漏量,以减少系统发热。也可采用限压式变量泵来保压,它在保压期间仅输出少量足以补偿系统泄漏的油液,效率较高。

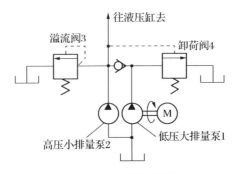

图 1-7-12　泵保压回路

3. 用液控单向阀保压的回路

图 1-7-13 即为这种回路。在液压缸上腔安装电接点压力表监测保压压力的变化,从而发出电信号控制电路工作。

具体原理:当 1YA 得电时,三位四通电磁换向阀左位工作。液压缸上腔进油,下腔回油,活塞下行并对工件进行施压。当液压缸上腔压力达到保压压力,即电接点压力表上限压力时,压力表发出信号使 1YA 断电,3YA 得电,三位四通阀复位,并通过液控单向阀保持液压缸上腔压力;液压泵通过溢流阀卸荷。当保压压力随

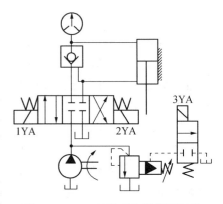

图 1-7-13　液控单向阀保压回路

泄漏而下降至电接点压力表下限压力时,电接点压力表发出信号使 3YA 断电,1YA 得电,液压泵通过三位四通阀向液压缸上腔充液。当压力达到电接点压力表上限值时,发出信号使 3YA 得电,1YA 断电,液压缸继续保压。当保压时间到时,3YA 断电,2YA 得电,三位四通换向阀工作在右位,液压缸活塞上行。当液压缸活塞上行复位后,电路使 2YA 断电,3YA 得电完成一个工作循环。

　　4. 利用换向阀中位闭死的保压回路

　　对于保压时间不长,而保压压力较高的系统可采用换向阀 A、B 口闭死的方法保持液压缸工作腔压力,同时采用泵卸荷的措施。这种保压回路具有执行元件保压和泵卸荷的双重功能,如图 1－7－14 所示。这种回路中,随换向阀的磨损,其保压性能会下降。

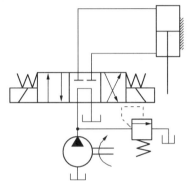

图 1－7－14　换向阀保压回路

7.6.5　平衡回路(balanced circuit)

　　为了防止非水平工作的液压缸及其工作部件因自重而自行下落,或在下行运动中由于自重而造成失控、失速的不稳定运动,可设置平衡回路。图 1－7－15 所示为用单向节流阀限速、液控单向阀锁紧的平衡回路。

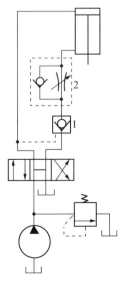

图 1－7－15　平衡回路

7.6.6 减压回路(pressure reducing circuit)

减压回路的功用是:使液压系统某一部分的油路具有较低的稳定压力。可分为三类:

单级减压——用一个减压阀即可,如图 1-7-16(a)所示,回路中的单向阀 3 供应主油路,压力降低(低于减压阀 2 的调整压力)时防止油液倒流,起短时保压作用。

多级减压——减压阀+远程调压阀即可,如图 1-7-16(b)所示。

无级减压——比例减压阀,如图 1-7-16(c)所示。

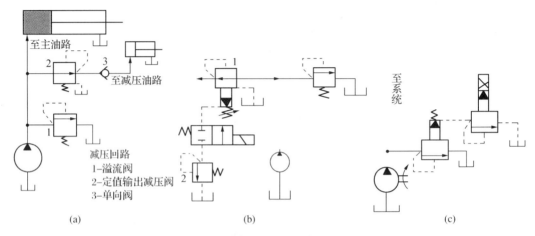

图 1-7-16　减压回路

7.6.7 顺序动作回路

1. 用顺序阀控制顺序动作(如图 1-7-17 所示)

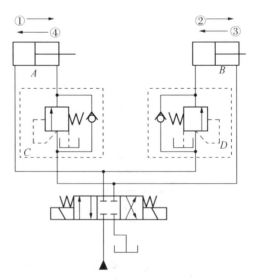

图 1-7-17　用顺序阀控制顺序动作回路

2. 用压力继电器控制顺序动作,如图 1-7-18 所示

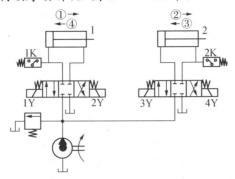

图 1-7-18 用压力继电器控制顺序动作回路

四、实操

1. 拆装图 1-7-19 所示先导式溢流阀

Y-25B型先导式溢流阀

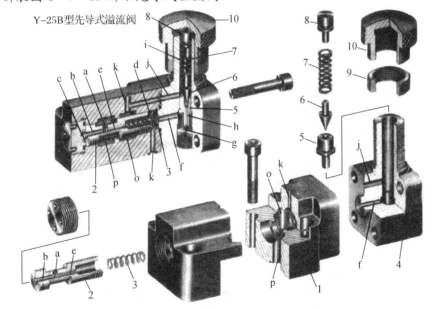

图 1-7-19 Y-25B型先导式溢流阀结构图

2. 在试验台上组装机床工作台压力控制回路

3. 在液压实验台上连接液压钻床控制回路

(1) 问题描述

钻床的钻头垂直进给运动和夹紧装置采用液压驱动,该液压控制系统含有两个液压缸(夹紧缸1A和进给缸2A)。因工件不同,其所需夹紧力也不同,因此,在夹紧缸1A中,其夹紧压力应可调,且应以最大速度回缩。钻头进给速度可调,不过,在可变负载情况下,其进给速度应保持恒定。注意:安装在进给缸(2A)活塞杆上的钻床主轴为拉力负载。进给缸(2A)也以最大速度回缩。

（2）解决方案

为使夹紧缸的夹紧力可调,可以使用减压阀,减压阀用于降低系统压力,以满足不同液压设备的压力需要。如果对钻床考虑两级压力控制,而不是压力调节,则将会产生下列不良后果。当换向阀1动作时,首先以系统压力夹紧工件。如果换向阀2动作,则系统压力就降为进给缸的工作压力,对夹紧缸也一样。如果对回路进行扩展,即增加减压阀,则可调节夹紧压力,不过,系统压力在进给缸伸出过程中不断降低。为可靠保持溢流阀出口处夹紧压力,其进口压力应大于夹紧压力,这可通过在换向阀2出口安装流量阀来获得。换向阀1动作,可使夹紧缸以最大速度回缩。调速阀使进给缸伸出速度与负载无关,且使其伸出速度可调。不过,由于钻床主轴为拉力负载,因此,在系统中安装溢流阀,作为背压阀。在夹紧缸和进给缸回缩过程中,单向阀为旁通阀,从而保证其回缩速度最大。

（3）液压回路如图1－7－20所示

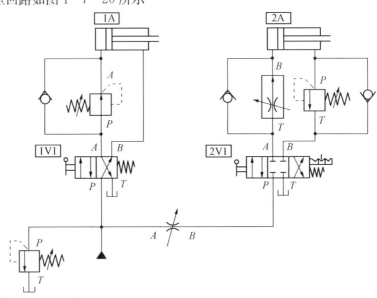

图1－7－20　液压钻床控制回路

（4）注意事项

安装在进给缸(2A)活塞杆上的钻床主轴为拉力负载,即负值负载,因此在活塞伸出时必须安装背压阀,提高系统的平稳性。除了此处用到的溢流阀,还有哪几种液压控制阀可用作背压阀?

如图1－7－21所示为液压钻床工作示意图,钻头的进给和工件的夹紧都是由液压系统来控制的。由于加工的工件不同,加工时所需的夹紧力也不同,所以工作时液压缸 A 的夹紧力必须能够固定在不同的压力值上。同时,为了保证安全,液压缸 B 必须在液压缸 A 夹紧力达到规定值时才能推动钻头进给。要达到这一要求,系统中应采用另外类型的压力控制阀、减压阀和顺序阀。

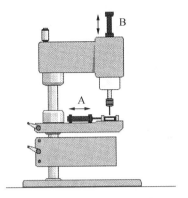

图 1－7－21　钻床工作示意图

一、减压阀（pressure reducing valve）

在液压系统中,常由一个液压泵向几个执行元件供油,当某一执行元件需要比泵的供油压力低的稳定压力时,在该执行元件所在的支路上就需要使用减压阀。

减压阀是一种利用液流流过缝隙产生压力损失,使其出口压力低于进口压力控制阀。按调节的要求不同,减压阀可分为定压减压阀、定比减压阀和定差减压阀。定压减压阀用于控制出口压力为定值,使液压系统中某一部分得到较供油压力低的稳定压力;定比减压阀用来控制它的进出口压力保持调定不变的比例;定差减压阀则用来控制进出口压力差为定值。本节主要讨论定压减压阀。

（一）结构

按阀的结构的不同,减压阀也有直动型和先导型之分,直动型减压阀较少单独使用。

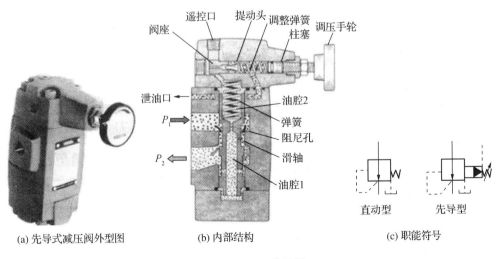

(a) 先导式减压阀外型图　　(b) 内部结构　　(c) 职能符号

图 1－7－22　减压阀

如图 1-7-22 所示,为先导式减压阀的结构。它由先导阀和主阀两部分组成。上部的先导部分由提动头(锥阀芯)、调压弹簧和调压螺手轮等组成。下部的主阀部分由平衡活塞(主阀芯)和主阀弹簧、阀座等组成。这种阀的特点是利用主阀阀芯上下两端液体的压力差来使主阀阀芯移动的。

(二)工作原理

图 1-7-22 中,压力油由阀的进油口进入阀,阀不工作时,滑轴(主阀芯)在弹簧作用下处于最下端位置。阀的进油口 P_1 和出口 P_2 相通,阀是常开的,不起减压作用,整个阀的内脏各处为一个压力值。

当负载增加时,出口压力 P_2 上升到超过先导阀弹簧所调定的压力时,提动头打开,油液开始流动。流动的流体经过阻尼孔,油腔 2 压力小于油腔 1 压力,使滑轴向上移动,减小了 P_1 口与 P_2 口之间的开度,有阻尼效果,P_2 下降,直到滑轴上下两腔的液压力之差与弹簧力相平衡,主阀滑轴不再移动,处于平衡状态。此时减压阀保持一定的开度,出口压力保持定值。

(三)调压原理

调节先导阀的调整弹簧,改变弹簧的预压缩力即可改变出口压力。

(四)特点

(1)先导阀调定压力,主阀减压。

(2)出口压力恒定。

若进出压力 P_1 上升,则出口压力 P_2 也上升,从而使滑轴上移,造成阀口减小,P_2 下降;

若进口压力 P_1 下降,则出口压力 P_2 也下降,从而使滑轴下移,造成阀口增大,P_2 上升;

若出口压力 P_2 下降,则滑轴下移,造成阀口增大,P_2 上升;

若出口压力 P_2 上升,则滑轴上移,造成阀口减小,P_2 下降;

可见,减压阀出口压力受其他因素影响而变化时,它将会自动调整减压口开度,从而保持调定的出口压力值不变。

(3)有流量损失

由于减压阀在持续起减压作用时,会有一部分油经泄油口流回油箱而损失泵的一部分输出流量。因此,在一个系统中,若使用数个减压阀,则必须考虑到泵输出流量的损失问题。

(五)应用

在液压系统中,一个油源供应多个支路工作时,由于各支路要求的压力值大小不同,这就需要减压阀去调节,利用减压阀可以组成不同压力级别的液压回路。

(1)减压作用

如图 1-7-23(a)所示,不管回路压力多高,A 缸压力绝不会超过 3 MPa。

(2)稳压作用

如图 1-7-23(b)所示,液压泵 3 同时向液压缸 1 和液压缸 2 供油,缸 1 的负载力为 F_1,缸 2 的负载力为 F_2(但在实际工程中 F_1 与 F_2 不是恒定不变的)。设 $F_1 > F_2$,若没有减压阀

4 和节流阀 5，哪个缸的负载较小，则哪个缸先动，即只有缸 2 的活塞到位后压力继续上升，缸 1 才动作。加上减压阀后就解决了这一矛盾，两个缸可分别动作而不会因负载的大小而互相干扰。

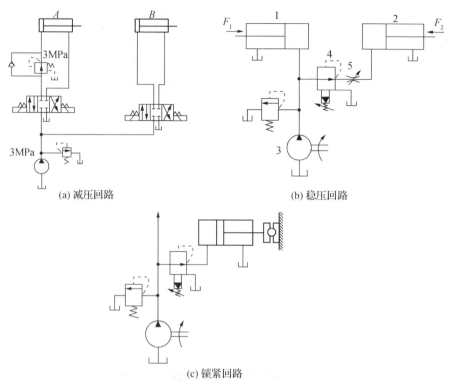

图 1-7-23　减压阀的应用

（3）锁紧作用

图 1-7-23(c)所示的液压缸是一个夹紧缸。当活塞杆通过夹紧机构夹紧工件时，活塞的运动速度为零，因减压阀的作用仍能使液压缸工作腔中的压力基本恒定，故可保持恒定的夹紧力，不致因夹紧力过大而将工件夹坏。

因为减压阀出口压力稳定，所以在有些回路中，虽然不需要减压，但为了获得稳定的压力也加上减压阀。例如，用压力控制的液动换向阀、液控顺序阀，在这些阀的控制油路中，有时加上减压阀，目的不是减压而是使控制压力稳定，以免因压力波动使它们产生误动作。

（六）先导式减压阀与先导式溢流阀的比较

（1）减压阀保持出口压力基本不变，而溢流阀保持进口压力基本不变。

（2）在不工作时，减压阀进、出口互通，而溢流阀进出油口不通。

（3）为保证减压阀出口压力调定值恒定，先导阀弹簧腔需通过泄油口单独外接油箱，而溢流阀的出油口是通油箱的，所以其先导阀的弹簧腔和泄油口可通过阀体上的通道和出油口相通，不必单独外接油箱。

（七）减压阀常见故障及排除

减压阀的常见故障及排除见表 1-7-2。

表 1-7-2　减压阀常见故障及排除

现　象	产生原因	排除方法
压力波动不稳定	油液中混入空气	排出油中空气
	阻尼孔堵塞	疏通阻尼孔
	滑阀与阀体内孔圆度超过规定值造成卡死	更换或修研滑阀
	弹簧弯曲或变软	更换
	弹簧钢球不圆，钢球与阀座配合不好或锥阀安装不正确	更换钢球或调整锥阀
输出压力失调	外泄漏	更换密封件，紧固螺钉
	锥阀与阀座配合不良	修研或更换
不起减压作用	泄油口不通或泄油口与回油管道相连，并有回油压力	泄油管必须与回油管分开，单回油箱
	主阀芯在全开位置卡死	修理、更换零件，检查油质
	阻尼孔被堵死	清理阻尼孔，过滤或换油

二、顺序阀（sequence valve）

顺序阀的作用是利用油液压力作为控制信号控制油路通断，应用于控制两个或两个以上执行元件的液压系统中，使各执行元件按预先确定的先后动作顺序工作。

顺序阀也有直动型和先导型之分，一般先导顺序阀用于压力较高的液压系统中。根据控制压力来源不同，它还有内控式和外控式之分。根据泄油方式，有内泄式和外泄式两种。通过改变控制方式、泄油方式以及二次油路的连接方式，顺序阀还可用作背压阀、卸荷阀和平衡阀等。如内控内泄式顺序阀在系统中可用作背压阀；外控内泄式顺序阀可用作卸荷阀等。

（一）直动式顺序阀

（1）结构

直动式顺序阀主要由调节螺钉、弹簧、阀芯、阀体、控制活塞、阀盖及端盖等组成。如图 1-7-24 所示。

（2）工作原理

直动式顺序阀通常为滑阀结构，其工作原理与直动式溢流阀相似，均为进油口测压，但顺序阀为减小调压弹簧刚度，还设置了断面积比阀芯小的控制活塞 A。顺序阀与溢流阀的区别还有：其一，出口不是溢流口，因此出口 P_2 不接回油箱，而是与某一执行元件相连，弹簧腔泄漏油口 L 必须单独接回油箱；其二，顺序阀不是稳压阀，而是开关阀，它是一种利用压力的高低控制油路通断的"压控开关",严格地说,顺序阀是一个二位二通液动换向阀。

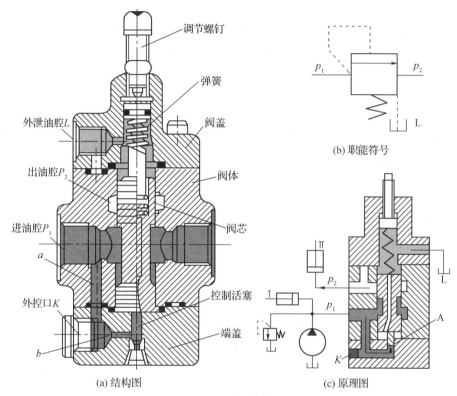

图 1－7－24　直动型顺序阀

工作时,压力油从进油口 P_1 进入,经阀体上的孔道 a 和端盖上的阻尼孔 b 流到控制活塞(承压面积为 A)的底部,当作用在控制活塞上的液压力能克服阀芯上的弹簧力时,阀芯上移,油液便从 P_2 流出。该阀称为内控式顺序阀,其图形符号如图(b)所示。

必须指出,当进油口一次油路压力 p_1 低于调定压力时,顺序阀一直处于关闭状态;一旦超过调定压力,阀口便全开(溢流阀口则是微开),压力油进入二次油路(出口 p_2),驱动另一个执行元件。

若将图(a)中的端盖旋转 90° 安装,切断进油口通向控制活塞下腔的通道,并打开螺堵 K,引入控制压力油,便成为外控式顺序阀,外控顺序阀阀口开启与否,与阀的进口压力 p_1 的大小没有关系,仅取决于控制压力的大小。

图中控制油直接由进油口引入,外泄油口 L 单独接回油箱,这种控制形式即为内控外泄式。若将端盖或底盖在装配时转过一定位置,还可得到内控内泄、外控外泄、外控内泄三种控制形式。

（3）调压原理

旋转调节螺钉,改变弹簧力,即可改变开启压力。

（4）特点

它的特点主要与溢流阀相比较,由上述分析可知,顺序阀的动作原理与溢流阀相似,其主要区别在于:

① 顺序阀的出口与负载油路相通,而溢流阀的出口要接回油箱。

② 溢流阀的弹簧腔可以与出油口沟通,而出口与负载油路相通的顺序阀的泄油口应单独接回油箱,以免使弹簧腔有油压。

③ 溢流阀的进口最高压力由调压弹簧来限定,并且由于液流溢回油箱,所以损失了液体的全部能量。而顺序阀的进口压力由液压系统工况来定,进口压力升高时阀口将不断增大,直至全开,出口压力油对负载做功。

另外,直动式顺序阀即使采用较小的控制活塞,弹簧刚度仍然较大。由于顺序阀工作时的阀口开度大,阀芯的行程较大,因此造成这种顺序阀的启闭特性不够好。所以直动式顺序阀只用在压力较低(8 MPa 以下)的场合。

(二)先导式顺序阀

图 1-7-25 所示为先导式顺序阀,P_1 为进油口,P_2 为出油口,其工作原理与先导式溢流阀相似,所不同的是顺序阀的出油口不接回油箱,而通向某一压力油路,因而其泄油口 L 必须单独接回油箱。

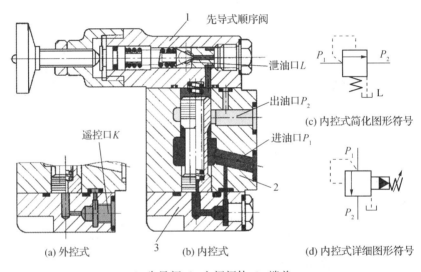

1-先导阀;2-主阀阀体;3-端盖

图 1-7-25 先导式顺序阀

将先导阀 1 和端盖 3 在装配时相对于主阀体 2 转过一定位置,也可得到内控内泄、外控外泄、外控内泄三种控制形式。外控式顺序阀阀口开启与否,与阀的进口压力的大小无关,仅取决于外控口处控制压力的大小。

图 1-7-25 所示的先导式顺序阀最大的缺点是外泄漏量过大。因先导阀是按顺序阀的压力调整的,当执行元件达到顺序动作后,压力将同时升高,将先导阀口开得很大,导致流量从先导阀处大量外泄。故在小流量液压系统中不宜采用这种结构。

在顺序阀的阀体内并联装设单向阀,可构成单向顺序阀。单向顺序阀也有内外控之分。

各种顺序阀的图形符号见表 1-7-3。

表 1-7-3 顺序阀的图形符号

控制与泄油方式	内控外泄	外控外泄	内控内泄	外控内泄	内控外泄加单向阀	外控外泄加单向阀
名称	顺序阀	外控顺序阀	背压阀	卸荷阀	内控单向顺序阀	外控单向顺序阀
图形符号						

顺序阀最基本的应用是控制多个执行元件的顺序动作;与溢流阀相仿,内控式顺序阀也可作为背压阀使用;而应用外控式顺序阀可使系统中某处压力达到调定值时实现卸荷。若将出油口接通油箱,且将外泄改为内泄,即可作平衡阀用,使垂直放置的液压缸不因自重而下落。

(三)顺序阀的使用

图 1-7-26(a)所示为用顺序阀实现执行元件的顺序动作。工作行程时,换向阀 1 处于图示位置,液压泵输出的压力油先进入液压缸 B 的左腔,活塞按箭头①所示的方向右移,当接触工件时,油压升高,在达到足以打开单向顺序阀 2 时,油液才能进入缸 A,使活塞沿箭头②所示的方向右移。回程时,阀 1 处在左端的工作位置,由于顺序阀 3 的作用,缸 A 的活塞先按箭头③的方向回程至终点,液压缸 B 的活塞才能按箭头④的方向开始回程。在这种回路中,顺序阀的调定压力应比先动作的执行元件的工作压力高 0.5 MPa 以上,以保证动作顺序的可靠性。

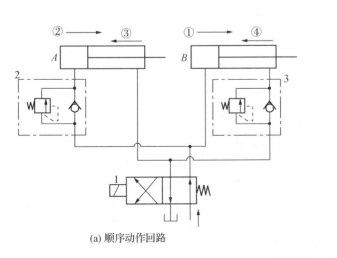

(a) 顺序动作回路

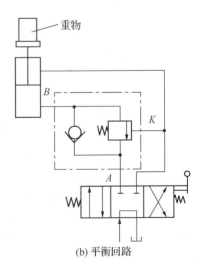

(b) 平衡回路

图 1-7-26 顺序阀的使用

图 1-7-26(b)所示为单向顺序阀当作平衡阀使用。为了防止负载自由下落而保持背压的压力控制阀称为平衡阀。它通常用来防止液压缸活塞因负载重量而高速下落,即限制液压缸活塞的运动速度。

在具有非水平工作液压缸的液压回路中,液压缸的负载往往是重物。当缸下行时,不但不需要克服负载,而且重物帮助缸的活塞下降,极易造成超速和冲击,此时,宜在缸的回油路上加平衡阀。换向阀处于左位时,来自液压泵的油经平衡阀的油口 A、单向阀、平衡阀的油口 B 到达缸的无杆腔,重物上行。液压缸有杆腔的油液经换向阀回油箱。换向阀处于中位时,单向顺序阀锁闭,液压缸不能回油,停止运动,重物被支持。换向阀处于右位时,来自泵的油液到达缸的有杆腔,同时,来自泵的油经过控制管道进入顺序阀的控制口 K。当控制压力达到调定值时,顺序阀开启,缸无杆腔的油经顺序阀、换向阀回油箱,活塞下降。

一旦重物超速下降时,液压缸有杆腔中的压力减小,同时,控制口 K 的压力减小,顺序阀的开口减小,缸回油阻力增加,重物连同活塞的下降速度减慢,提高了运动的平稳性。

由顺序阀和单向阀简单组合而成的平衡阀,性能往往不够理想,不能应用于工程机械,如起重机、汽车吊等液压系统。实际使用的平衡阀为了使液压缸动作平稳,还要在各运动部位设置很多阻尼。

顺序阀使用时应注意:

由于执行元件的启动压力在调定压力以下,液压回路中压力控制阀又具有压力超调特性,因此控制顺序动作的顺序阀的调定压力不能太低,否则会出现误动作。

顺序阀作为平衡阀使用时,要求它必须具有高度的密封性能,不能产生内部泄漏,使它能长时间保持液压缸所在位置,不因自重而下滑。

三、压力继电器（pressure switches）

压力继电器是将液压信号转换为电信号的一种转换元件。当系统压力达到压力继电器的调定压力时,它发出电信号控制电器元件,使油路换向、卸压,实现顺序动作,或关闭电动机,起安全保护作用。

压力继电器有柱塞式、膜片式、弹簧管式和波纹管式四种结构形式。常用的压力继电器有柱塞式和薄膜式两种。

（一）结构特点及工作原理

压力继电器由两部分组成:一部分是压力—位移转换器,另一部分是电气微动开关。

图 1-7-27 所示为柱塞式压力继电器。

液压力为 P 的控制油液进入压力继电器,当系统压力达到其调定压力时,作用于柱塞 1 上的液压力克服弹簧力,顶杆 2 上移,使微动开关 4 的触头闭合,发出相应的电信号。调整螺帽 3 来调节弹簧的预压缩量,从而可改变压力继电器的调定压力。此种柱塞式压力继电器宜用于高压系统,但位移较大,反应较慢,不宜用在低压系统。

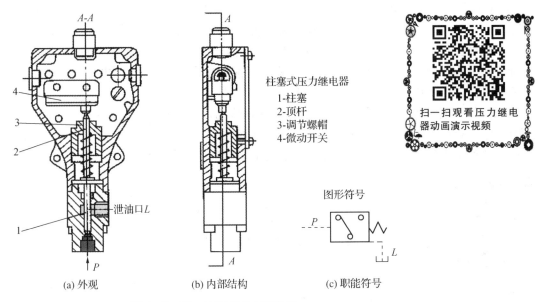

柱塞式压力继电器
1-柱塞
2-顶杆
3-调节螺帽
4-微动开关

图形符号

扫一扫观看压力继电器动画演示视频

(a) 外观　　　　(b) 内部结构　　　　(c) 职能符号

图 1-7-27　柱塞式压力继电器

(二) 压力继电器的应用

图 1-7-28(a)所示为压力继电器构成的保压回路。系统由蓄能器持续补油保压,保压的最大压力值由压力继电器调定。未达到压力继电器调定压力时,压力继电器不发信号,二位二通阀处于图示位置,溢流阀遥控口封闭,液压泵向蓄能器充油。压力足够高时,压力继电器发出信号,二位二通阀得电,遥控口接通,溢流阀开启使泵卸荷,由蓄能器保压。压力下降到一定程度时,压力继电器停止发信号,使泵重新向蓄能器充油。

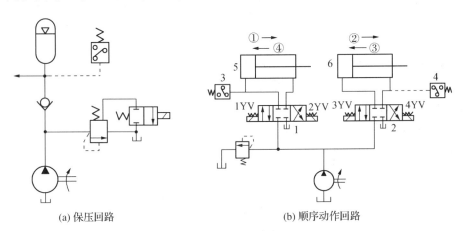

(a) 保压回路　　　　　　　　　(b) 顺序动作回路

图 1-7-28　压力继电器的应用

本回路适用于保压时间长,功率损失小的场合。

图 1-7-28(b)所示为一种利用压力继电器控制电磁换向阀实现顺序动作的回路。其中压力继电器 3 和 4 分别控制换向阀的 3YV 和 2YV 通电,实现如图所示①—②—③—④的顺序动作。当 1YV 通电时,压力油进入液压缸 5 左腔,推动活塞向右运动。在碰到死挡

铁后,压力升高,压力继电器3发出信号,使3YV通电,压力油进入液压缸6左腔,推动其活塞也向右运动。在3YV断电,4YV通电(由其他方式控制)后,压力油推动缸6的活塞向左退回,到达终点后,压力又升高,压力继电器4发出信号,使2YV通电,1YV断电,缸5的活塞也左退。为了防止压力继电器在前一行程终了前产生误动作,压力继电器的调定值应比先动作液压缸的工作压力高0.3~0.5 MPa。

采用压力继电器控制比较方便,但由于其灵敏度高,易受油路中压力冲击影响而产生误动作,故只宜用于压力冲击较小的系统,且同一系统中压力继电器数目不宜过多。如能使用延时压力继电器代替普通压力继电器,则会提高其可靠性。

扫一扫观看压力阀工作原理演示视频

四、压力阀的比较

溢流阀、减压阀和顺序阀在结构、工作原理和特点上有相似的地方,也有不同之处。

(1)溢流阀排出的油不做功,直接回油箱;减压阀和顺序阀(作卸荷阀、平衡阀时除外)排出的油液通向下一级执行元件,输出的油液有一定压力做功。

(2)溢流阀的泄漏油是通过阀体内部与回油口接通的;减压阀、顺序阀的泄油口单独引回油箱。

(3)溢流阀和内控顺序阀是用进口液压力和弹簧力相平衡进行控制的。溢流阀保持进口油压基本不变,顺序阀达到调定压力后开启,其进、出口油液压力可以高于其调定压力,顺序阀的阀芯不需随时浮动,只有"开"或"关"两种位置;减压阀是用出口油压进行控制,其阀芯要不断浮动,以保持出口压力基本为恒定。

(4)溢流阀和顺序阀的阀口在常态下是关闭的,而减压阀的阀口在常态下是开启的。但溢流阀和减压阀处于工作状态时,溢流口和减压口都是开启的。顺序阀的开启和关闭位置都是工作位置,因为顺序阀在关闭位置仍需维持一定的进口压力,以免影响其他回路的工作。因此,对顺序阀的阀芯和阀体之间的密封性有一定要求。

(5)溢流口和减压口上的压力降都比较大,希望流过顺序阀的液流在阀中形成的压力损失越小越好,一般在0.2~0.4 MPa。

(6)在溢流口和减压口上形成的压力降是需要的,它们的开口量较小。需要顺序阀有较小的压力降,故它的开口量也较大。

五、实操

拆装下图1-7-29,1-7-30所示减压阀、顺序阀。

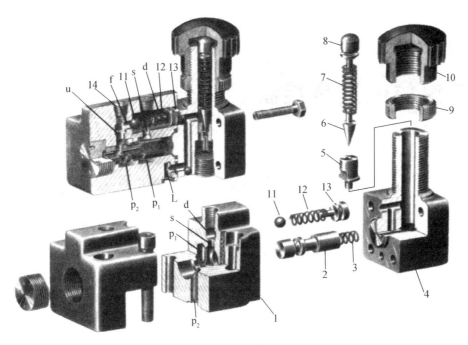

图 1-7-29　JI-10B 型单向减压阀

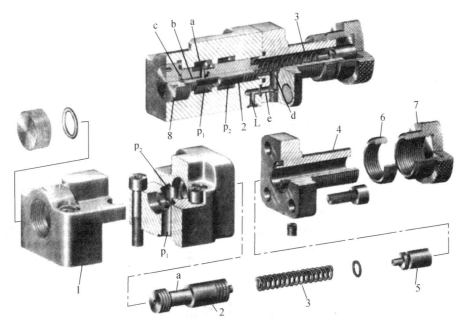

图 1-7-30　X-B25B 型顺序阀

液压系统的速度控制

【主要能力指标】

掌握节流阀、调速阀的结构及工作原理、应用;
掌握速度控制回路。

【相关能力指标】

养成独立工作的习惯,能够正确判断和选择;
能够与他人友好协作,顺利完成任务;
能够严格按照操作规程安全文明操作。

一、任务引入

机床工作台在切削工件时,除了有方向控制、压力控制的要求,还有一个非常重要的是速度控制的要求,以在保证加工精度的情况下,提高效率。这需要一种新的控制元件来实现,这种元件又是如何工作的呢?

二、任务分析

工作台的运动速度是靠液压系统来控制的。在液压系统中,改变系统中的流量才能改变执行元件的运动速度。因此,只要改变进入执行元件的流量即可控制工作台的运动速度。在液压系统中,担负此重任的就是流量控制阀,机床工作台原理图中的节流阀。在对工作机进行速度控制的时候,除了控制阀的作用外,工作介质的影响也是非常重要的。

三、知识学习

8.1　节流原理

在液压系统中,常遇到液体流过小孔或间隙的情况。如元件的阀口、阻尼小孔、零件间的缝隙等。孔口和缝隙流量在液压技术中占有很重要的地位,它涉及液压元件的密封性、系统的容积效率,更为重要的是稳定的流体流过这些地方时其流量和压力会产生变化,这就是节流阀的工作原理。因此:小孔虽小(直径一般在 1 mm 以内),缝隙虽窄(宽度一般在0.1 mm以下),但其作用却不可等闲视之。

8.1.1　通过薄壁小孔(孔的通流长度 l 与孔径 d 之比 $l/d \leqslant 0.5$)的流动

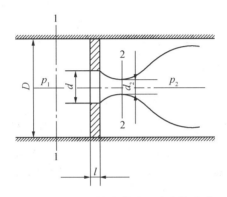

图 1-8-1　液体在薄壁小孔中的流动

如图 1-8-1 所示,其流量 Q 为:

$$Q = v_2 A_0 = c_d A \sqrt{\frac{2(p_1 - p_2)}{\rho}}$$

式中,c_d 称为小孔流量系数,常取 $0.62 \sim 0.63$;A 表示小孔的截面积;p_1 为进口压力,p_2 为出口压力;ρ 为流体的密度。

可见,通过薄壁小孔的流量与孔口前后压差有关,它们的关系是非线性的,与流体的黏度无关。

8.1.2　通过细长小孔(孔的通流长度 l 与孔径 d 之比 $l/d > 4$)的流动

其流量 Q 为:

$$Q = \pi d^4 (p_1 - p_2)/128\mu l$$

式中,d 为细长孔直径;l 为细长孔的长度;p_1 为进口压力,p_2 为出口压力;μ 为流体的黏度。

可见,液体流经细长小孔的流量将随液体温度的变化而变化,并且与孔前后的压差关系

是线性的变化关系。

为了计算简便,将小孔的流量公式进行统一:

$$Q = KA\Delta p^m$$

式中,A 为孔的通流截面积;Δp 为孔前后压差;m 为由孔结构形式决定的指数,$0.5 \leqslant m \leqslant 1$;$K$ 为与孔口形式有关的系数:

当孔为薄壁小孔时,$m = 0.5$,$K = c_d \sqrt{\dfrac{2}{\rho}}$;为细长小孔时 $m = 1$,$K = \dfrac{d^2}{32 \mu l}$

8.1.3 通过间隙的流动

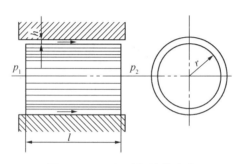

图 1-8-2 通过间隙的流动

如图 1-8-2 所示,在液压系统中,各元件、管接头、阀等存在配合间隙,当流体流经这些间隙时就会发生从压力高处经过间隙流到系统中压力低处或直接进入大气的现象(前者称为内泄漏,后者称为外泄漏),泄漏主要是由压力差与间隙造成的。

8.2 常用节流口的形式

节流口是流量控制阀的关键部位,节流口形式及其特性在很大程度上决定着流量控制阀的性能。几种常用的节流口形式如图 1-8-3 所示。

(a) 所示为针阀式节流口。针阀做轴向移动时,调节了环形通道的大小,由此改变了流量。这种结构加工简单,制造容易,但节流口长度较长,易堵塞。一般用于对性能要求不高的场合。

(b) 所示为偏心槽式节流口。阀芯上开有截面为三角形的偏心槽,转动阀芯即可改变通流面积的大小。这种结构加工简单,制造容易,但阀芯上的径向力不平衡,旋转时较费劲。一般用于压力较低,性能要求不高的场合。

(c) 轴向三角槽式节流口。在阀芯上对称开有几条三角槽,阀芯作轴向移动时,改变了通流面积的大小。结构简单,工艺性好,调节范围大,径向力平衡,调节省力。该类型节流口是目前应用很广的节流口形式。

(d) 周向隙缝式节流口。在阀芯圆周方向上开有狭缝,旋转阀芯即可改变通油面积的大小,所开狭缝在圆周上的宽度是变化的,尾部宽度逐渐缩小。这种结构阀芯所受径向力不平衡,应用于低压小流量系统中。

（e）轴向隙缝式节流口。在阀芯衬套上先铣出一个槽,使该处厚度减薄,然后在其上沿轴向开有节流口。当阀芯轴向移动时,就改变了通流面积的大小。轴向隙缝式节流口应用于低压小流量系统。

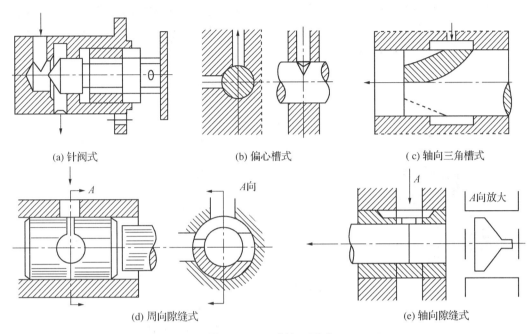

(a) 针阀式　　　　　　　(b) 偏心槽式　　　　　　(c) 轴向三角槽式

(d) 周向隙缝式　　　　　　　　　　(e) 轴向隙缝式

图 1 - 8 - 3　节流口形式

8.3　节流阀（**throttle valve**）

节流阀是一种最简单又最基本的流量控制阀,它是借助于控制机构使阀芯相对于阀体孔运动,改变节流截面或节流长度以控制流体流量的阀;将节流阀和单向阀并联则可组合成单向节流阀。节流阀和单向节流阀是简易的流量控制阀,在定量泵液压系统中,节流阀和溢流阀配合,可组成三种节流调速系统,即进油路节流调速系统、回油路节流调速系统和旁路节流调速系统。节流阀没有流量负反馈功能,不能补偿由负载变化所造成的速度不稳定,一般仅用于负载变化不大或对速度稳定性要求不高的场合。

按其功用,具有节流功能的阀有节流阀、单向节流阀、精密节流阀、节流截止阀和单向节流截止阀等;按节流口的结构形式,节流阀有针式、沉割槽式、偏心槽式、锥阀式、三角槽式、薄刃式等多种;按其调节功能,又可将节流阀分为简式和可调式两种。

所谓简式节流阀通常是指在高压下调节困难的节流阀,由于其对作用于节流阀芯上的液压力没有采取平衡措施,当在高压下工作时,调节力矩很大,因而必须在无压(或低压)下调节;相反,可调式节流阀在高压下容易调节,它对作用于其阀芯上的液压力采取了平衡措施。因而无论在何种工作状况下进行调节,调节力矩都较小。

对节流阀的性能要求是:

流量调节范围大,流量—压差变化平滑;

内泄漏量小,若有外泄漏油口,外泄漏量也要小;

调节力矩小,动作灵敏。

8.3.1 普通节流阀

普通节流阀是流量阀中使用最普遍的一种形式,它的外观和结构如图 1-8-4 所示。实际上,普通节流阀就是由节流口与用来调节节流口开口大小的调节元件组成,即带轴向三角槽的阀芯、阀体、调节手把等组成。

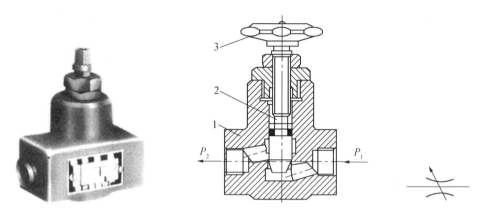

图 1-8-4 普通节流阀的外观及组成

工作原理:

如图 1-8-5(a)所示,压力油从入口进入阀体,经节流口,再从出口流出。同时,压力油还通过平衡用孔道作用在滑轴的上腔,从而保证滑轴上下两腔液压力的平稳,并使阀芯顶杆端不致形成封闭油腔,从而使滑轴能轻便移动。调节手轮通过推杆可使滑轴上下移动从而使节流口通道大小发生变化,以调节通过阀腔流量的大小。弹簧可使阀芯始终压向顶杆。

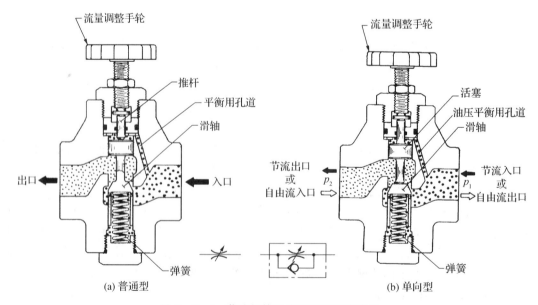

图 1-8-5 节流阀的工作原理及职能符号

8.3.2　单向节流阀（one-way throttle valve）

图1-8-5(b)所示为单向节流阀的工作原理和职能符号。油液正向流动时,从进油口进入,经滑轴和阀体之间的节流缝隙从出油口流出,此时单向阀不起作用。

当反向流动时,油液从反向进油口进入,靠油液的压力把滑轴压下,使油液通过,从油口流出。这时,此阀只起通道作用而不起节流调速作用,节流缝隙的大小可通过手轮进行调节。平衡用通道将高压油液引到活塞的上端,使其与活塞下部的油压相互平衡,便于在高压下进行调节。

8.3.3　节流阀流量稳定性的影响因素

影响因素主要有以下几点:

(1)节流口的堵塞

节流阀节流口由于开度较小,易被油液中的杂质影响发生局部堵塞。这样就使节流阀的通流面积变小,流量也随之发生改变。

(2)温度的影响

液压油的温度影响到油液的黏度,黏度增大,流量变小,黏度减小,流量变大。

(3)输入输出口的压差

节流阀两端的压差和通过它的流量有固定的比例关系。压差越大,流量越大;压差越小,流量越小。

以上的影响,验证了节流孔流量公式。因此,节流阀只适用于执行元件负载变化较小,速度稳定性要求不高的场合,常与定量泵、溢流阀一起组成节流调速回路。对于执行元件负载变化大、对速度稳定性要求高的节流调速系统,必须使用流量稳定性好的调速阀。

8.3.4　节流阀的应用

(1)节流调速

如图1-8-6(a)所示,当节流阀前后压差一定时,改变节流面积可改变流经节流阀的流量

(2)负载阻尼调速

如图1-8-6(b)所示,当流量一定时,改变节流面积可改变阀前后压力差。

(3)压力缓冲作用

如图1-8-6(c)所示,当流量等于零时,安装节流元件可延缓压力突变的影响。

节流阀在工作过程中,虽然阀前的液压力由溢流阀保持恒定,但随着执行元件的负载变化,节流阀出口的液压力就产生变化,因此其刚性差。在节流开口一定的条件下通过它的工作流量受工作负载(即其出口压力)变化的影响,进入执行元件的流量就时大时小,不能保持执行元件运动速度的稳定。因此仅适用于负载变化不大和速度稳定性要求不高的场合。由于工作负载的变化很难避免,在对执行元件速度稳定性要求较高的场合,采用节流阀调速不能满足要求。

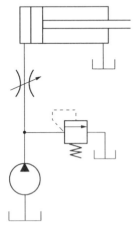

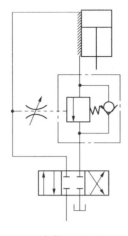

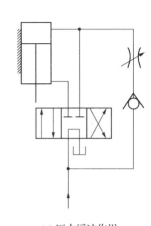

(a) 节流调速 (b) 负载阻尼调速 (c) 压力缓冲作用

图 1‐8‐6 节流阀的作用

8.3.5 节流阀常见故障原因排除

1. 节流作用失灵或调节范围不大的原因及其排除方法

(1) 阀芯与孔的间隙大,造成泄漏,使调节不起作用:应更换或修复磨损零件。

(2) 节流口阻塞或阀芯卡住:一般通过精洗和换油基本可以解决。

(3) 节流阀结构不良:应选用节流特性好的节流阀。

(4) 密封件损坏:应更换密封件。

2. 运动速度不稳定(如逐渐减慢、突然增大和跳动等)的原因及其排除方法

(1) 油口杂质堆积和黏附在节流口边上,使通流截面减小,速度减慢:应清洗元件,更换液压油。

(2) 节流阀性能差,由于振动使节流口变化:应增加节流锁紧装置。

(3) 节流阀内部或外部泄漏:应检查零件精度和配合间隙,修正或更换超差的零件。

(4) 因负载的变化使速度突变:要改换调整阀。

(5) 油温随工作时间的增长而升高,油的黏度降低,使速度逐步减慢:最妥当的办法是在油温稳定后,再调节节流阀或增加散热装置,以降低温度。

(6) 系统中存在大量空气:应排除空气。

(7) 阻尼装置阻塞:应清洗元件,保持油液清洁。

8.4 调速阀(flow control valve)

调速阀和节流阀在液压系统中的应用基本相同,主要与定量泵、溢流阀组成节流调速系统。调节节流阀的开口面积,便可调节执行元件的运动速度。节流阀适用于一般的节流调速系统,而调速阀适用于执行元件负载变化大而运动速度要求稳定的系统中,也可用于容积节流调速回路中。

为了避免负载变化对执行元件速度的影响,可采用能保持节流阀前后压力差恒定不变的流量阀,即调速阀。调速阀是根据"流量负反馈"原理设计而成的流量阀。

油温的变化也必然会引起油液黏度的变化,从而导致通过节流阀的流量发生改变,为了减小温度的变化对流量的影响,出现了温度补偿调速阀。

8.4.1　结构

图1-8-7为调速阀的外形图和结构示意图。它由减压阀和节流阀串联而成。节流阀用来调节通过的流量,减压阀则自动补偿负载变化的影响,使节流阀前后的压差为定值,从而消除负载变化对流量的影响。

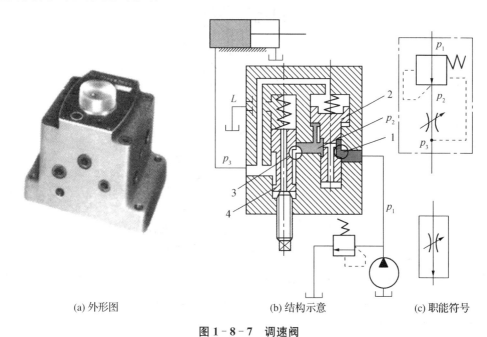

(a) 外形图　　　　　　　　(b) 结构示意　　　　　　(c) 职能符号

图1-8-7　调速阀

8.4.2　定速原理

如图1-8-7(b)所示,减压阀与节流阀串联,减压阀左右两腔分别与节流阀进出口相通。减压阀的进口压力 p_1 由溢流阀调定,油液经减压阀后出口压力为 p_2,此为节流阀的进口压力。节流阀的出口压力为 p_3,它由负载F决定。

若F增大,使 p_3 增大,减压阀芯弹簧腔液压作用力也增大,阀芯上移,阀口开度3加大,使 p_2 增大,结果 p_2 和 p_3 的压差基本保持不变。

反之当F减小时,使 p_3 也减小,减压阀芯弹簧腔液压作用力也减小,阀芯下移,阀口开度3减小,使 p_2 减小,结果 p_2 和 p_3 的压差同时基本保持不变。

通过以上作用过程从而保证通过调速阀的流量保持恒定。

8.4.3 工作原理

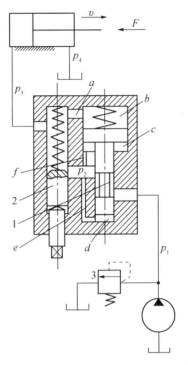

1-减压阀阀芯;2-节流阀阀芯;3-溢流阀

图 1-8-8 调速阀的工作原理图

如图 1-8-8 所示为调速阀的工作原理图。因为减压阀阀芯上端油腔 b 的有效作用面积 A 与下端油腔 c 和 d 的有效作用面积相等,所以在稳定工作时,不计阀芯的自重及摩擦力的影响,减压阀阀芯上的力平衡方程为

$$p_2 A = p_3 A + F_簧 \quad 或 \quad p_2 - p_3 = F_簧 / A$$

式中,p_2 为节流阀前(即减压阀后)的油液压力,单位是 Pa;p_3 为节流阀后的油液的压力,单位是 Pa;$F_簧$ 为减压阀弹簧的弹簧作用力,单位是 N;A 为减压阀阀芯大端有效作用面积,单位是 m^2。

因为减压阀阀芯弹簧很软(刚度很低),当阀芯上下移动时其弹簧作用力 $F_簧$ 变化不大,所以节流阀前后的压力差 $\Delta p = p_2 - p_3$ 基本上不变,为一常量。也就是说当负载变化时,通过调速阀的油液流量基本不变,液压系统执行元件的运动速度保持稳定。

8.4.4 调速阀的结构

图 1-8-9 是调速阀的结构图。调速阀由阀体 3、减压阀阀芯 7、减压阀弹簧 6、节流阀阀芯 4,节流阀弹簧 5、调节杆 2 和调速阀手柄 1 等组成。转动调速手柄通过调节杆可使节流阀阀芯轴向移动,调节所需的流量。

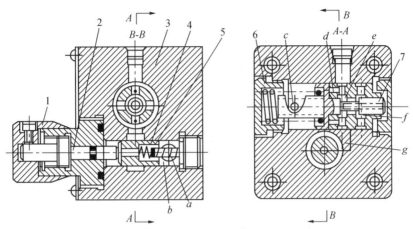

1—调速阀手柄；2—调节杆；3—阀体；4—节流阀阀芯；
5—节流阀弹簧；6—减压阀弹簧；7—减压阀阀芯

图 1‐8‐9　调速阀的结构

8.4.5　特点

（1）负载特性好，适合速度精度要求高的场合。

（2）温度变化对流量仍有影响。

其他常用的调速阀还有与单向阀组合成的单向调速阀和可减小温度变化对流量稳定性影响的温度补偿调速阀等。

8.5　行程减速阀

液压执行元件在非工作行程时需快速进给以节省时间，提高效率，而在工作行程时又需要降低进给速度，保证操作的精度。此时就需要行程减速阀，如图 1‐8‐10 所示。

可见，行程减速阀的作用就是精确保证执行元件运动到规定行程时速度变化。

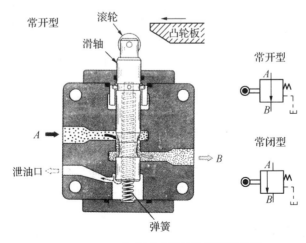

图 1‐8‐10　行程减速阀结构及职能符号

它主要用于机床快进-工进-快退的场合,如图1-8-11所示。

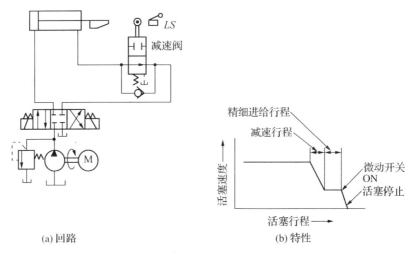

(a) 回路　　　　　　　　　　　(b) 特性

图1-8-11　行程减速阀的应用

8.6　流量阀常见故障及排除

流量阀常见故障及排除见表1-8-1。

表1-8-1　流量阀常见故障及排除

故　障	原　因	排除方法
节流作用失灵及调速范围不大	节流阀和孔的间隙过大,有泄漏以及系统内部泄漏	检查泄漏部位零件,修复、更换,注意结合处的油封情况
	节流孔阻塞或阀芯卡住	拆开清洗,更换新油液
运动速度不稳定	油中杂质堆积和黏附在节流口上,减小通流截面,速度减慢	清洗元件,更换液压油
	节流阀性能变差,低速运动时由于振动使调节位置变化	增加节流连锁装置
	节流阀内、外部泄漏	检查、修配或更换相关零件
	在简式节流阀中,系统载荷变化使速度不稳定	检查相关部件的作用以及阀的控制
	油温升高,油液的黏度降低	增加节流阀或增加散热装置
	阻尼装置阻塞,系统中有空气	清洗零件,增设排气阀,保持油液清洁

8.7　速度控制回路

有了流量控制阀,还必须组成回路才能实现工作台的速度控制。常见速度控制回路有以下几大类型，如图1-8-12所示。

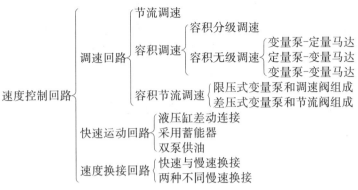

图1-8-12　速度控制回路的类型

8.7.1　调速回路（governing circuit）

调速回路的作用是调节执行元件的工作速度。对于液压缸，只能靠改变输入流量来调速；对于液压马达，靠改变输入流量或马达排量均可达到调速目的。改变流量的方法可使用流量阀或变量泵，改变排量可使用变量马达。因此，常用的调速回路有节流调速、容积调速和容积节流调速三种。

1. 节流调速回路（throttle governing circuit）

节流调速回路是采用定量泵和节流阀（调速阀）来调节进入液压缸或液压马达的流量，从而调节其速度的回路。按流量阀在油路中安装位置的不同可分为进油路节流调速回路、回油路节流调速回路、旁油路节流调速回路三种。

（1）进油路节流调速回路

如图1-8-13所示，节流阀串联在液压泵和液压缸之间，用它来控制进入液压缸的流量，达到调节液压缸运动速度的目的。定量泵多余的油液通过溢流阀回油箱。泵的出口压力 p_b 即为溢流阀的调整压力 p_s，并基本保持定值。

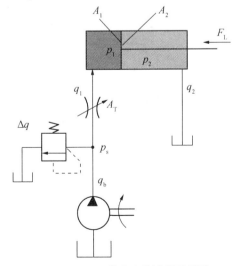

图1-8-13　进油路节流调速回路

（2）回油路节流调速回路

如图1-8-14所示，节流阀串联在液压缸的回油路上。用它来控制液压缸的排油量，也就控制了液压缸的进油量，达到调节液压缸运动速度的目的。定量泵多余的油液通过溢流阀回油箱。泵的出口压力即为溢流阀的调整压力，并基本保持定值。

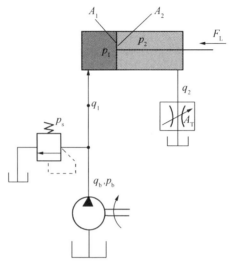

图1-8-14　回油路节流调速回路

进油路、回油路节流调速回路结构简单，价格低廉，但效率较低，只宜用在负载变化不大、低速、小功率场合，如某些机床的进给系统中。

为了提高回路的综合性能，一般常常采用进油节流阀调速，并在回油路上加背压阀，使其兼具二者的优点。

（3）旁油路节流调速回路

如图1-8-15所示，将节流阀装在与液压缸并联的支路上，节流阀调节了液压泵溢回

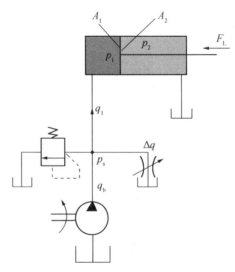

图1-8-15　旁路节流调速回路

油箱的流量,从而控制了进入液压缸的流量,达到调节液压缸运动速度的目的。此处溢流阀做安全阀用,泵的出口压力随负载的变化而变化。

旁油路节流调速回路的速度负载特性较软,低速承载能力差,故应用比前两种回路少。由于其效率相对较高,系统的功率可以比前两种稍大。

(4) 节流调速回路的比较

三种节流调速回路的性能比较见表 1-8-2。

表 1-8-2 三种节流调速回路性能比较

比较内容	调速方法		
	进油路节流调速	回油路节流调速	旁油路节流调速
主要参数	P_1、ΔP、P_2 等均随 F_L 的变化而变化,$P_2=0$,$P_b=P_s$ $=$const	P_1、ΔP、P_2 等均随 F_L 的变化而变化,$P_1=P_b=P_s$ $=$const	P_1、ΔP、P_2 等均随 F_L 的变化而变化,$P_1=P_b=P_s=$const
速度—负载特性	较软		更软,较少应用
最大承载能力	P_s 调定后,$F_{Lmax}=P_s A_1=$const,不随节流阀通流面积变化		F_{Lmax} 随节流阀通流面积增大而减小,低速时承载能力差
调速范围	较大,可达 100 以上		调速范围较小
系统输入功率	系统输入功率与负载和速度无关。低速时,功率损失较大,效率低		系统输入功率与负载成正比。低速高载时,功率损失较大,效率较低
发热及泄漏的影响	油液通过节流阀发热后进入液压缸,影响液压缸泄漏,从而影响活塞运动速度。泵的泄漏对性能无影响	油液通过节流阀发热后回油箱冷却,对液压缸泄漏影响小。泵的泄漏对性能无影响	油液通过节流阀发热后回油箱冷却,对液压缸泄漏无影响。泵的泄漏影响液压缸的运动速度
停车后启动冲击	停车后启动冲击小	停车后启动有冲击	
运动平稳性及承受负值负载的能力	平稳性较差,不能承受负值负载	平稳性较好,能承受负值负载	平稳性较差,不能承受负值负载
应　用	适用于轻载、负载变化小以及速度稳定性要求不高的小功率系统	适用于功率不大,但负载变化大、速度稳定性要求较高的系统	适用于负载变化小,对速度稳定性要求不高,高速、功率相对较大的系统

2. 容积调速回路(volume governing circuit)

容积调速回路是通过改变变量泵的排量来调节执行元件运动速度的回路。在容积调速回路中,液压泵输出的压力油直接进入液压缸,系统无溢流损失和节流损失,且供油压力随负载的变化而变化。因此,容积调速回路效率高、发热小,适用于工程、矿山、农业机械及大型机床等大功率液压系统。

调速回路的组成如图 1-8-16 所示。调节泵的流量即可调节执行元件的运动速度。

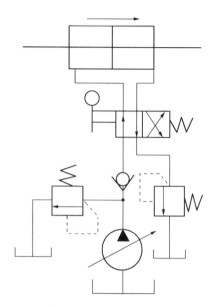

图 1-8-16 变量泵和定量执行元件组成的调速回路

3. 容积节流调速回路（volume throttle governing circuit）

容积节流调速回路是利用变量泵供油,用调速阀或节流阀(流量控制阀)改变进入液压缸的流量,以实现工作速度的调节。同时液压泵的供油量与液压缸所需的流量相适应,无溢流损失(但有一定的节流损失),所以,这种回路具有效率较高、低速稳定性好的特点。如图1-8-17所示。

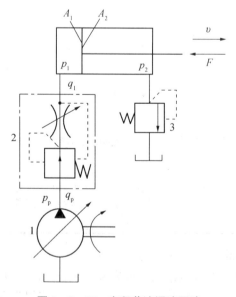

图 1-8-17 容积节流调速回路

这种回路的特点是:由于没有多余的油液溢回油箱,所以它的效率比节流调速回路高,发热少。同时,由于采用了调速阀,其速度稳定性也比单纯的容积调速回路好。

8.7.2 快速运动回路（rapid movement circuit）

在工作部件的工作循环中,往往只有部分工作时间要求有较高的速度。例如,机床的快进→工进→快退的自动工作循环。在快进和快退时,负载轻,要求压力低,流量大;工作进给时,负载大,速度低,要求压力高,流量小。在这种情况下,若用一个定量泵向系统供油,则慢速运动时将使液压泵输出的大部分流量从溢流阀回油箱,造成较大功率损失,并使油温升高。为了克服低速运动时出现的问题,又满足快速运动的要求,可在系统中设置快速运动回路。快速运动回路的功用在于使执行元件获得尽可能大的工作速度,以提高劳动生产率并使功率得到合理的利用。实现执行元件快速运动的方法主要有三种:① 增加输入执行元件中的流量;② 减小执行元件在快速运动时的有效工作面积;③ 将以上两种方法联合使用。

常见的快速运动回路有液压缸差动连接的快速运动回路、采用蓄能器的快速运动回路和双泵供油的快速运动回路。

1. 液压缸差动连接的快速运动回路

如图 1-8-18 所示,换向阀 2 处于原位时,液压泵 1 输出的液压油同时与液压缸 3 的左右两腔相通,两腔压力相等。由于液压缸无杆腔的有效面积 A_1 大于有杆腔的有效面积 A_2,使活塞受到的向右作用力大于向左的作用力,导致活塞向右运动。于是无杆腔排出的油液与泵 1 输出的油液合流进入无杆腔,亦即相当于在不增加泵的流量的前提下增加了供给无杆腔的油液量,使活塞快速向右运动。这种回路比较简单也比较经济,但液压缸的速度加快有限,差动连接与非差动连接的速度之比为 $\dfrac{v_1}{v_2} = \dfrac{A_1}{(A_1 - A_2)}$,有时仍不能满足快速运动的要求,常常要求和其他方法(如限压式变量泵)联合使用。值得注意的是:在差动回路中,泵的流量和液压缸有杆腔排出的流量合在一起流过的阀和管路应按合流流量来选择其规格,否则会产生较大的压力损失,增加功率消耗。

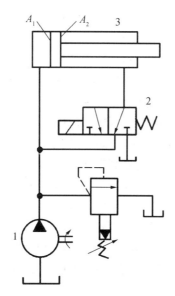

图 1-8-18 液压缸差动连接的快速运动回路

此回路简单经济,可满足很多机器设备工作要求,差动连接常用于空载时。

2. 采用蓄能器的快速运动回路

图 1-8-19 所示为采用蓄能器供油以实现快速运动的回路。当停止工作时,换向阀处于中位,液压泵经单向阀 3 向蓄能器 1 充油;当蓄能器油压达到预定值时,卸荷阀 2 被打开,液压泵卸荷。当系统重新工作时,蓄能器和液压泵同时向液压缸供油,实现快速运动。

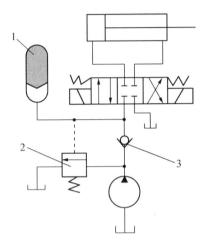

图 1-8-19　蓄能器供油快速运动回路

这种回路可以用较小流量的液压泵来获得快速运动,主要用于短期需要大流量的场合。

3. 双泵供油的快速运动回路

如图 1-8-20 所示,由低压大流量泵 1 和高压小流量泵 2 组成的双联泵作为动力源。外控顺序阀 5 和溢流阀 3 分别设定双泵供油和小泵 2 单独供油时系统的最高工作压力。当换向阀 6 处于图示位置,并且由于外负载很小,使系统压力低于顺序阀 5 的调定压力时,两个泵同时向系统供油,活塞快速向右运动;当换向阀 6 的电磁铁通电,右位工作,液压缸有杆腔经节流阀 7 回油箱,当系统压力达到或超过溢流阀 3 的调定压力,大流量泵 1 通过阀 3 卸荷,单向阀 4 自动关闭,只有小流量泵 2 单独向系统供油,活塞慢速向右运动,小流量泵 2 的最高工作压力由外控顺序阀 5 调定。这里应注意,溢流阀 3 的调定压力至少应比外控顺序阀 5 的调定压力低 10%

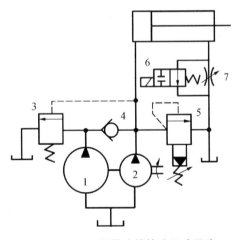

图 1-8-20　双泵供油的快速运动回路

～20%。大流量泵 1 的卸荷减少了动力消耗,回路效率较高。

双泵供油快速运动回路效率高,功率利用合理,快慢换接平稳,常用在执行元件快进和工进速度相差较大的场合,特别是在组合机床液压系统中得到了广泛的应用。

8.7.3 速度换接回路(speed transition circuit)

速度换接回路的功用是:使执行元件在一个工作循环中,从一种运动速度变换到另一种运动速度。

1. 快速与慢速的换接回路

图 1 - 8 - 21 所示为用行程阀的快慢速换接回路。

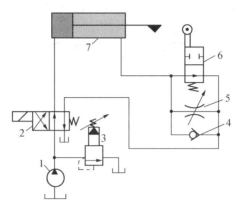

图 1 - 8 - 21 用行程阀的快慢速换接回路

在图示状态下,活塞快进,当活塞杆上的挡块压下行程阀 6 时,缸右腔油液经节流阀 5 流回油箱,活塞转为慢速工进;当换向阀 2 左位接入回路时,活塞快速返回。此回路的优点是速度换接过程比较平稳,换接点的位置精度高,缺点是行程阀的安装位置不能任意布置。若将行程阀改为电磁阀,通过挡块压下电气行程开关来操纵,则其平稳性和换接精度均不如行程阀好。

2. 两种不同慢速的换接回路

图 1 - 8 - 22(a)中两调速阀并联,由换向阀 C 换接,两调速阀各自独立调节流量,互不影响;但一个调速阀工作时,另一个调速阀无油通过,其定差减压阀居最大开口位置,速度换接时大量油液通过该处使执行元件突然前冲。因此,它不宜用于"在加工过程中实现速度换接",只能用于速度预选的场合。

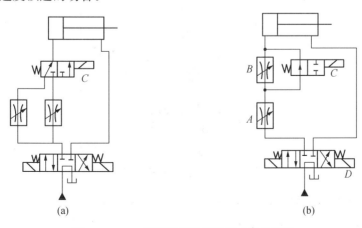

(a)   (b)

图 1 - 8 - 22 用两种调速阀的速度换接回路

图(b)中两调速阀串联,且调速阀 B 的流量调得比 A 小,从而实现两种慢速的换接。此回路的速度换接平稳性好。

8.7.4 容积式同步回路(synchronizing circuit)

1. 同步泵的同步回路

图 1-8-23 用两个同轴等排量的泵分别向两缸供油,实现两缸同步运动。正常工作时,两换向阀应同时动作;在需要消除端点误差时,两阀也可以单独动作。

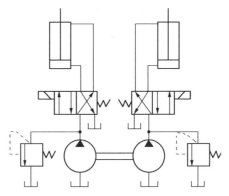

图 1-8-23　同步泵的同步回路

2. 同步缸的同步回路

图 1-8-24 同步缸 3 由两个尺寸相同的双杆缸连接而成,当同步缸的活塞左移时,油腔 a 与 b 中的油液使缸 1 与缸 2 同步上升。若缸 1 的活塞先到达终点,则油腔 a 的余油经单向阀 4 和安全阀 5 排回油箱,油腔 b 的油继续进入缸 2 下腔,使之到达终点。同理,若缸 2 的活塞先达终点,也可使缸 1 的活塞相继到达终点。

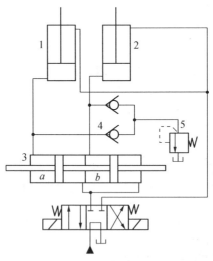

图 1-8-24　同步缸的同步回路

3. 带补偿装置的串联缸同步回路

图 1-8-25 中 1 缸的有杆腔 A 的有效面积与缸 2 的无杆腔 B 的面积相等。当三位四

通右位工作时两缸下行,若缸1活塞先到底,将触动行程开关 a 使阀5得电,压力油经阀5和液控单向阀3向缸2的 B 腔补油,使活塞继续下降到底。若缸2活塞先到底,则触动行程开关 b 使阀4得电,控制压力油经阀4打开液控单向阀3,缸1下腔油液经液控单向阀3及阀5回油箱,其活塞继续下降到底。(不能实现双向补偿)

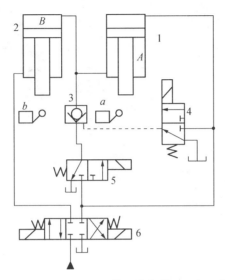

图 1-8-25　带补偿装置的串联缸同步回路

四、实操

1. 拆装下图 1-8-26 所示单向节流阀

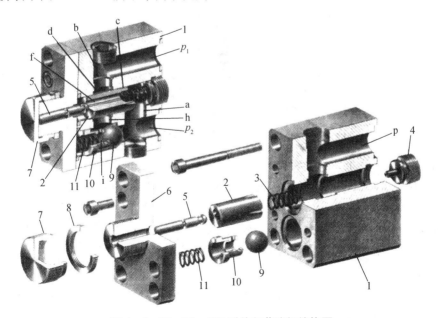

图 1-8-26　LI-63B 型单向节流阀结构图

2. 拆装下图 1-8-27 所示调速阀

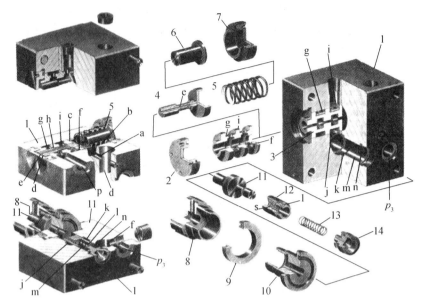

图 1-8-27 Q-25B 型调速阀

3. 在实验台上搭接机床工作台速度控制回路

4. 在液压实验台上连接液压起重机(如图 1-8-28 所示)液压控制系统

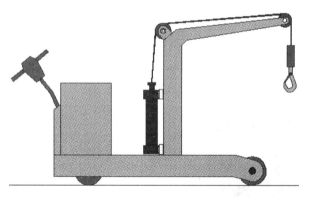

图 1-8-28 液压起重机外观图

(1) 问题描述:

通过液压起重机可将不同重量压头插入到压模中,双作用液压缸通过滑轮及钢丝绳用于抬升和降下负载。在液压起重机工作期间,液压缸活塞杆伸出时降下负载,但活塞杆的伸出速度明显过高,为降低该速度,应给出解决方案。这里有两种方案,一种为出口节流控制方式,另一种为采用背压阀方式。请选择合适方案,并陈述理由。

(2) 解决方案:

如果选择出口节流方式,则应记住,液压缸、可调单向节流阀和管接头应适应增压现象。如果选择背压阀方式,即进油口节流调速加背压阀的回路,则负载由液压缸夹紧,在这种情况下,因通过调节背压阀可使工作压力与负载相适应,因此,无增压现象发生。当液压缸活塞杆回缩时,为了提供旁通油路,应安装单向阀。

(3)液压回路如图 1-8-29 所示:

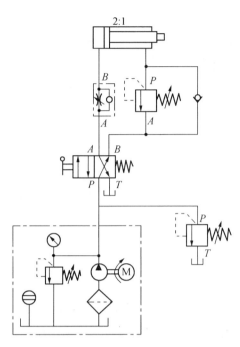

图 1-8-29　液压起重机液压系统

(4)注意事项:

此例主要考察调速回路的应用。若采用进口节流方式则不能将其用于控制拉力负载的情况,由于负载使工作油液从有杆腔流出比工作油液流入无杆腔快,因此,将在无杆腔内产生真空。

先进控制阀

【主要能力指标】

掌握电液比例阀、叠加阀、插装阀及伺服阀的主要性能及其应用场合；
了解电液比例阀、叠加阀、插装阀及伺服阀的原理、结构。

【相关能力指标】

养成独立工作的习惯，能够正确判断和选择；
能够与他人友好协作，顺利完成任务；
能够严格按照操作规程，安全文明操作。

一、任务引入

在工程实践中，除了我们介绍过的三大基本类型阀以外，还会见到许多先进的控制阀，如下图1-9-1所示。

二、任务分析

图1-9-1分别展示了四种先进的控制阀，分别是比例阀、叠加阀、插装阀及伺服阀。那么这些阀它们的先进性体现在哪，它的原理如何，又是如何使用的呢？

图 1-9-1 各种先进的控制阀

三、知识学习

9.1 电液比例阀（electro-hydraulic proportional valve）

9.1.1 概述

比例控制阀是一种使输出液体参数（压力、流量和方向）随输入电信号参数（电流、电压）成比例变化的液压元件。它可以根据输入电信号的大小连续成比例地对油液的压力、流量、方向实现远距离控制、计算机控制。

在普通液压阀上用电-机械转换器取代原有的控制部分，即成为比例阀。因此比例控制阀由比例调节机构和液压阀两部分组成。

比例阀种类很多，几乎所有种类、功能的普通液压阀都有相应种类、功能的电液比例阀。根据所控制参数不同可分为：比例压力阀、比例流量阀、比例方向阀；按所控制参数的数量可分单参数控制阀和多参数控制阀。

9.1.2 特点

（1）能实现自动控制、远程控制和程序控制。
（2）能把电的快速、灵活等优点与液压传动功率大等特点结合起来。

（3）能连续地、按比例地控制执行元件的力、速度和方向，并能防止压力或速度变化及换向时的冲击现象。

（4）简化了系统，减少了元件的使用量。

（5）制造简便，价格比伺服阀低廉，但比普通液压阀高。由于在输入信号与比例阀之间需设置直流比例放大器，相应增加了投资费用。

（6）使用条件、保养和维护与普通液压阀相同，抗污染性能好。

（7）具有优良的静态性能和适当的动态性能，动态性能虽比伺服阀低，但已经可以满足一般工业控制的要求。

（8）效率比伺服阀高。

（9）主要用于开环系统，也可组成闭环系统。

9.1.3 电-机械转换器（electromechanical transducer）

目前比例阀上采用的电-机械转换器主要有比例电磁铁、动圈式力马达、力矩马达、伺服电机和步进电机等五种形式。

1. 比例电磁铁（proportional solenoid）

比例电磁铁是一种直流电磁铁，但和普通电磁换向阀所用的电磁铁不同。普通电磁换向阀所用的电磁铁只要求有吸合和断开两个位置，并且为了增加吸力，在吸合时磁路中几乎没有气隙。而比例电磁铁则要求吸力（或位移）和输入电流成比例，并在衔铁的全部工作位置上，磁路中保持一定的气隙。按比例电磁铁输出位移的形式，有单向移动式和双向移动式之分。如图 1-9-2 所示。

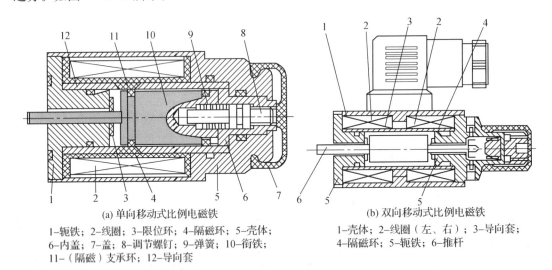

(a) 单向移动式比例电磁铁

1—轭铁；2—线圈；3—限位环；4—隔磁环；5—壳体；
6—内盖；7—盖；8—调节螺钉；9—弹簧；10—衔铁；
11—（隔磁）支承环；12—导向套

(b) 双向移动式比例电磁铁

1—壳体；2—线圈（左、右）；3—导向套；
4—隔磁环；5—轭铁；6—推杆

图 1-9-2 比例电磁铁

在单向移动式比例电磁铁图中，线圈 2 通电后形成的磁路经壳体 5、导向套 12 的右段、衔铁 10 后，分成两路：一路由导向套 12 左段的锥端到轭铁 1 而产生斜面吸力；另一路直接由衔铁 10 的左端面到轭铁 1 而产生表面吸力。其合力即为比例电磁铁的输出力（吸力）。

双向移动式比例电磁铁由两个单向直流比例电磁铁相对组合而成。在壳体 1 内对称地安放两对线圈：一对为激磁线圈，它们极性相反，互相串联或并联，由一恒流电源供给恒定的激磁电流,在磁路内形成初始磁通 Φ1、Φ2;另一对线圈为控制线圈,它们极性相同,互相串联。仅有激磁电流时,左右两端的电磁吸力大小相等、方向相反,衔铁处于平衡状态,输出力为零。当控制电流流过时,两控制线圈分别在左右两半环形磁路内产生极性相同、大小相等的控制磁通 Φ_c 和 Φ_c'。它们与原有初始磁通叠加,在左右工作气隙内产生差动效应,形成了与控制电流方向和大小相对应的输出力。

2. 动圈式力马达(moving-coil force motor)

图 1-9-3 所示的动圈式力马达也是一种移动式电-机械转换器,其运动件不是衔铁,而是线圈。当线圈 4 中通入控制电流时,线圈在磁场中受力而移动。此力的方向由电流方向及固定磁通方向按左手定则来确定。力的大小与磁场强度及电流大小成正比。

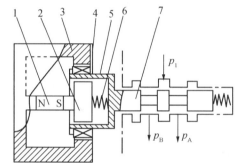

1-永久磁铁;2-内导磁体;3-外导磁体;4-可动控制线圈;
5-线圈骨架;6-对中弹簧;7-滑阀阀芯

图 1-9-3　动圈式力马达

动圈式力马达的特点是:线性行程范围大(±2～4 mm),滞环小,可动质量小,工作频率较宽,结构简单,所以应用较广泛。其缺点是:如果采用湿式方案,动圈受油的阻尼较大,影响工作频宽。因此,动圈式力马达更适合作为气动比例元件或伺服元件的电-机械转换器。

3. 力矩马达(torque motor)

图 1-9-4 所示为动铁式永磁力矩马达。它由上下两块导磁体、左右两块永久磁铁、带

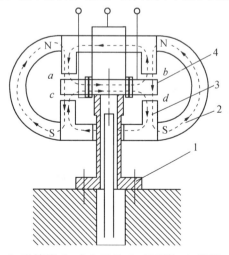

1-弹簧管;2-永久磁铁;3-导磁体;4-衔铁

图 1-9-4　力矩马达

扭轴(弹簧管)的衔铁及套在衔铁上的两个控制线圈所组成。衔铁悬挂在扭轴上,它可以绕扭轴在 a、b、c、d 四个气隙中摆动。当线圈控制电流为零时,四个气隙中均有永久磁铁所产生的固定磁场的磁通,因此作用在衔铁上的吸力相等,衔铁处于中位平衡状态。通入控制电流后,所产生的控制磁通与固定磁通叠加,在两个气隙中(例如,气隙 a 和 b)磁通增大,在另两个气隙中(例如,气隙 b 和 c)磁通减少,因此作用在衔铁上的吸力失去平衡,产生力矩而使衔铁偏转。当作用在衔铁上的电磁力矩与扭轴的弹性变形力矩及外负载力矩平衡时,衔铁在某一扭转位置上处于平衡状态。

力矩马达是一种输出力矩或转矩的电-机械转换器,其输出力矩较小,适合控制喷嘴挡板之类的先导级阀。力矩马达的主要优点是:自振频率高,功率/重量比大,抗加速度零漂性能好;其缺点是:限于气隙的形式,其工作行程很小(一般小于 $0.2\ \mathrm{mm}$),制造精度要求高,价格贵。抗干扰能力也不如动圈式力马达和动铁式比例电磁铁。

4. 伺服电机(servo motor)

伺服电机是可以连续旋转的电-机械转换器。作为液压阀控制器的伺服电机,属于功率很小的微特电机,以永磁式直流伺服电机和并激式直流伺服电机最为常见。直流伺服电机的输出转速与输入电压成正比,并能实现正反向速度控制。其具有起动转矩大,调速范围宽,机械特性和调节特性的线性度好,控制方便等优点,但换向电刷的磨损和易产生火花会影响其使用寿命。近年来出现的无刷直流伺服电机避免了电刷摩擦和换向干扰,因此灵敏度高,死区小,噪声低,寿命长,对周围的电子设备干扰小。

5. 步进电机(stepper motor)

步进电机是一种数字式旋转运动的电-机械转换器,它可将脉冲信号转换为相应的角位移。每输入一个脉冲信号,电机就转过一个步距角,其转角与输入的数字式信号脉冲数成正比,转速随输入的脉冲频率而变化。当输入反向脉冲时,步进电机将反向旋转。由于它直接用数字量控制,不必经过数/模转换,就能与计算机联用,控制方便,调速范围宽,位置精度较高(误差小于步距角),工作时的步数不易受电压波动和负载变化的影响。

步进电机可分为反应式、永磁式和感应式,其中反应式结构简单,应用较普遍。

每输入一个脉冲信号对应的步进电机转角称为步距角。步距角越小,则驱动电源和电机结构越复杂。常见的步距角为 $0.375°$、$0.75°$、$1.5°$、$3°$。

步进电机需要专门的驱动电源,一般包括变频信号源、脉冲分配器和功率放大器。

9.1.4 比例压力阀(proportional pressure valve)

比例压力阀按用途不同,有比例溢流阀、比例减压阀和比例顺序阀之分。按结构特点不同,则有直动型比例压力阀和先导型比例压力阀之别。

先导型比例压力阀包括主阀和先导阀两部分。其主阀部分与普通压力阀相同,而其先导阀本身实际就是直动型比例压力阀,它是以电-机械转换器(比例电磁铁、伺服电机或步进电机)代替普通直动型压力阀上的手动机构而成。

1. 直动型比例压力阀(directly operated proportional pressure valve)

图 1-9-5 所示为直动锥阀式比例压力阀。比例电磁铁 1 通电后产生吸力经推杆 2 和传力弹簧 3 作用在锥阀上,当锥阀底面的液压力大于电磁吸力时,锥阀被顶开,溢流。连续地改变控制电流的大小,即可连续地按比例地控制锥阀的开启压力。

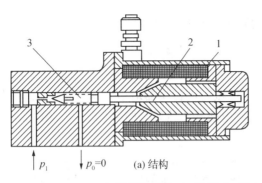

p_1 $p_0=0$ (a)结构 (b)符号

1-比例电磁铁；2-推杆；3-传力弹簧

图 1-9-5 直动锥阀式比例压力阀

直动型比例压力阀可作为比例先导压力阀用,也可作远程调压阀用。

2. 先导锥阀式比例溢流阀(pilot-cone type proportional relief valve)

图 1-9-6 所示的比例溢流阀,其下部为与普通溢流阀相同的主阀,上部则为比例先导压力阀。该阀还附有一个手动调整的先导阀 9,用以限制比例溢流阀的最高压力,以避免因电子仪器发生故障使得控制电流过大,压力超过系统允许最大压力的可能性。

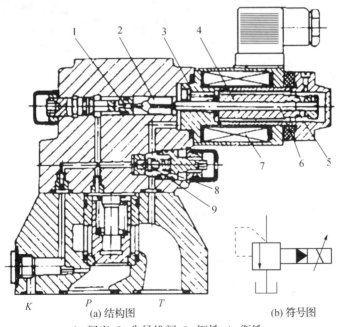

K P T (a)结构图 (b)符号图

1-阀座；2-先导锥阀；3-轭铁；4-衔铁；
5-弹簧；6-推杆；7-线圈；8-弹簧；9-先导阀

图 1-9-6 先导锥阀式比例溢流阀

如将比例先导压力阀的回油及先导阀 9 的回油都与主阀回油分开,则图示比例溢流阀可作比例顺序阀使用。

9.1.5 比例流量阀（proportional flow valve）

比例流量阀分比例节流阀和比例调速阀两大类。

1. 比例节流阀（proportional throttle valve）

在普通节流阀的基础上，利用电、机械比例转换器对节流阀口进行控制，即成为比例节流阀。对移动式节流阀而言，利用比例电磁铁来推动；对旋转式节流阀而言，采用伺服电机经减速后来驱动。

2. 比例调速阀（proportional flow regulator）

图1-9-7所示为比例调速阀。比例电磁铁1的输出力作用在节流阀芯2上，与弹簧力、液动力、摩擦力相平衡，对一定的控制电流，对应一定的节流开度。通过改变输入电流的大小，即可改变通过调速阀的流量。

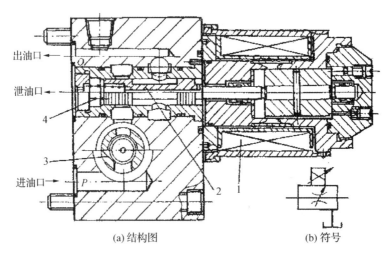

(a) 结构图　　　　　　　　　(b) 符号

1-比例电磁铁；2-节流阀芯；3-定差减压阀；4-弹簧

图1-9-7　比例调速阀

9.1.6 比例方向流量阀（proportional direction flow valve）

比例方向流量阀不仅用来改变液流方向，而且可以控制流量的大小。这种阀又分为比例方向节流阀和比例方向调速阀两类。

1. 比例方向节流阀（proportional direction throttle valve）

（1）直控型比例方向节流阀

以比例电磁铁（或步进电机等电-机械转换器）取代普通电磁换向阀中的电磁铁，即可构成直控型比例方向节流阀。当输入控制电流后，比例电磁铁的输出力与弹簧力平衡。滑阀开口量的大小与输入的电信号成比例。当控制电流输入另一端的比例电磁铁时，即可实现液流换向。显然，比例方向节流阀既可改变液流方向，还可控制流量的大小。它相当于一个比例节流阀加换向阀。它可以有多种滑阀机能，既可以是三位阀，也可以是二位阀。

直控型比例方向节流阀只适用于通径为10 mm以下的小流量场合。

（2）先导型比例方向节流阀

图1-9-8所示为先导型比例方向节流阀。它由先导阀（双向比例减压阀）和主阀（液动双向比例节流阀）两部分组成。

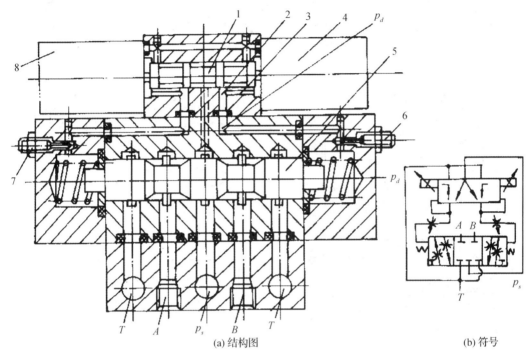

(a) 结构图　　　　　　　　　　　　　　　　　(b) 符号

1-比例减压阀阀芯；2、3-流道；4、8-比例电磁铁；5-主阀芯；6、7-阻尼螺钉

图1-9-8　先导型比例方向节流阀

在先导阀中由两个比例电磁铁4、8分别控制双向比例减压阀阀芯1的位移。当比例电磁铁8得到电流信号I_1，其电磁吸力F_1使阀芯1右移，于是供油压力（一次压力）p_s经阀芯中部右台肩与阀体孔之间形成的减压口减压，在流道2得到控制压力（二次压力）p_c，p_c经流道3反馈作用到阀芯1的右端面（阀芯1的左端面通回油p_d），于是形成一个与电磁吸力F_1方向相反的液压力。当液压力与F_1相等时，阀芯1停止运动，而处于某一平衡位置，控制压力p_c保持某一相应的稳定值。显然，控制压力p_c的大小与供油压力p_s无关，仅与比例电磁铁的电磁吸力F_1成比例，即与电流I_1成比例。同理，当比例电磁铁4得到电流信号I_2时，阀芯1左移，得到与I_2成比例的控制压力p'_c。

其主阀与普通液动换向阀相同。当先导阀输出的控制压力p_c经阻尼螺钉6构成的阻尼孔缓冲后，作用在主阀芯5的右端面时，液压力克服左端弹簧力使主阀芯5左移（左端弹簧腔通回油p_d），连通油口P、B和A、T。随着弹簧力与液压力平衡，主阀芯5停止运动而处于某一平衡位置。此时，各油口的节流开口长度取决于p_c，即取决于输入电流I_1的大小。如果节流口前后压差不变，则比例方向节流阀的输出流量与其输入电流I_1成比例。当比例电磁铁4输入电流I_2时，主阀芯5右移，油路反向，接通P、A和B、T。输出的流量与输入电流I_2成比例。

综上所述，改变比例电磁铁4、8的输出电流，不仅可以改变比例方向节流阀的液流方向,而且可以控制各油口的输出流量。

2. 比例方向调速阀(proportional direction flow regulator)

事实上,上述比例方向节流阀的输出流量,除了与输入电流有关外,还受外负载变化的影响。当输入电流一定时,为了使输出流量不受负载压力变化的影响,必须在主阀阀口加设压力补偿机构(定差减压阀或溢流阀),以构成比例方向调速阀。图1-9-9(a)为减压型比例方向调速阀,图1-9-9(b)为溢流型比例方向调速阀。

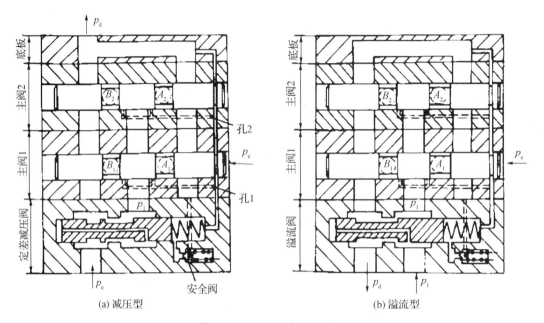

(a) 减压型   (b) 溢流型

图 1-9-9 比例方向调速阀

9.1.7 比例阀的应用

1. 压力控制

设有一液压系统,工作中需要三种压力,用普通液压阀组成的回路如图1-9-10(b)所示。为了得到三级压力,压力控制部分需要一个三位四通换向阀和两个远程调压阀。

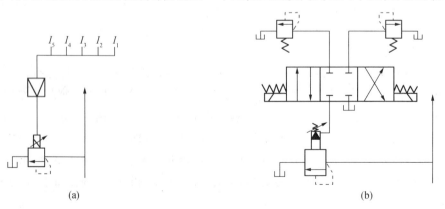

(a)   (b)

图 1-9-10 电液比例溢流阀的应用

对于同样功能的回路,利用比例溢流阀可以实现多级压力控制,如图1-9-10(a)所示。当以不同的信号电流输入时,即可获得多级压力控制,减少了阀的数量和简化了回路结构。若输入为连续变化的信号时,则可实现连续、无级压力调节,这就可以避免压力冲击,因而对系统的性能也有改善。

2. 流量控制

设有一回路,液压缸的速度需要三个速度段。用普通阀组成时如图1-9-11(a)所示。对于同样功能的回路,若采用比例节流阀,则可简化回路结构,减少阀的数量,且三个速度段从有级切换可变成无级切换,如图1-9-11(b)所示。

可以看出用全液压控制还是电液结合控制要根据实际的需要来定,各有优缺点。

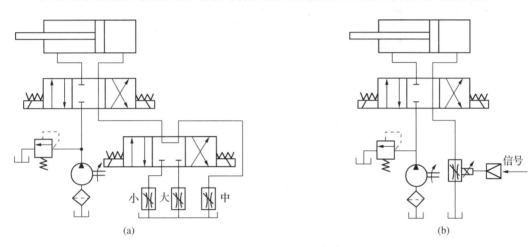

图1-9-11　电液比例节流阀的应用

上面所举的两个例子是比例阀用于开环控制的情况。比例阀还可用于闭环控制,此时,可将反馈信号加于电控制器,控制比例电磁铁,可进一步提高控制质量。

9.2　叠加阀(modular valve)

叠加阀式是液压装置集成化的另一种方式,它是在板式集成化的基础上发展起来的新型液压元件。叠加阀互相直接连接而成,由叠加阀组成的液压装置如图1-9-12所示。

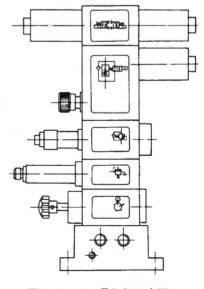

图1-9-12　叠加阀示意图

1. 结构

叠加阀液压装置一般在最下面为底板,在底板上有进油口、回油口以及通向液压执行元件的孔口,上面第一块一般为压力表开关,再向上依次叠加各种压力阀和流量阀,最上层为换向阀,一个叠加阀组并排安装在多联底板块上。如图1-9-13所示。

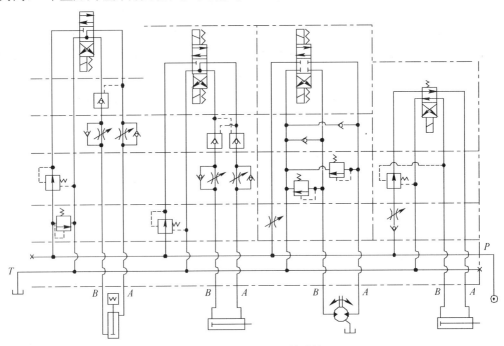

图 1-9-13 叠加阀的结构

2. 作用

每个叠加阀除具有液压阀的功能外,还起油路通道的作用。阀体本身就拥有共同油路的回路板。因此,由叠加阀组成的液压系统,阀与阀之间不需要另外的连接体,而是以叠加阀阀体作为连接体,直接叠合再用螺栓结合而成。

3. 特点

图1-9-14是同一液压回路的传统的配管连接和利用叠加阀的配管连接的对比。

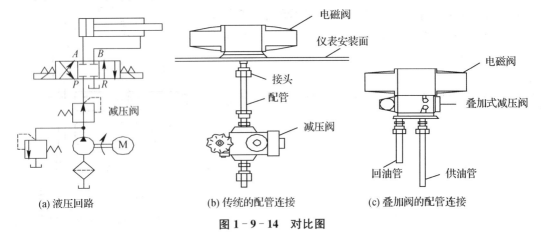

(a) 液压回路   (b) 传统的配管连接   (c) 叠加阀的配管连接

图 1-9-14 对比图

从图中可看出叠加阀回路有以下特点：

（1）由于回路是由叠加阀堆叠而成，因此可大幅缩小安装空间。

（2）可简单快速实现回路的增添或更改。

（3）工作可靠性高，由于减少了配管和接头，因此漏油、振动、噪音等事故的机会大大减少。

（4）维护方便，由于元件集中设置，因此给维护带来很大方便。

（5）节省能源，减少损失：一是压力的损失，二是流量的损失。

（6）由于叠加阀为标准化元件，设计中仅需按工艺要求绘制出叠加阀式液压系统原理图，即可进行组装，因而设计工作量小，目前已被广泛用于冶金、机械制造、工程机械等领域中。

9.3 插装阀（cartridge valve）

插装阀又称逻辑阀，插装阀的主流产品是二通插装阀，它是在二十世纪七十年代初，根据各类控制阀阀口在功能上都可视作固定的或可调的或可控液阻的原理，发展起来的一类覆盖压力、流量、方向以及比例控制等的新型控制阀类。它的基本构件为标准化、通用化、模块化程度很高的插装式阀芯、阀套、插装孔和适应各种控制功能的盖板组件，具有通流能力大、密封性好、自动化程度高等特点，已发展成为高压大流量领域的主导控制阀品种。三通插装阀由于结构的通用化、模块化程度远不及二通插装阀，因此，未能得到广泛应用。螺纹式插装阀原先多为工程机械用阀，且往往作为主要阀件（如多路阀）的附件形式出现。近十年来在二通插装阀技术的影响下，逐步在小流量范畴内发展成独立体系。

插装阀是一种较新型的液压元件，它的特点是通流能力大、密封性能好、动作灵敏、结构简单，因而主要用于流量较大系统或对密封性能要求较高的系统。

9.3.1 插装阀控制技术的发展及特点

插装阀最初被称为座阀控制技术、流体逻辑元件、液压逻辑阀等，国内曾有锥阀插装阀、插入式阀等叫法，现已统一称二通插装阀，简称插装阀（Catridge Valve）。

1. 插装阀的发展

插装阀控制技术大约经过了以下几个发展阶段：

发展初期（1970年～1974年）

这一期间主要有德国的 Rexroth、Bosch 和英国的 Towler 等公司开始研究二通插装阀，但主要工作着重于对基本结构形式和控制原理的探讨。

发展中期（1975年～1979年）

经过各公司的前期努力，在一些产品上试用并获得成功。比较典型的应用是在注塑机、锻压机和冶金机械中，开始形成初步的系列并投入市场。

现期（1979年至今）

主要标志有两个：

（1）1979年7月，德国标准化研究所正式颁布了世界上第一个关于二通插装阀控制技术的标准，意味着该技术已经成熟。

（2）亚琛工业大学在 Backe 教授液阻理论的基础上对二通插装阀控制技术进行了比较系统的研究,并取得了很大进展。

传统的液压控制元件大多被设计成采用标准连接方式（板式、管式、法兰式）的结构,并根据它们独立的控制功能分为压力控制阀、流量控制阀和方向控制阀三类。这种传统结构的控制元件称为"单个元件"的结构。在设计液压回路或系统时,则根据负载功能要求选择一定规格和功能的标准元件进行组合。随着工业技术的不断进步和发展,对液压控制技术提出了更高的要求。不仅在控制的功率和速度上大大提高了,而且提出了实现合理控制和控制过程的柔性连接等要求。若依靠传统的结构和控制原理显然难以满足这些要求。

2. 插装阀的特点

二通插装阀具有以下特点:

（1）通过组合插件与阀盖,可构成方向、流量以及压力等多种控制功能。

（2）流动阻尼小,通流能力大,特别适用于大流量的场合。插装阀的最大通径可达 $200\sim250$ mm,通过的流量可达 10 000 L/min。

（3）由于绝大部分是锥阀式结构,内部泄漏非常小,无卡死现象。

（4）动作速度快。因为它靠锥面密封和切断油路,阀芯稍一抬起,油路马上接通。阀芯的行程较小,质量较滑阀轻,因此阀芯动作灵敏,特别适合于高速开启的场合。

（5）抗污染能力强,工作可靠。

（6）结构简单,易于实现元件和系统的"三化"（小型化、集成化、标准化）,并简化系统。

9.3.2 插装阀的结构和工作原理

1. 插装阀的结构

插装阀的结构及图形符号如图 1-9-15 所示。

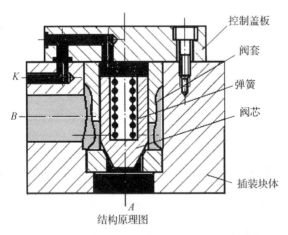
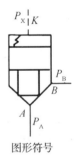

结构原理图   图形符号

图 1-9-15 插装阀逻辑单元

可见,由插装阀所组装成的液压回路通常含有下列基本元件:油路板、插件体、盖板、引导阀等。

（1）油路板

所谓油路板,是指在方块钢体上挖有阀孔,用以承装插装阀的集成块,所以又叫插装块体或集成块。如图 1-9-16 所示。

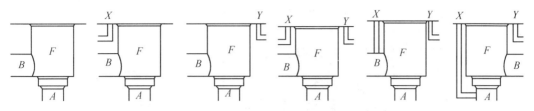

图 1-9-16 油路板各种结构

图中直径较大的 A、B 孔为主要阀孔,直径较小的 X、Y 孔为控制阀孔,直径最大的 F 孔是装插件体用的。

（2）插件体

插件体（Cartridges）主要由锥形阀（Poppet）、弹簧套管（Sleeve）、弹簧及若干个密封垫圈所构成,插件体本身有两个主通道,是用于配合油路板上 A、B 通路的。

插件体根据用途不同又可分为方向阀插件体、压力阀插件体、流量阀插件体。如图 1-9-17所示。

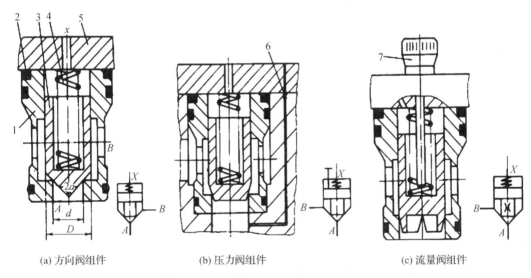

(a) 方向阀组件   (b) 压力阀组件   (c) 流量阀组件

1-阀套;2-密封圈;3-阀芯;4-弹簧;5-盖板;6-阻尼孔;7-阀芯行程调节杆

图 1-9-17 插件体的不同形式

（3）盖板

它是插装阀的另一个重要组成部分,安装在插件体的上面,引导阀的下面,和引导阀一起构成引导控制部件。其内有控制油路,它和油路板上 X、Y 控制油路相通以引导压力或泄油,使插件体实现开闭的功能。控制油路中还有阻尼孔,用以改善阀的动态特性。

（4）引导阀

引导阀（Pilot Valves）为控制插装阀动作的小型电磁换向阀或压力控制阀,叠装在阀盖上。

2. 插装阀的工作原理

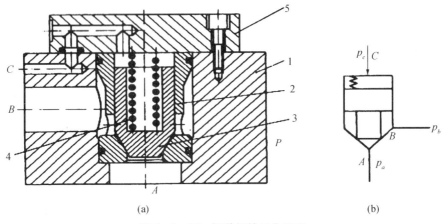

图 1 - 9 - 18　插装阀的工作原理

如图 1 - 9 - 18 所示,控制盖板将锥阀组件封装在插装块体内,并且沟通引导阀和主阀,通过锥阀启闭对主油路通断起控制作用。

作用在阀芯 3 上的向上的力 F 为:

$$\sum F = p_a A_a - p_b A_b - p_c A_c - F_s$$

式中,$p_a A_a$ 为 A 口油液作用力;$p_b A_b$ 为 B 口油液作用力;$p_c A_c$ 为 C 口油液作用在阀芯上的作用力;F_s 为弹簧力。

当 $\sum F = 0$ 时,阀芯受平衡力作用,处于静止状态;

当 $\sum F > 0$ 时,阀芯上移,A 口与 B 口相通;

当 $\sum F < 0$ 时,阀芯下移,A 口与 B 口不通。

可见,插装阀实质上相当于一个液控单向阀或二位二通液动阀,故又称二通插装阀。

插装阀与各种先导阀组合,便可组成方向控制插装阀、压力控制插装阀和流量控制插装阀。

9.3.3　方向控制插装阀(directional control cartridge valve)

插装阀组成各种方向控制阀如图 1 - 9 - 19 所示。图(a)为单向阀,当 $P_a > P_b$ 时,阀芯关闭,A 与 B 不通;而当 $P_b > P_a$ 时,阀芯开启,油液从 B 流向 A。图(b)为二位二通阀,当二

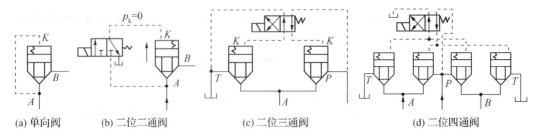

(a) 单向阀　　　(b) 二位二通阀　　　(c) 二位三通阀　　　(d) 二位四通阀

图 1 - 9 - 19　插装阀用作方向控制阀

位三通电磁阀断电时,阀芯开启,A 与 B 接通;电磁阀通电时,阀芯关闭,A 与 B 不通。图(c)为二位三通阀,当二位四通电磁阀断电时,A 与 T 接通;电磁阀通电时,A 与 P 接通。图(d)为二位四通阀,电磁阀断电时,P 与 B 接通,A 与 T 接通;电磁阀通电时,P 与 A 接通,B 与 T 接通。

9.3.4　压力控制插装阀（pressure control cartridge valve）

插装阀组成压力控制阀如图 $1-9-20$ 所示。在图(a)中,如 B 接油箱,则插装阀用作溢流阀,其原理与先导式溢流阀相同。如 B 接负载时,则插装阀起顺序阀作用。图(b)所示为电磁溢流阀,当二位二通电磁阀通电时起卸荷作用。

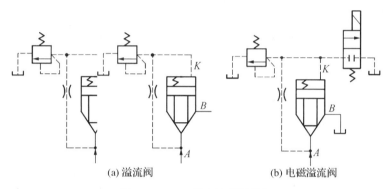

(a) 溢流阀　　　　　　　(b) 电磁溢流阀

图 $1-9-20$　压力控制插装阀

9.3.5　流量控制插装阀（flow control cartridge valve）

流量控制插装阀的结构及图形符号如图 $1-9-21$ 所示。在插装阀的控制盖板上有阀芯限位器,用来调节阀芯开度,从而起到流量控制阀的作用。若在流量控制插装阀前串联一个定差减压阀,则可组成二通插装调速阀。

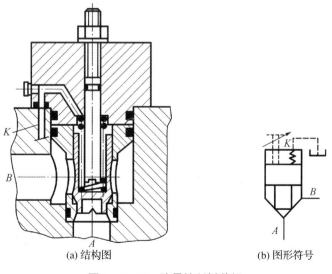

(a) 结构图　　　　　(b) 图形符号

图 $1-9-21$　流量控制插装阀

9.3.6 插装阀的特点

1. 能实现一阀多能的控制

一个插装阀配上相应的先导控制机构,可以实现换向、调速或调压等多种功能,使一阀多用。尤其在复杂的液压系统中,完成同样的功能插装阀比用普通阀所用的阀数量要少。

2. 液体流动阻力小、通流能力大

插装阀的最大通径可达 200～250 mm。

3. 结构简单、便于制造和集成化

插装阀的结构要素相同或近似,加工工艺简单,非常便于集成化,可使多个插装阀共处于一个插装阀块体中。

4. 动态性能好、换向速度快

由于插装阀从其结构上不存在一般滑阀结构那样阀芯运动一段行程后阀口才能打开的搭合密封段,因此,插装阀的响应动作迅速且灵敏。

5. 密封性能好、内泄漏很小

插装阀采用锥面线接触密封,密封性好,因此,新的锥阀内泄漏为零。其泄漏一般发生在先导控制阀上,而先导阀是小通径的,故泄漏较小。

6. 工作可靠、对工作介质适应性强

先导阀可使主插装阀实现柔性切换,减小了冲击。插装阀抗污染能力强,阀芯不易堵塞,对高水基液工作介质有良好的适应性。

9.4 电液伺服阀(electrohydraulic servo valve)

电液伺服阀是一种比电液比例阀的精度更高、响应更快的液压控制阀。其输出流量或压力受输入的电气信号控制,主要用于高速闭环液压控制系统,而比例阀多用于响应速度相对较低的开环控制系统中。伺服阀价格较高,对过滤精度的要求也较高。电液伺服阀和电液伺服系统中复杂的动态过程无法加以详细描述,那是另外一门课程,这里仅对电液伺服阀工作原理作简要介绍。

电液伺服阀多为两级阀,有压力型伺服阀和流量型伺服阀之分,绝大部分伺服阀为流量型伺服阀。在流量型伺服阀中,要求主阀芯的位移 X_P 与输入电流信号 I 成比例,为了保证主阀芯的定位控制,主阀和先导阀之间设有位置负反馈,位置反馈的形式主要有直接位置反馈和位置-力反馈两种。

1. 直接位置反馈型电液伺服阀

直接位置反馈型电液伺服阀的主阀芯与先导阀芯构成直接位置比较和反馈,其工作原理如图 1-9-22 所示。

图中,先导阀直径较小,直接由动圈式力马达的线圈驱动,力马达的输入电流约为 $0\sim\pm300$ mA。当输入电流 $I=0$ 时,力马达线圈的驱动力 $F_i=0$,先导阀芯位于主阀零位没有运动;当输入电流逐步加大到 $I=300$ mA 时,力马达线圈的驱动力也逐步加大到约为 40 N,压缩力马达弹簧后,使先导阀芯产生位移约为 4 mm;当输入电流改变方向,$I=-300$ mA

时,力马达线圈的驱动力也变成约-40 N,带动先导阀芯产生反向位移约-4 mm。上述过程说明先导阀芯的位移$x_芯$与输入电流I成比例,运动方向与电流方向保持一致。先导阀芯直径小,无法控制系统中的大流量;主阀芯的阻力很大,力马达的推力又不足以驱动主阀芯。解决的办法是,先用力马达比例地驱动直径小的导阀芯,再用位置随动(直接位置反馈)的办法让主阀芯等量跟随先导阀运动,最后达到用小信号比例地控制系统中的大流量的目的。

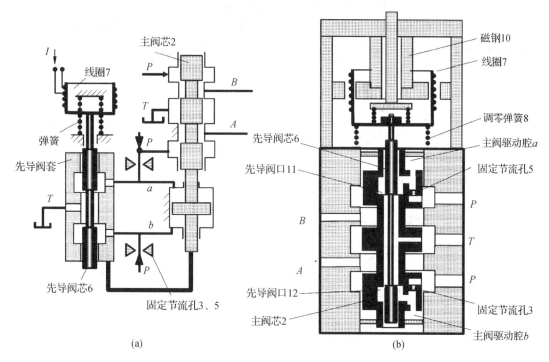

图 1－9－22　直接位置反馈型电液伺服阀的工作原理图

设计时,将主阀芯两端容腔看成驱动主阀芯的对称双作用液压缸,该缸由先导阀供油,以控制主阀芯上下运动。由于先导阀芯直径小,加工困难,为了降低加工难度,可将先导阀上用于控制主阀芯上下两腔的进油阀口用两个固定节流孔代替,这样先导阀可看成是由两个带固定节流孔的半桥组成的全桥。为了实现直接位置反馈,将主阀芯、驱动油缸、先导阀阀套三者做成一体,因此主阀芯位移x_P(被控位移)反馈到先导阀上,与先导阀套位移$x_套$相等。当先导阀芯在力马达的驱动下向上运动产生位移$x_芯$时,先导阀芯与阀套之间产生开口量$x_芯-x_套$,主阀芯上腔的回油口打开,压差驱动主阀芯自下而上运动,同时先导阀口在反馈的作用下逐步关小。当先导阀口关闭时,主阀停止运动且主阀位移$x_P=x_套=x_芯$。反向运动亦然。在这种反馈中,主阀芯等量跟随先导阀运动,故称为直接位置反馈。

图 1－9－23(a)是 DY 系列直接位置反馈型电液伺服阀的结构图。上部为动圈式力马达,下部是两级滑阀装置。压力油由 P 口进入,A、B 口接执行元件,T 口回油。由动圈 7 带动的小滑阀 6 与空心主滑阀 4 的内孔配合,动圈与先导滑阀固连,并用两个弹簧 8、9 定位对中。小滑阀上的两条控制边与主滑阀上两个横向孔形成两个可变节流口 11、12。P 口来的压力油除经主控油路外,还经过固定节流口 3、5 和可变节流口 11、12,先导阀的环形槽和主滑阀中部的横向孔到了回油口,形成如图 1－9－23(b)所示的前置级液压放大器油路(桥

路)。显然,前置级液压放大器是由具有两个可变节流口 11、12 的先导滑阀和两个固定节流口 3、5 组合而成的。桥路中固定节流口与可变节流口连接的节点 a、b 分别与主滑阀上、下两个台肩端面连通,主滑阀可在节点压力作用下运动。平衡位置时,节点 a、b 的压力相同,主滑阀保持不动。如果先导滑阀在动圈作用下向上运动,节流口 11 加大,12 减小,a 点压力降低,b 点压力上升,主滑阀随之向上运动。由于主滑阀又兼作先导滑阀的阀套(位置反馈),故当主滑阀向上移动的距离与先导滑阀一致时,停止运动。同样,在先导滑阀向下运动时,主滑阀也随之向下移动相同的距离。故该系统为直接位置反馈系统。这种情况下,动圈只需带动小滑阀,力马达的结构尺寸就不至于太大。

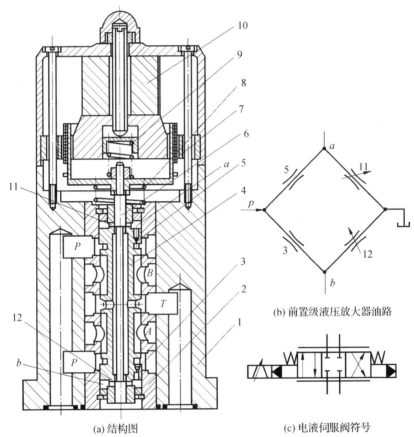

(a) 结构图

(b) 前置级液压放大器油路

(c) 电液伺服阀符号

1-阀体;2-阀座;3、5-固定节流口;4-主滑阀;6-先导阀;7-线圈(动圈);8-下弹簧;
9-上弹簧;10-磁钢(永久磁铁);11、12-可变节流口

图 1-9-23　DY 型电液伺服阀

以滑阀作前置级的优点是:功率放大系数大,适合于大流量控制。其缺点是:滑阀阀芯受力较多、较大,因此要求驱动力大;由于摩擦力大,使分辨率和滞环增大;因运动部分质量大,动态响应慢;公差要求严,制造成本高。

2. 喷嘴挡板式力反馈电液伺服阀

喷嘴挡板式电液伺服阀由电磁和液压两部分组成,电磁部分是一个动铁式力矩马达,液压部分为两级。第一级是双喷嘴挡板阀,称前置级(先导级);第二级是四边滑阀,称功率放大级(主阀)。

由双喷嘴挡板阀构成的前置级如图 1-9-24 所示,它由两个固定节流孔、两个喷嘴和 1 个挡板组成。两个对称配置的喷嘴共用一个挡板,挡板和喷嘴之间形成可变节流口,挡板一般由扭轴或弹簧支承,且可绕支点偏转,挡板的由力矩马达驱动。当挡板上没有作用输入信号时,挡板处于中间位置——零位,与两喷嘴之距均为 x_0,此时两喷嘴控制腔的压力 p_1 与 p_2 相等。当挡板转动时,两个控制腔的压力一边升高,另一边降低,就有负载压力 p_L($p_L = p_1 - p_2$)输出。双喷嘴挡板阀有四个通道(一个供油口、一个回油口和两个负载口),有四个节流口(两个固定节流孔和两个可变节流孔),是一种全桥结构。

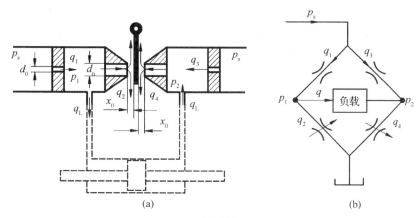

(a)　　　　　　　　　　　　　　　　　(b)

图 1-9-24　由双喷嘴挡板阀构成的前置级

　　力反馈型喷嘴挡板式电液伺服阀的工作原理如图 1-9-25 所示。主阀芯两端容腔可看成是驱动主滑阀的对称油缸,由先导级的双喷嘴挡板阀控制。挡板 5 的下部延伸一个反馈弹簧杆 11,并通过一钢球与主阀芯 9 相连。主阀位移通过反馈弹簧杆转化为弹性变形力

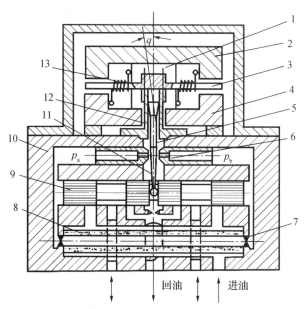

1-永久磁铁;2、4-导磁体;3-衔铁;5-挡板;6-喷嘴;7-固定节流孔;
8-滤油器;9-滑阀;10-阀体;11-反馈弹簧杆;12-弹簧管;13-线圈

图 1-9-25　喷嘴挡板式电液伺服阀

作用在挡板上与电磁力矩相平衡(即力矩比较)。当线圈 13 中没有电流通过时,力矩马达无力矩输出,挡板 5 处于两喷嘴中间位置。当线圈通入电流后,衔铁 3 因受到电磁力矩的作用偏转角度 θ;由于衔铁固定在弹簧管 12 上,这时,弹簧管上的挡板也偏转相应的 θ 角,使挡板与两喷嘴的间隙改变;如果右面间隙增加,左喷嘴腔内压力升高,右腔压力降低,主阀芯 9(滑阀芯)在此压差作用下右移。由于挡板的下端是反馈弹簧杆 11,反馈弹簧杆下端是球头,球头嵌放在滑阀 9 的凹槽内,在阀芯移动的同时,球头通过反馈弹簧杆带动上部的挡板一起向右移动,使右喷嘴与挡板的间隙逐渐减小。当作用在衔铁-挡板组件上电磁力矩与作用在挡板下端因球头移动而产生的反馈弹簧杆变形力矩(反馈力)达到平衡时,滑阀便不再移动,并使其阀口一直保持在这一开度上。该阀通过反馈弹簧杆的变形将主阀芯位移反馈到衔铁-挡板组件上,与电磁力矩进行比较而构成反馈,故称力反馈式电液伺服阀。

通过线圈的控制电流越大,使衔铁偏转的转矩、挡板挠曲变形、滑阀两端的压差以及滑阀的位移量越大,伺服阀输出的流量也就越大。

3. 电液伺服阀的应用

电液伺服阀目前广泛应用于要求高精度控制的自动控制设备中,用以实现位置控制、速度控制和力的控制等。

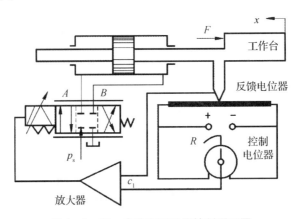

图 1-9-26 电液伺服位置控制原理图

图 1-9-26 所示是用电液伺服阀准确控制工作台位置的控制原理图。要求工作台的位置随控制电位器触点位置的变化而变化。触点的位置由控制电位器转换成电压。工作台的位置由反馈电位器检测,并转换成电压。当工作台的位置与控制触点的相应位置有偏差时,通过桥式电路即可获得该偏差值的偏差电压。若工作台位置落后于控制触点的位置时,偏差电压为正值,送入放大器,放大器便输出一正向电流给电液伺服阀。伺服阀给液压缸一正向流量,推动工作台正向移动,减小偏差,直至工作台与控制触点相应位置吻合时,伺服阀输入电流为零,工作台停止移动。当偏差电压为负值时,工作台反向移动,直至消除偏差时为止。如果控制触点连续变化,则工作台的位置也随之连续变化。

1-1 何谓液压传动？液压传动的基本工作原理是怎样的？

1-2 液压传动系统有哪些组成部分？各部分的作用是什么？

1-3 我国对液压元件的图形符号作了哪些规定和说明？

1-4 和其他传动方式相比较,液压传动有哪些主要优、缺点？

1-5 当前液压技术有哪些应用？

1-6 什么是压力？压力有哪几种表示方法？

1-7 如何计算静止液体某点压力？

1-8 静止液体内的压力是如何传递的？如何理解压力取决于负载这一基本概念？

1-9 什么是理想液体和实际液体？

1-10 什么是流量和流速？两者之间有什么关系？液体在管道中的流速指的是什么速度？

1-11 液压冲击和气穴现象是怎样产生的？有何危害？如何防止？

1-12 图1-1所示液压缸装置中,$d_1 = 20$ mm,$d_2 = 40$ mm,$D_1 = 75$ mm,$D_2 = 125$ mm,$q_{v1} = 25$ L/min。求 v_1、v_2 和 q_{v2} 各为多少？

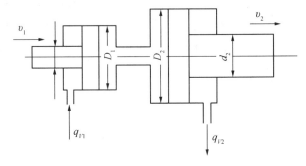

思考题图 1-1

1-13 如图1-2所示的液压千斤顶,小柱塞直径 $d = 10$ mm,行程 $s_1 = 25$ mm,大柱塞直径 $D = 50$ mm,重物产生的力 $F_2 = 50\ 000$ N。手压杠杆比 $L : l = 500 : 25$,试求:

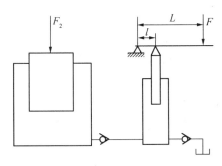

思考题图 1-2

（1）此时密封容积中的液体压力 P；

（2）杠杆施加力 F 为多少时，才能举起重物？

（3）杠杆上下动作一次，重物的上升高度 S 是多少？

1-14 何谓泵的排量、理论流量和实际流量？

1-15 液压泵的工作压力取决于什么？泵的工作压力与额定压力有何区别？

1-16 如何计算液压泵的输出功率和输入功率？液压泵在工作过程中会产生哪两方面的能量损失？产生损失的原因何在？

1-17 齿轮泵为什么有较大的流量脉动？流量脉动大会产生什么危害？

1-18 齿轮泵压力的提高主要受哪些因素的影响？可以采取哪些措施来提高齿轮泵的压力？

1-19 为什么轴向柱塞泵适用于高压？

1-20 各类液压泵中，哪些能实现单向变量或双向变量？画出定量泵和变量泵的符号。

1-21 简述液压泵的容积效率、机械效率和总效率。

1-22 如何选择液压泵？

1-23 某液压泵铭牌上的压力 $p=6.3$ MPa，工作负载 $F=45$ kN，双出杆活塞式液压缸的有效面积 $A=90$ cm²。管路较短，压力损失取 $p=0.5$ MPa，问该泵的工作压力为多少？所选用的液压泵是否满足要求？

1-24 某液压泵输出油压 $p=10$ MPa，转速 $n=1$ 450 r/min，泵的排量 $q=46.2$ mL/r，容积效率为 0.95，总效率为 0.9，求驱动该泵所需电机的功率和泵的输出功率？

1-25 如图 1-3 所示的液压系统，已知负载 $F=40$ 000 N，活塞有效面积 $A=0.01$ m²，空载时的快速前进的速度为 0.05 m/s，负载工作时的前进速度为 0.02 m/s，选取 $k_压=1.5$，$k_流=1.2$，泵的效率为 0.7。试从下列已知泵中选择一台合适的泵，并计算其相应的电动机功率。

已知泵如下：

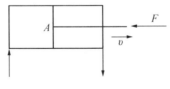

思考题图 1-3

YB-32 型叶片泵，$Q_额=32$ L/min，$p_额=6.3$ MPa

YB-40 型叶片泵，$Q_额=40$ L/min，$p_额=6.3$ MPa

YB-50 型叶片泵，$Q_额=50$ L/min，$p_额=6.3$ MPa

1-26 已知某液压系统工作时所需最大流量 $Q=5\times10^{-4}$ m³/s，最大工作压力 $p=40\times10^5$ Pa，取 $k_压=1.3$，$k_流=1.1$，试从以下列表中选择液压泵。若泵的效率 $\eta=0.7$，计算电机功率。

CB-B50 型泵　$Q=50$ L/min，$p=25\times10^5$ Pa

YB-40 型泵　$Q=40$ L/min，$p=63\times10^5$ Pa

1-27 活塞式液压缸有几种形式？各有什么特点？它们分别用在什么场合？

1-28 以单杆活塞式液压缸为例,说明液压缸的一般结构形式。

1-29 活塞式液压缸的常见故障有哪些？如何排除？

1-30 已知单杆液压缸缸筒内径 $D=100$ mm,活塞杆直径 $d=50$ mm,工作压力 $p_1=2$ MPa,流量 $q_v=10$ L/min,回油压力 $p_2=0.5$ MPa。试求活塞往返运动时的推力和运动速度。

1-31 如图 1-4 所示,已知单杆液压缸的内径 $D=50$ mm,活塞杆直径 $d=35$ mm,泵的供油压力 $p=2.5$ MPa,供油流量 $q_v=8$ L/min。试求：

(1) 液压缸差动连接时的运动速度和推力。

(2) 若考虑管路损失,则实测 $p_1 \approx p$,而 $p_2=2.6$ MPa,求此时液压缸的推力。

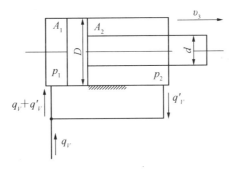

思考题图 1-4

1-32 已知某液压马达的排量 $q=250$ mL/r,液压马达入口压力为 $p_1=10.5$ MPa,出口压力 $p_2=1.0$ MPa,其总效率为 0.9,容积效率为 0.92。当输入流量 $Q=22$ L/min 时,试求液压马达的实际转速 n 和液压马达的输出转矩 T。

1-33 油箱上装空气滤清器的目的是什么？

1-34 根据经验,开式油箱有效容积为泵流量的多少倍？

1-35 滤油器在选择时应该注意哪些问题？

1-36 简述液压系统中安装冷却器的原因。

1-37 油冷却器依冷却方式分为哪两大类？

1-38 简述蓄能器的功能。

1-39 蓄能器种类有哪几类？常用的是那一类？

1-40 在液压系统中控制阀起什么作用？通常分为几大类？

1-41 控制阀有哪些共同点？应具备哪些基本要求？

1-42 在液压系统中方向控制阀起什么作用？常见的类型有哪些？

1-43 什么是换向阀的位与通？它的图形符号如何？

1-44 什么是三位换向阀的中位机能？有哪些常用的中位机能？中位机能特点和作用如何？

1-45 选择三位换向阀的中位机能时应考虑哪些问题？

1-46 试比较溢流阀、减压阀及顺序阀的异同点。

1-47 什么是液体的质量和密度？

1-48 什么是液体的黏性？常用的黏度表示方法有哪几种？说明黏度的单位。

1-49 温度和压力对液压油的黏度有什么影响？

1-50 液压油有哪些主要品种？液压油的牌号与黏度有什么关系？如何选用液压油？

1-51 使用液压油时应注意些什么问题？

1-52 液压油为何会污染？污染有何危害？如何控制液压油的污染？

1-53 常用流量控制阀的类型有哪些？应用在什么场合？

1-54 在图1-5所示的两阀组中，溢流阀的调定压力为 $p_A=4$ MPa、$p_B=3$ MPa、$p_C=5$ MPa，试求压力计读数。

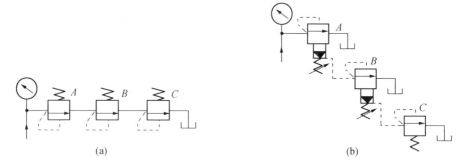

(a)　　　　　　　　　(b)

思考题图 1-5

1-55 哪些阀可作背压阀用？

1-56 液压传动系统中实现流量控制的方式有哪几种？采用的关键元件是什么？

1-57 进油口调速与出油口调速各有什么特点？当液压缸固定并采用垂直安装方式安装时，采用体积调速方式比较好。为什么？

1-58 调速阀为什么能够使执行机构的运动速度稳定？

项目二
常用工程机械液压系统

汽车起重机液压系统

【主要能力指标】

　　掌握阅读液压系统图的方法；
　　掌握液压系统分析方法及步骤；
　　掌握 25 T 汽车起重机的液压系统。

【相关能力指标】

　　能够分析汽车起重机常见故障；
　　能够正确判断故障原因；
　　能够简单维修。

一、汽车起重机介绍

　　如图 2-1-1 所示，汽车起重机简称汽车吊，是一种将起重作业部分安装在汽车通用或专用底盘上，具有载重行驶性能的起重机械。它具有汽车的通用性好、机动灵活、行驶速度大、可快速转移等优点。

图 2-1-1　汽车起重机

　　汽车起重机适用于流动性大、不固定的工作场所，是一种行走式起重机。

　　汽车起重机按其起重量不同，可分为小型、中型、大型和特大型。其中起重量在 12 T 以下为小型；16-50 T 为中型；65-125 T 为大型；125 T 以上者为特大型。

二、起重机液压系统分析

汽车起重机液压系统一般包括：支腿液压回路、起升机构液压回路、伸缩机构液压回路、变幅机构液压回路、回转机构液压回路等五个主回路组成，如图 2-1-2 所示。

起升回路起到使重物升降的作用，主要由液压泵、换向阀、平衡阀、液压离合器和液压马达组成。

回转回路起到使吊臂回转、实现重物水平移动的作用。

回转回路主要由液压泵、换向阀、回转缓冲阀、液压离合器和液压马达组成。

变幅回路则是实现改变幅度的液压工作回路，用来扩大起重机的工作范围，提高起重机的生产率。

变幅回路主要由液压泵、换向阀、平衡阀和变幅液压缸组成。

伸缩回路可以改变吊臂的长度，从而改变起重机吊重的高度，主要由液压泵、换向阀、平衡阀和伸缩液压缸组成。

支腿回路是用来驱动支腿，支承整台起重机的，主要由液压泵、换向阀、双向液压锁、水平液压缸和垂直液压缸组成。

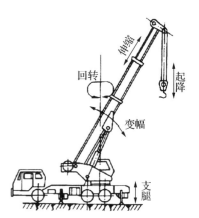

图 2-1-2　汽车起重机各回路

汽车起重机设置支腿可以大大提高起重机的起重能力。为了使起重机在吊重过程中安全可靠，支腿要求坚固可靠，伸缩方便，在行驶时收回，工作时外伸撑地。还可以根据地面情况对各支腿进行单独调节。

下面以 25 T 汽车起重机为例，对液压系统进行分析，如图 2-1-3 所示。

对该系统进行分析，可看出系统的压力油源采用三联齿轮泵供油。若系统各机构均不工作时，三联泵中的泵 1（排量 32 mL/r）排出的压力油经下车多路阀 4，中心回转接头 10，再经上车多路阀 11 返回下车，经回油滤油器 9 回到油箱。泵 2（排量 63 mL/r）排出的压力油经中心回转接头 10，进入上车多路阀 11，再经油冷器 13 返回下车，经回油滤油器 9 回到油箱。泵 3（排量 63 mL/r）排出的压力油经中心回转接头 10，进入上车多路阀 P_3 口，再经油冷器 13 返回下车，经回油滤油器 9 回到油箱。由此可见 QY25 型汽车起重机采用多泵供油的开式系统：1 号泵向下车支腿油路以及上车回转机构油路供油，该油路独立自成体系；2 号泵向伸缩机构、变幅机构以及副卷扬机构供油，当这三机构不工作时，2 号泵压力油可以和 3 号泵合流，提高主卷扬起升速度；3 号泵的压力油向主卷扬机构供油，当主卷扬机构不工作时，3 号泵压力油可以和 2 号泵合流，提高副卷扬起升速度。下面分别介绍各机构工作油路。

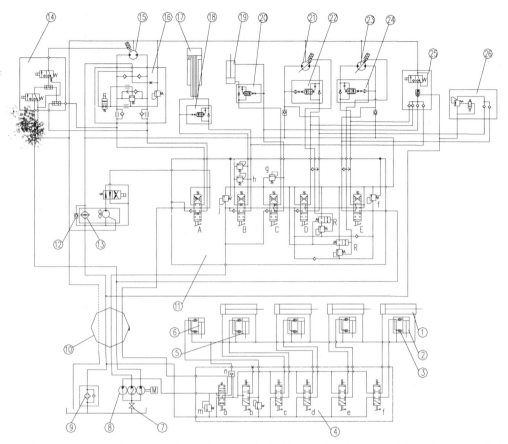

1-水平缸;2、5、6-垂直缸;3-双向液压锁;4-下车多路阀;7-截止阀;8-三联齿轮泵;9-回油滤油器;10-中心回转接头;11-上车多路阀;12-单向阀;13-油冷器;14-回转对中阀组;15-回转马达;16-回转缓冲阀组;17-伸臂油缸;18、20-平衡阀;19-变幅油缸;21、23-卷扬马达;22、24-平衡阀;25-电磁溢流阀组;26-电磁溢流阀组

图 2-1-3　QY25 型汽车起重机液压原理图

1. 支腿油路(下车液压系统)

中心回转接头以下部分为支腿回路。如图 2-1-4 所示,主要由下车多路阀 4 和四个水平油缸 1 以及五个垂直油缸 2、5、6 组成。

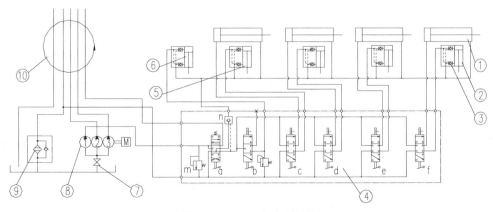

图 2-1-4　下车液压系统

9个油缸的动作由六联换向阀4控制,其中4*b*控制第五支腿,4*c*-4*f*每片阀控制一个水平缸和一个垂直缸的动作;4*a*控制所有油缸换向。4*a*和4*b*-4*f*组合后,既可以控制所有支腿缸的同伸同缩,又可以单独控制任意一个缸的伸缩动作。伸缩时的最大工作压力由溢流阀*m*限定。

为了防止垂直油缸自缩而造成事故,每个垂直油缸的上部都装设了双向液压锁3。换向阀处于中位时,油缸上腔的压力油使单向阀压紧阀座而将油液封闭,即使管路破裂,油缸也不会自动缩回。下车多路阀中的液控单向阀*n*的作用是防止起重机行驶过程中,水平支腿离心惯性而伸出。

2. 上车油路(上车液压系统)

中心回转接头以下部分为上车油路,主要由回转、伸缩、变幅和起升油路等构成。各机构动作由多联滑阀11控制。如下图2-1-5所示为上车油路图。

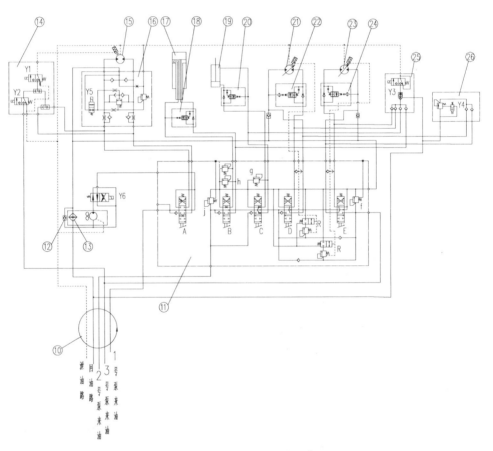

图2-1-5 上车液压系统

(1) 回转油路

回转机构由上车多路阀11中的*A*滑阀控制。回转马达15是轴向柱塞定量马达,回转最大工作压力由回转缓冲阀16限定。

*A*滑阀在中位时,来自1号泵的压力油经滑阀中位油路卸荷;当*A*滑阀从图示位置上移时,压力油经回转缓冲阀16进入马达的右侧,与此同时回转对中阀的14Y1电磁阀通电打

开,压力油进入回转减速机制动器口,压缩弹簧松闸,马达左侧油经 A 滑阀与回油路相通,马达转动。当回转需要停止时,A 滑阀回到中位,压力油源被切断,回转制动。缓冲阀的作用是消除马达启动和制动,减速和增速时的液压冲击,提高回转的平稳性。阀组 14 的作用是靠重物自重来回转对中。

（2）伸缩臂油路

伸缩机构由上车多路阀中的 B 滑阀控制。伸臂和缩臂时的最大工作压力由多路阀中的 i 和 h 溢流阀限定。

B 滑阀在中位图示位置时,伸臂油缸无杆腔的油液被平衡阀 18 内的单向阀封闭,油缸保持静止。来自 2 号泵的压力油经滑阀中位卸荷。当 B 滑阀下移时,压力油经滑阀和平衡阀内的单向阀进入伸臂油缸的无杆腔,吊臂伸出。伸臂速度由油门和滑阀的开口度调节。当 B 滑阀上移时,压力油经滑阀进入伸臂油缸有杆腔,与此同时,又从控制油路作用于平衡阀,使其阀芯移动打开回油通道,吊臂缩回。平衡阀 18 的节流开度取决于控制压力大小,与吊臂负载荷无关,因而可提供适合的回油背压,控制吊臂缩回速度。伸缩油缸 17 是单级缸,伸缩机构采用钢丝绳同步伸缩,当油缸带动第二吊臂伸缩同时,通过钢丝绳带动第三、四节臂同步伸缩。

（3）变幅油路

变幅油缸 19 由上车多路阀中的 C 滑阀控制。其工作原理与伸缩臂油路一样。油缸起臂的工作压力由溢流阀 j 限定,落臂时的工作压力由溢流阀 g 限定。溢流阀 g 和 j 的作用完全相同,消除吊臂在起升和下降时的振动。

（4）副起升油路

副起升油路由上车多路阀中的 D 阀控制,最大工作压力由溢流阀 j 限定。D 滑阀在图示中位时,压力油经滑阀中位油路卸荷,制动器油缸因无压力油,在弹簧作用下上闸,平衡阀 22 起液压锁作用,马达 21 静止不动。当 D 滑阀从图示位置下移时,压力油经滑阀、平衡阀 22 中的单向阀进入马达 21 右侧,与此同时控制压力油经梭阀进入制动器油缸,压缩制动器弹簧使之松闸,马达转动起升负载。反之为马达下降负载。

起升油路上也设有平衡阀,其工作原理与变幅油路、伸臂油路一样,平衡阀防止落钩时发生超速现象。这里需要指出的是,在落钩进油管路上没有单独设二次溢流阀,而是利用三圈保护电磁溢流阀 26 来作为二次溢流阀用,限定落钩时马达的起动压力不超过调定值。同时该阀还带有压力反馈溢流阀 R,能使起升机构工作压力与负载保持一致,从而有效地减少系统发热,节约能源。

恒压变量马达可实现液压无级调速,使油泵的输出压力和流量恒定（从而功率恒定）时,马达可随负载的变化自动调整排量,提供与负载相对应的扭矩和转速,即负荷大时扭矩大而转速低;负荷小时扭矩小而转速高。这样使泵的输出功率能得到充分利用。

（5）主起升油路

主起升油路由上车多路阀中的 E 阀控制,工作原理与副起升油路一样。

（6）保护油路

在起重机液压系统各机构油路中,除了设置安全阀来限压外,对于吊钩起升高度、卷筒钢丝绳最后三圈以及超载,还专门设置保护油路。

为了防止由于操作失误,发生吊钩碰撞吊臂头部滑轮的事故,在主、副起升油路旁接有

电磁溢流阀组 25。在起升时,当吊钩上升接触到限位开关(高度限位器,安装在吊臂头部),从而使电磁溢流阀组动作,切断上升油路。这时,反操作可使吊钩下降。

为了防止下降时,卷筒上的钢丝绳放完而扯脱绳套造成事故,在下降油路上也旁接了电磁溢流阀组 26。当卷筒缠绕钢丝绳剩下最后三圈时,安置在卷筒上的电位开关使电磁溢流阀动作,自动切断油路使卷筒下降,旋转停止。

为了防止因超载而引发翻车事故,在伸臂油路的伸腔油路和变幅油路的起升油路旁接有电磁溢流阀组 25。在上车操纵室装有力矩限制器的控制显示台,通过收集吊臂上安装的长度和角度传感器以及安装在变幅油缸进、回油路的压力传感器反馈的信号,从而判断是否超载。当起重负荷超过额定载荷时,电磁溢流阀组动作,压力油路卸荷。

三、起重机液压系统常见故障及维修

1. 支腿系统

溢流阀常见故障为压力低,系统无法正常工作。故障原因主要是密封损坏,主阀芯上节流孔堵塞,阀芯与阀座封闭不严等造成泄漏,使得压力上不去。采取措施主要为更换密封、清洗阀芯、修研阀座孔。

多路阀常见故障为阀内单向阀损坏,造成水平支腿不能正常伸缩。采取措施为更换单向阀。

双向锁常见故障为阀座损坏、密封圈损坏或弹簧损坏。采取措施为直接更换。

液压缸常见故障为支腿油缸自动回缩,造成起重机软腿。可能是油缸内轴密封损坏,采取措施为拆修油缸,更换密封。

2. 回转系统

常见故障为旋转动力不足或无法旋转。原因可能有以下几点:

(1)溢流阀调整不当。

(2)溢流阀内密封损坏或阀芯与阀座封闭不严。

(3)单向阀封闭不严。

(4)换向阀阀杆或阀体损伤。

(5)液压马达损坏。

针对以上各问题,分别采取正确措施调整溢流阀,拆修或更换各受损件。

3. 伸缩系统

常见故障为伸缩机构自动回缩和运行中抖动爬行。原因分析:

(1)平衡阀故障。拆修、更换平衡阀。

(2)油缸故障。拆修油缸,更换密封。

(3)机械臂滑块偏斜和钢丝绳不均匀受力。更换并调整滑块和调整钢丝绳。

4. 变幅系统

常见故障为变幅机构自动回缩。这是比较严重的问题。原因分析:

(1)平衡阀故障。拆修、更换平衡阀。

(2)油缸内密封损坏。拆修油缸,更换密封。

（3）油缸缸筒壁间隙较大，这是由于超载，缸筒产生塑性变形造成，必须更换缸筒或活塞等零部件。

5. 起升系统

常见故障为起升机构不动作或动作较慢。原因分析可能是由于泵的转速偏低或长期动作而摩擦过度，造成油压力偏低，进而导致起升机构动作较慢所致。采取措施有：

（1）拆修或更换液压泵。

（2）控制溢流阀压力，使其达到设备正常运行时压力要求。

（3）拆修平衡阀。

随车起重机液压系统

【主要能力指标】

掌握随车起重机液压系统特点；
掌握随车起重机液压系统组成。

【相关能力指标】

能够分析随车起重机常见故障；
能够正确判断故障原因；
能够简单维修。

一、随车起重机介绍

如图 2-2-1 所示,随车起重机全称随车起重运输车,简称为随车吊,是一种通过液压举升及伸缩系统来实现货物的升降、回转、吊运的设备,集吊装和运输于一体。

随车起重机一般由载货汽车底盘、货厢、取力器、吊机组成。

按吊机类型分为直臂式和折臂式,按吨位分为 2 吨、3.2 吨、5 吨、6.3 吨、8 吨、10 吨、12吨、16 吨、20 吨、25 吨。

随车起重机机动性好,转移迅速,可以集吊装与运输功能于一体,提高资源利用率,售

图 2-2-1 随车起重机

价也比汽车吊便宜很多。随车吊还可装载各类抓辅具、吊篮、夹砖夹具、钻具等,能实现多场景作业,因此广泛用于车站、仓库、码头、工地、野外救援等场所。

二、随车起重机液压系统分析

随车起重机液压系统一般包括:支腿液压回路、伸缩机构液压回路、变幅机构液压回路、回转机构液压回路等四个主回路组成,如下图2-2-2所示。

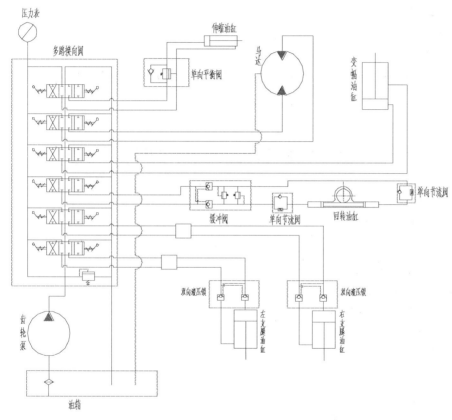

图2-2-2 SQ3.2型随车起重机液压原理图

随车起重机的一系列作业过程与汽车起重机基本相似,由垂直支撑、伸臂伸缩、大臂起升、立臂回转和卷扬起升等动作组成。

液压系统一般由泵、多路换向阀、伸缩液压缸、变幅液压缸、垂直液压缸、回转液压缸、马达及液压管路等组成。系统由泵(常用齿轮泵)提供高压油,通过多路换向阀的控制来实现各种功能。

1. 伸缩臂回路

该回路由油泵、多路换向阀、单向平衡阀和伸缩油缸组成。

伸缩油缸是执行元件,它通过多路阀的换向带动随车起重机大臂的伸出和回缩。

2. 变幅回路

变幅回路由油泵、多路换向阀、单向平衡阀和变幅油缸组成。

变幅油缸是执行元件,它通过多路阀的换向带动随车起重机大臂的起升和回落。

3. 回转回路

该回路由多路换向阀、缓冲阀、两个单向节流阀和回转油缸组成。

它的工作原理是通过多路阀换向,让回转油缸来回运动实现随车起重机立臂的转动。

4. 支撑回路

支撑回路由油泵、多路换向阀、双向锁和支腿油缸组成。

它的工作原理是通过多路阀换向,让支腿油缸伸出和缩回,停止供油,由双向锁锁死支腿缸,起到支撑作用。

5. 卷扬回路

该回路由多路换向阀和马达组成。

它的工作原理是通过多路阀换向,驱动马达转动,通过钢丝绳实现随车起重机吊钩的升起和回放。

三、随车起重机液压系统常见故障及维修

1. 伸缩油缸震动,伸缩臂爬行

分析原因主要有:

(1) 液压系统内有空气。

(2) 伸缩油缸内密封件老化。

(3) 平衡阀内有污物。

(4) 吊臂无润滑油。

可针对性采取以下措施:

(1) 反复动作多次以排除系统内空气。

(2) 更换油缸密封件。

(3) 清洗平衡阀。

(4) 加润滑油。

2. 不能提升额定重物

分析原因主要有:

(1) 液压泵功率不足。

(2) 溢流阀设置错误。

(3) 液压泵密封损坏。

可针对性采取以下措施:

(1) 更换液压泵。

(2) 重新调整溢流阀压力。

(3) 更换液压泵密封。

3. 支腿油缸支撑不住载重

分析原因主要有:

(1) 双向液压锁失效。

（2）支腿油缸活塞密封圈损坏。

可针对性采取以下措施：

（1）清洗或更换阀锁。

（2）更换密封圈。

4．噪音大、压力波动大、液压阀尖叫

分析原因主要有：

（1）吸油管或吸油滤网堵塞。

（2）油的黏度太高。

（3）吸油口密封不良，有空气吸入。

（4）泵内零件磨损。

（5）系统压力偏高。

可针对性采取以下措施：

（1）清除堵塞污物。

（2）按规定更换液压油或用加热器预热。

（3）更换密封件，拧紧螺钉。

（4）更换或维修内部零件。

（5）重新调整系统压力。

学习目标

【主要能力指标】

掌握挖掘机液压系统特点；
掌握挖掘机液压系统组成。

【相关能力指标】

能够分析挖掘机常见故障；
能够正确判断故障原因；
能够简单维修。

一、挖掘机介绍

如图 2-3-1 所示，挖掘机又称挖掘机械，或称挖土机，是用铲斗挖掘高于或低于承机面的物料，并装入运输车辆或卸至堆料场的机械。

挖掘机是土石方开挖的主要设备，品种、类型与功能众多。单斗挖掘机不仅可用于土石方的挖掘工作，而且通过工作装置的更换，还可以用作起重、装载、抓取、打桩、钻孔等多种作业。

目前的挖掘机主要采用液压传动进行工作，常称为液压挖掘机。它具有作业灵活、方便、作业半径大，工作效率高，适用范围广等优点。

图 2-3-1 挖掘机

液压挖掘机由发动机、液压系统、工作装置、行走和电气控制等部分组成。液压系统由液压泵、控制阀、液压缸、液压马达、液压附件等组成。

从执行系统看，挖掘机由工作装置、回转装置和行走装置三部分组成。

工作装置是直接完成挖掘任务的装置。由动臂、斗杆、铲斗三部分铰接而成。

如图2-3-2所示，动臂的升降使得铲斗做上下运动和径向运动，保证铲斗的作业半径和高度，其运动是通过动臂油缸实现

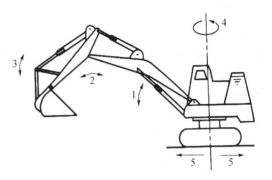

1-动臂升降；2-斗杆收放；3-铲斗装载；4-转台回转

图2-3-2　挖掘机工作机构图

的。斗杆的收放可使铲斗围绕动臂端部，动作是通过斗杆缸实现的。铲斗装载是借助于铲斗缸驱动的四连杆机构实现的。转台回转动作是靠液压马达实现的。

二、挖掘机液压系统分析

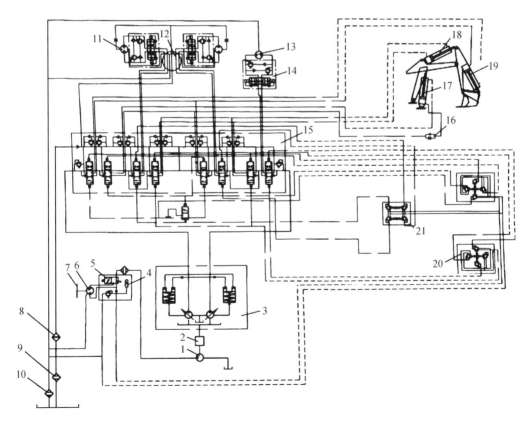

1-操纵泵；2-发动机；3-双联液压泵；4-蓄能器；5-转换阀；6-冷却用液压马达；7-冷却风扇；8-散热器；9、10-过滤器；11-行走马达；12-中心回转接头；13-回转马达；14-缓冲制动阀；15-多路阀；16-单向节流阀；17-动臂缸；18-斗杆缸；19-铲斗缸；20-手动减压式先导阀；21-转换阀

图2-3-3　W250挖掘机液压原理图

图 2-3-3 所示为一国产 W250 系列轮式液压挖掘机执行机构的液压原理图。

左右行走液压马达 11 用来驱动挖掘机行走,回转马达 13 使得挖掘机工作机构产生旋转运动。马达进出口处装有缓冲制造阀 14,以实现马达运动过程的缓冲制动和补油。

大臂油缸 17 完成大臂的升降,斗杆油缸 18 使得铲斗的斗杆绕大臂末端产生摆动,铲斗油缸 19 使得挖斗绕斗杆的末端产生摆动,使得铲斗在挖掘和装斗完成后产生关节运动,三个油缸的共同作用完成了机械手的功能,就像人手将物品抓起、移动,再放置到所需位置。

执行机构中的液压缸和液压马达由主控阀 15 控制,该阀是一个液压先导控制的多路阀组,其控制作用由先导控制减压阀完成。工作系统液压动力源由双联变量泵 3 提供,先导控制减压阀所需的控制油由操纵减压泵 1 提供,整个系统的原动力由发动机 2 提供。

三、挖掘机液压系统常见故障及维修

1. 减压阀式先导操作系统失灵

分析原因主要有:

(1) 手柄、压盘、钢球、推杆、导杆调压弹簧磨损、变形、折断。

(2) 回位弹簧变形、打断。

(3) 液压油污染造成阀内及油口卡死、泄漏、堵塞。

(4) 先导阀与主控阀连接油管路松动、进气,泄漏及蹩劲。

(5) 油黏度不当或油温过高。

可针对性采取以下措施:检查减压式先导阀。检查液压油温、液压油质量。

2. 液压泵不供油,或供油不足

分析原因主要有:

(1) 两台分功率调节变量泵中有一台出现故障。

(2) 主泵内零件磨损。

(3) 因油温过高,油液内杂质使泵运转失灵。

可针对性采取以下措施:视故障情况进行检修,若换新泵,应同时换两台,检查油温、油液质量,过滤或更换新油。

3. 回转回路故障

分析原因主要有:

(1) 回转动作失灵或速度过慢。

(2) 压力值调节过低。

(3) 主换向阀内泄。

(4) 平衡阀故障。

(5) 动臂缸内泄。

(6) 合流管路出现故障无合流量。

可针对性采取以下措施:检查动臂液压回路各元件及油液质量,并进行检修或更换。

4. 行走回路故障

分析原因主要有:

（1）左右行走不动或速度失调。

（2）压力调节不适当。

（3）主换向阀内泄。

（4）行走马达总成（液压马达、过载补油阀、制动阀）内故障。

可针对性采取以下措施：检查行走回路各液压元件及油液质量，并进行检修或更换。

5. 斗杆回路故障

分析原因主要有：

（1）斗杆动作失灵或速度过慢。

（2）压力调节不适当。

（3）主换向阀内泄。

（4）过载补油阀失灵。

可针对性采取以下措施：检查斗杆回路各液压元件及油液质量，并进行检修或更换。

6. 大臂下沉或挖斗掉斗

分析原因主要有：

（1）油缸密封损坏，内泄严重。

（2）主控阀芯磨损，内泄严重。

（3）主控阀中单向阀锥阀密封不严，动臂大腔通油箱。

可针对性采取以下措施：拆修液压缸，更换密封。拆修主控阀。

装载机液压系统

【主要能力指标】

掌握装载机液压系统特点；
掌握装载机液压系统组成。

【相关能力指标】

能够分析装载机常见故障；
能够正确判断故障原因；
能够简单维修。

一、装载机介绍

如图 2-4-1 所示,装载机是一种广泛用于公路、铁路、建筑、水电、港口、矿山等建设工程的土石方施工机械,它主要用于铲装土壤、砂石、石灰、煤炭等散状物料,也可对矿石、硬土等作轻度铲挖作业。换装不同的辅助工作装置还可进行推土、起重和其他物料如木材的装卸作业。在道路、特别是在高等级公路施工中,装载机用于路基工程的填挖、沥青混合料和水泥混凝土料场的集料与装料等作业。此外还可进行推运土壤、刮平地面和牵引其他机械等作业。由于装载机具有作业速度快、效率高、机动性好、操作轻便等优

图 2-4-1　装载机

点,因此它成为工程建设中土石方施工的主要机种之一。

装载机的原动力由内燃机提供,动力通过分动装置分流,一部分通过机械传动传递到行走部分。另一部分付给液压系统,形成液压动力源,为装载机的转向和装载作业提供动力。

从总体功能看,装载机的主要工作是通过液压驱动和控制来实现的。

二、装载机液压系统分析

图 2-4-2 为某一 ZL100 型装载机液压系统。它主要包括工作液压系统部分、转向液压系统部分、先导液压系统部分等。

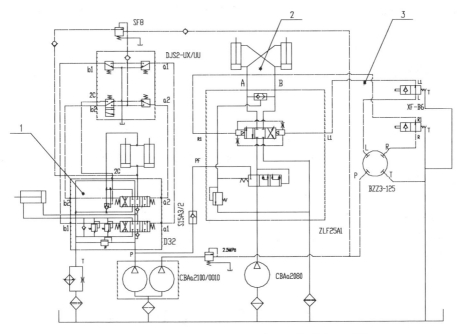

1-工作液压系统;2-转向液压系统　3-先导液压系统
图 2-4-2　ZL100 装载机液压原理图

其主要原件有:

1. D32 多路换向阀

阀内有转斗杆和动臂阀杆。转斗阀杆有中立、前倾和后倾三个位置,动臂阀杆有中立、提升、下降、浮动四个位置。阀杆移动靠先导油,回位靠弹簧。

2. DJS2-UX/UU 型先导阀

先导阀有转斗操纵杆和动臂操纵杆,转斗操纵有前倾、中立和后倾三个位置,动臂操纵杆有提升、中立、下降和浮动四个位置。在提升、浮动和后倾位置设有电磁铁定位。

3. SF8 选择阀

选择阀是先导控制元件之一。先导油经选择阀进入减压比例先导阀,完成提升和倾斜动作。

4. BZZ3-125 全液压转向器

转向器由随动阀和一对摆线针轮啮合副组成,具有操纵灵活、结构紧凑等优点,在发动机熄火时能实现人力转向。

5. ZLF25A1 优先型流量放大阀

流量放大阀是转向系统的一个液力换向阀,先导控制油由转向器经限位阀到流量放大阀的控制腔移动主阀芯,使转向泵来的油去转向油缸完成转向动作。除优先供应转向系统外,它还可以使转向系统多余的油合流到工作系统,这样可以降低工作泵的排量,以满足低压大流量时的作业工况。

6. XF-B6 限位阀

限位阀用来限制装载机转向极限位置。当整机转至极限位置时,该阀切断去流量放大阀的先导控制油,使转向停止,起安全转向作用。

液压系统共由三个齿轮泵供油,齿轮泵的动力是由涡轮增压器输出轴传出,通过中间齿轮分别传递给超越离合器和齿轮泵的驱动齿轮。其中工作油泵和先导泵为一个整体,是双联泵,转向油泵为一个单独的油泵。

当装载机工作时,先导泵供出的油先通过一个定值减压阀,确保给先导油路一个稳定的油压。在该阀出油口有一部分油经过操作阀(在驾驶室侧面),操作阀共有三个操作手柄,分别控制大臂油缸、铲斗油缸和侧翻油缸,最后到达多路阀上,通过推动主阀芯,控制主油路以实现不同的动作。

当装载机转向时,先导油路从定值减压阀的出油口分出另外一道油路进入转向器,通过转向限位阀、流量放大阀进入转向油缸,从而实现转向。如果转向油路不需要过多的液压油,先导油直接排入油箱,转向泵的油通过流量放大阀和一个单向阀进入工作油路,一起给各工作油缸供油。

三、装载机液压系统常见故障及维修

1. 工作装置动作无力

分析原因主要有:

(1) 油箱油位不足。

(2) 油液污染严重。

(3) 泵吸油不畅。

(4) 油缸密封损坏,内泄严重。

(5) 主控阀阀芯磨损、内泄严重。

(6) 泵内泄严重。

(7) 主控阀中溢流阀弹簧失效,设定压力过低。

(8) 主控阀中溢流阀卡死或高压弹簧失效。

可针对性采取以下措施:补足油液,清洁油液,必要时更换油液;更换密封;更换弹簧;修研阀座。

2. 工作装置无法动作

分析原因主要有:

（1）主控阀滑阀阀芯卡死。

（2）主控阀中弹簧失效，调定压力过低。

（3）主控阀中减压阀卡死或弹簧失效。

（4）主控阀中单向阀锥阀密封不严，动臂大腔通油箱。

可针对性采取以下措施：更换弹簧，修研阀座。

3. 大臂下沉或铲斗掉斗

分析原因主要有：

（1）油缸密封损坏，内泄严重。

（2）主控阀芯磨损，内泄严重。

（3）主控阀中单向阀锥阀密封不严，动臂大腔通油箱。

可针对性采取以下措施：拆修液压缸，更换密封。拆修主控阀，修研阀座。

3. 液压油温过高

分析原因主要有：

（1）油箱中油位不足。

（2）泵磨损严重。

（3）设备工作负载过大，液压系统频繁溢流。

（4）主溢流阀设定压力过低，液压系统频繁溢流。

（5）液压油中含气量较大。

可针对性采取以下措施：补足油液；调整负载，以保证设备不过载；修正主溢流阀的调定压力；严格放气。

平地机液压系统

学习目标

【主要能力指标】

掌握平地机液压系统特点；
掌握平地机液压系统组成。

【相关能力指标】

能够分析平地机常见故障；
能够正确判断故障原因；
能够简单维修。

一、平地机介绍

如图 2-5-1 所示，平地机是土方工程中用于整形作平整作业的主要机械。由于它的刮土板能在空间完成 6 个自由度运动，因此它是一种高速、高效、高精度和多用途的土方工程机械。

它可以完成公路、机场、农田等大面积的地面平整和挖沟、刮坡、推土、排雪、疏松、压实、布料、拌和、助装和开荒等。其广泛应用于国防工程、矿山建设、道路修筑、水利建设和农田改良等施工。

图 2-5-1 平地机

二、平地机液压系统分析

图 2-5-2 为某 PY-180 型平地机液压系统。本系统包括工作装置液压系统、转向液压系统和牵引控制液压系统等。

工作装置液压系统用来控制刮刀、耙土器、推土铲等的动作。

转向液压系统采用全液压转向系统，由转向盘直接驱动液压转向器实现动力转向。

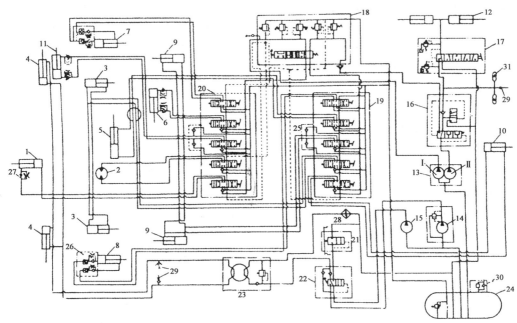

1-前推土升降油缸；2-铲刀回转液压马达；3-铲土角变换油缸；4-前轮转向油缸；5-铲刀引出油缸；6-铲刀摆动油缸；7、8-铲刀升降油缸；9-铰接转向油缸；10-后松土器油缸；11-前轮倾斜油缸；12-制动分泵；13-双联泵；14-转向泵；15-紧急转向泵；16-限压阀；17-制动阀；18-油路转换阀总成；19-多路阀(上)；20-多路阀(下)；21-旁通指示阀；22-转向阀；23-液压转向器；24-封闭式压力油箱；25-补油阀；26-双向液压锁；27--单向节流阀；28-冷却器；29-微型测量接头；30-进排气阀；31-蓄能器

图 2-5-2　PY-180 型平地机液压系统原理图

1. 工作装置液压系统

工作装置液压系统由高压双联泵 13、手动多路操纵阀组 19、20、单/双油路转换阀总成 18、补油阀 25、限压阀 16、双向液压锁 26、单向节流阀 27、蓄能器 31、进排气阀 30、压力油箱 24、左右铲刀升降油缸(7、8)、铲刀摆动油缸 6、铲刀引出油缸 5、铲土角变换油缸 3、前推土板升降油缸 1、后松土器升降油缸 10、铲刀回转液压马达 2 等元件组成。

在工作装置液压系统中，双联泵中的泵Ⅰ可通过多路操纵阀组 20 向前推土板升降油缸 1、铲刀回转液压马达 2、铲刀摆动油缸 6 和铲刀右升降油缸 7 提供压力油，同时可向前轮倾斜油缸供油。泵Ⅰ可通过接通连接多路换向阀 19 的油路，分别向后松土器升降油缸 10、铲土角变换油缸 3、铲刀引出油缸 5 和铲刀左升降油缸 8 提供压力油，也可向铰接转向油缸 9 供油。此外，泵Ⅰ还可直接向单回路液压制动系统提供压力油。

PY180 平地机工作装置的液压油缸和油马达均为双作用油缸和双作用油马达。当操纵多路换向阀组中的一个或几个手动换向阀进入"左位"或"右位"工作时,压力油将进入相应的液压油缸工作腔,相差的工作装置即开始按预定的要求进行动作,而其他处于"中位"的换向阀油口则全部闭锁,与之相应的工作油缸或油马达处于液压闭锁状态。

在泵 I 和泵 II 的工作回路中,由于油路转换组合阀 18 内设有相应的流量控制阀,当工作装置的油缸或油马达进入工作状态时,其工作装置的运动速度可得到有效控制并保持稳定,从而提高平地机工作装置调整的平稳性。

当系统过载时,双工作回路可分别通过油路转换阀组 18 内的右 1 安全阀和左 1 安全阀开启卸荷,确保系统安全。双回路工作时,因铲刀回转液压难以确定和前推土板升降油缸 1 工作时较其他工作油缸阻力大,为防止铲刀回转和前推土升降液压回路工作失效,系统安全阀的开启压力应高于其他工作装置油路安全阀的压力。

在铲刀左右升降油缸的油路上,设有双向液压锁 26,可以防止牵引架后端的悬挂重量或地面反作用力对铲刀的垂直冲击载荷而引起油缸活塞工作位置变化,从而可保证铲刀的平地精度,提高施工质量。

PY-180 平地机的液压油箱为封闭式压力油箱,油箱上装有进排气阀 30,可控制并保持油箱在 0.07 MPa 的低压状态下工作,以利于工作装置泵和转向油泵正常吸油。进排气阀可随时根据箱内压力的变化排出多余气体,或补充吸入适量的空气。封闭式压力油箱还可防止气蚀现象的产生,防止液压油污染,减少液压系统故障,延长液压元件的使用寿命。

2. 转向液压系统

PY-180 平地机的转向液压系统由转向油泵 14、紧急转向泵 15、转向阀 22、液压转向器 23、转向油缸 4、冷却器 28、旁通指示阀 21 等元件组成。

平地机转向时,由转向油泵提供压力油,压力油经流量控制阀和转向阀,以稳定的流量进入液压转向器,然后进入前桥左右转向油缸的反向工作腔,分别推动左右前轮的转向节臂,偏转车轮,实现左右转向,左右转向节用横拉杆连接,形成转向梯形,可近似满足左右前轮偏转角实现前轮纯滚动的要求。

在液压转向器 23 内设有转向安全阀,可保护转向液压系统的安全,当系统压力超过设定时值,安全阀开启卸荷,防止系统过载。

当转向泵 14 出现故障时,转向阀 22 自动接通紧急转向泵 15,由紧急转向泵提供的压力油即可进入前轮液压转向系统,确保液压转向系统正常工作。

三、平地机液压系统常见故障及维修

1. 系统压力不足或完全无压力

分析原因主要有:

(1) 泵严重磨损,内漏严重;

(2) 油温过高,引起油黏度下降;

(3) 管路系统漏油;

(4) 溢流阀工作不正常或堵塞,弹簧失效。

可针对性采取以下措施:更换、修研液压泵;降低油温;找出管路中漏油处并排除;更换弹簧。

2. 工作速度慢,流量小

分析原因主要有:

(1) 油位低,吸不上油。

(2) 温度太低致使黏度太大,吸不上油。

(3) 内漏严重。

可针对性采取以下措施:补油;提高油温;修理或更换元件。

3. 泵异响,振动

分析原因主要有:

(1) 进入空气,油面太低。

(2) 油太冷,黏度太高或泵吸空。

(3) 泵故障。

可针对性采取以下措施:排气;加油;加热油液;修理、更换泵。

4. 操纵手柄沉重

分析原因主要有:

(1) 操纵阀被污物卡住。

(2) 弹簧失效。

可针对性采取以下措施:清洗元件,更换弹簧。

5. 油温过高

分析原因主要有:

(1) 连续长时间带负荷作业。

(2) 系统压力过高。

(3) 油箱油量不足。

(4) 环境温度过高。

(5) 内部泄漏大。

可针对性采取以下措施:暂停作业;调整到规定压力;补油;采取冷却措施;检修有关元件。

6. 铲刀下沉

分析原因主要有:

(1) 铲刀油缸密封损坏,内泄严重。

(2) 双向液压锁阀芯磨损,内泄严重。

可针对性采取以下措施:拆修液压缸,更换密封。拆修双向液压锁。

项目三

常用建筑机械液压系统

塔式起重机液压系统

【主要能力指标】

掌握塔式起重机液压系统特点；
掌握塔式起重机液压系统组成。

【相关能力指标】

能够分析塔式起重机常见故障；
能够正确判断故障原因；
能够简单维修。

一、塔式起重机介绍

如图 3－1－1 所示，塔式起重机简称塔机，亦称塔吊，是动臂装在高耸塔身上部的旋转起重机。它的作业空间大，主要用于房屋建筑施工中物料的垂直和水平输送及建筑构件的安装。

塔机有一顶升套架，以实现塔机自身的升高。在顶升时套架先向上升高，升高到一定高度后锁紧。塔身和套架中间就会有一个空间，这时将塔身的标准节安装在这个空间里面，套架再次升高，再次在腾空的套架内部安装标准节。这样，随着标准节不断地增加，塔机随着变高。

塔机的起重量常以其起重的力矩描述，如 20 TM、25 TM、40 TM、63 TM、80 TM 等。

图 3-1-1 塔式起重机

二、塔式起重机液压系统分析

对于塔式起重机,它的套架上升及锁紧的动作是靠一套液压系统来实现的,图 3-1-2 是一种常用的 20 TM 规格的塔机液压系统,定量泵 3 打出的压力油通过叠加阀 5 的方向、压力和速度控制,实现油缸 8 的伸出和缩回。

以自升式 20 TM 规格的塔机液压系统为例说明,它能顶起塔帽重量约为 11 吨,顶升速度约为 0.7 m/min。

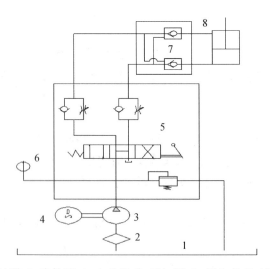

1-油箱;2-滤油器;3-齿轮泵;4-电动机;5-叠加阀;6-压力表;7-液压锁　8-油缸

图 3-1-2　QT 20 TM 塔吊液压系统

初选系统的工作压力为 16 MPa,预选顶升油缸 8 的缸径为 100,杆径为 70。根据速度要求,计算出所需流量约为 5.5 L/min。

根据压力和流量的值,计算所需电机功率为 2.2 kW,所以选 Y100L1‑42.2 kW 型电动机,其转速为 1 420 r/min。

由于本设备为野外露天作业,所以选对油污不敏感又经济的齿轮泵。

叠加阀 5 包括了 H 型中位机能的三位四通手动换向阀、先导式溢流阀及单向节流阀。

由于此系统换向不频繁且精度要求不高,故手动换向阀完全符合要求。

为控制塔帽顶升及下降的速度,选用回流节流调速,工作时有背压,速度平稳。

为保证在塔帽固定时的锁紧效果,采用双向液压锁和 H 型中位机能的配合,锁紧效果特别好,从而保证建筑施工过程中的安全、可靠。

三、塔式起重机液压系统常见故障及维修

1. 油缸锁不住

出现油缸锁不住的溜缸现象,是由于油缸活塞密封件损坏或油缸底部插装的两个液控单向阀的密闭性能不好、不保压所致。按下面方法判断是油缸密封件问题还是液控单向阀问题。

(1) 液控单向阀故障的判断:将系统电机断电,把油缸高压腔油管打开,如发现油管中有压力油流出,说明插装式液控单向阀有问题,必须维修或更换(决不可带载拆卸该阀)。

(2) 油缸活塞密封件故障的判断:将油缸活塞杆全部伸出(必须脱离塔机踏步),打开油缸低压腔油管,继续伸出活塞杆,如发现油管中有压力油流出,说明油缸活塞无杆腔端密封件损坏。如向油缸有杆腔供油,油缸活塞杆不但不回收,反而伸出,说明油缸活塞有杆腔端密封件损坏。发现油缸密封件损坏,必须立即拆缸更换。

2. 系统工作时噪音过大

该故障主要由以下原因引起:

(1) 系统各连接件连接不牢固,特别是电机的固定不牢固;

(2) 电机和泵的同轴度差,造成系统油液温升很快,油泵使用寿命短;

(3) 系统油液不够,不能保证油泵的正常吸油;

(4) 油泵的吸油口连接不好,吸油时有大量空气进入油泵;

(5) 油泵吸油口处的吸油滤油器堵塞,使油泵吸油不畅;

(6) 系统用油牌号不对,过稀或过稠的油液都会影响油泵的正常吸油;

(7) 油缸本身的爬行引起。

3. 系统无压力或有压力但压力升不高

出现这类问题且系统无异常噪音,应首先判明是油缸故障还是泵站故障,如按上述中的方法判定油缸密封件完好,则说明故障是发生在泵站的油泵或溢流阀上,这时就要分析是溢流阀的问题还是泵的问题。具体判断方法是:首先将泵站与油缸的连接管拆开,用金属堵盖将泵站的两出油口堵上,把泵站盖板抬至能便于观察系统回油管,用手摸溢流阀部位和油泵外壳,发热异常的则出现故障的可能性大。启动电机将换向阀换向至油缸顶升位置,从低到高调节溢流阀的压力,在调节过程中边调节压力边观察系统的回油量变化,如随着系统压力

的升高系统的回油量变小,甚至无回油,则说明油泵的容积效率降低了,泵已损坏,需要更换油泵(如系统选用的是轴向柱塞泵,则可直接观察该泵泄油口的泄油流量,如随着系统压力的升高,泄油流量很大且压力很高,则油泵损坏)。如随系统的压力升高,系统回油流量变化较小,则说明是溢流阀发生故障,需进行更换或维修。

4. 系统压力正常但活塞杆收不回

该液压系统分高低压两条油路,低压油路进油时油缸活塞杆收回(降塔或空收活塞杆),油缸活塞杆收不回的主要原因有:

(1)控制系统低压油路的低压溢流阀有故障,使系统低压油路的压力达不到要求,此时系统低压溢流阀部位发热异常;

(2)油缸活塞有杆腔端的密封件损坏;

(3)油缸缸底处的液控单向阀控制活塞卡滞,不能有效开启液控单向阀;

(4)液控单向阀的控制油路堵塞,控制油不能通畅地达到控制活塞;

(5)塔机机械部分卡死。

当出现油缸活塞杆收不回来的故障时,可将油缸无杆腔放气塞拧松,待有油液流出时,将油缸的高压管拧到该处,油缸无杆腔油液会在重载的作用下压回油箱,油缸活塞杆收回,然后再拆卸液控单向阀。

5. 系统压力正常但油缸的顶升速度下降或顶不动且系统发热很快

该现象的发生不是系统本身出现了故障,而是由于系统不匹配所致。系统的生产厂家在使用说明书中标明了额定压力,塔机生产厂家就按此压力来计算所需的顶升力,并选定系统规格。其实这里存在一个误区,即系统的额定压力与工作压力的差别。大家都知道,系统的压力是由溢流阀确定的,而溢流阀都有一定的溢流范围。当系统的顶升压力达到预先调定值时,系统油泵所供油液不能进入油缸,而从溢流阀溢流,系统不做有效功(油缸不能正常顶升),系统发热迅速。处理方法:

(1)调换压力级别更高的系统;

(2)向系统生产厂家咨询,该系统的配置是否还有调高压力的空间,如有,通过同时调节系统溢流阀和安全阀的压力可以提高系统的顶升压力。

混凝土泵车液压系统

【主要能力指标】

掌握混凝土泵车液压系统特点；
掌握混凝土泵车液压系统组成。

【相关能力指标】

能够分析混凝土泵车液压系统常见故障；
能够正确判断故障原因；
能够简单维修。

一、混凝土泵车介绍

如图 3-2-1 所示，混凝土泵车是将泵送混凝土的泵送机构和用于布料的臂架集成在汽车底盘上，集行驶、泵送、布料功能于一体的高效混凝土输送设备。其适应于城市建设、住宅小区、体育场馆、立交桥、机场等建筑施工时混凝土的输送。

工作时，混凝土泵车利用汽车底盘柴油发动机的动力，通过分动箱将动力传给液压泵；然后带动混凝土泵送机构和臂架系统；泵送系统将料斗内的混凝土加压送入管道内；管道附在臂架上；臂架可移动，从而将泵送机构泵出的混凝土直接送到浇灌点。

图 3-2-1　混凝土泵车

二、混凝土泵车液压系统分析

以小排量泵车(如37米和42米)为例,介绍其液压系统的组成。如图3-2-2所示,其由主回路、分配阀回路、自动高低压切换回路及全液压换向回路组成。

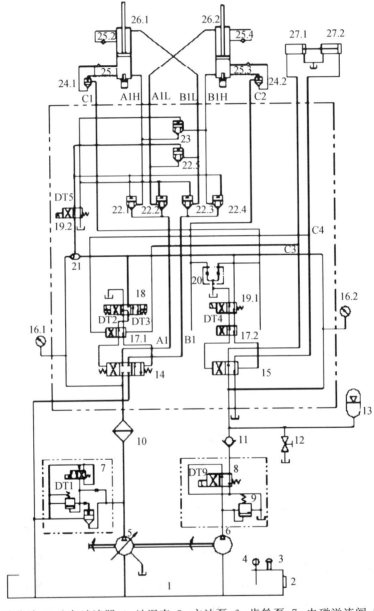

1-油箱;2-液位计;3-空气滤清器;4-油温表;5-主油泵;6-齿轮泵;7-电磁溢流阀;8-电磁换向阀;9-溢流阀;10-高压过滤器;11-单向阀;12-球阀;13-蓄能器;14-主四通阀;15-摆缸四通阀;16-压力表;17-小液压阀;18-电磁换向阀;19-电磁换向阀;20-泄油阀;21-梭阀;22-插装阀;23-插装阀;24-螺纹插装阀;25-单向阀;26-主油缸;27-摆阀油缸

图3-2-2 小排量泵送液压系统

1. 主回路

该回路由主油泵 5、电磁溢流阀 7、高压过滤器 10、主四通阀 14、主油缸 26 组成。

主油泵为恒功率并带压力切断的电比例泵,电磁溢流阀 7 起安全阀的作用,并可控制系统的带载和卸荷。

主油缸 26 是执行机构,驱动左右输送缸内的混凝土活塞来回运动。

主四通阀 14 的 A1、B1 出油口通过高低压切换回路与左右主油缸的活塞腔油口 A1H、B1H 和活塞杆腔油口 A1L、B1L 连通,故它的换向最终致使左右输送缸内混凝土活塞运动方向的改变。

2. 分配阀回路

该回路由齿轮泵 6、电磁换向阀 8、溢流阀 9、单向阀 11、蓄能器 13、摆缸四通阀 15、摆阀油缸 27 组成。

其中由齿轮泵 6、电磁换向阀 8 和溢流阀 9 形成恒压油源,电磁换向阀 8 在泵送作业时一直处于得电状态;在待机状态下则进行得断电的循环,以保证蓄能器 13 的压力不掉为零,又不至于使齿轮泵压力油总处于溢流状态,消耗功能产生热量。

摆阀油缸 27 是执行机构,驱动"S 管"分配阀左右摆动;摆缸四通阀 15 的 A、B 出油口分别与左右摆阀油缸的活塞腔连通,故它的换向最终致使"S 管"分配阀换向。

3. 自动高低压切换回路

该回路由插装阀 22、插装阀 23、电磁换向阀 19.2 和梭阀 21 组成。

它的工作原理是利用插装阀的通断功能形成"高压"和"低压"两种工作回路,并用电磁换向阀以切换控制压力油的方式来切换这两种工作回路。

4. 全液压换向回路

该回路的功能是实现"正泵"和"反泵"两种混凝土作业模式,并由液压系统本身自行完成主油缸和摆阀油缸的交替换向。其中包括小液动阀 17、电磁换向阀 18、电磁换向阀 19.1、泄油阀 20、螺纹插装阀 24 和单向阀 25。

正泵和反泵在控制上的区别在于得电的电磁铁不一样,从而使相关控制油路发生变化;正泵是电磁铁 DT1 和 DT2 得电,反泵是电磁铁 DT1、DT3 和 DT4 得电。

三、混凝土泵车液压系统常见故障及维修

以小排量泵车(如 37 米和 42 米)为例,介绍其液压系统常见故障的诊断与排除。

1. 主系统无压力或主系统压力不能达到设定的 32 MPa

原因可能有以下几种:

(1) 主溢流阀的插装阀阀芯卡死在上位,或是主溢流阀的溢流阀芯磨损。直接更换主溢流插装阀。

(2) 电磁换向阀阀芯磨损。更换电磁换向阀。

(3) 主油泵的恒压阀插头松动或阀芯磨损。可拧紧插头或更换恒压阀。

2. 泵送系统不换向(主系统压力正常)

可能是电磁换向阀的电磁铁不得电或卡滞。检查线路或更换控制电磁铁。

3. 低压泵送时缸活塞不能前进到输送缸靠料斗的规定行程处就换向,而且换向次数越来越快

原因之一是主油缸无杆腔连通插装阀的阀芯与阀套之间磨损,导致无杆连通腔的液压油泄回油箱,从而使无杆连通腔的液压油越来越少。直接更换主油缸无杆腔连通插装阀。

也可能是主油缸的活塞密封损坏,导致泵送时内泄回油箱的液压油比内泄进无杆连通腔的液压油多,从而使无杆连通腔的液压油越来越少。更换油缸活塞密封件。

4. 摆缸换向无力

原因有以下几种:

(1) 蓄能器氮气压力不够。检查、补充氮气以恢复压力。

(2) 主四通阀或摆缸四通阀内的堵头脱落。检查脱落情况。

(3) 主油泵内的梭阀卡滞,导致蓄能器压力与主系统窜通。检查或更换主油泵内的梭阀。

(4) 蓄能器的进油口单向阀卡滞,不能保压。检查或更换蓄能器的进油口单向阀。

5. 液压油温异常升高

有以下可能原因:

(1) 主溢流阀在泵送过程中存在溢流现象。更换主溢流阀。

(2) 风冷马达不转,或者其容积效率下降导致风冷马达转速低。更换风冷马达。

(3) 风冷却器的散热片被灰尘堵塞,导致冷却不畅。清理散热片上灰尘。

6. 臂架与支腿均无动作

原因可能有以下两种:

(1) 多路阀的旁通阀不得电。检查线路,恢复通电。

(2) 多路阀的三通流量阀卡死或其里面阻尼接头脱落。更换三通流量阀。

7. 液压油乳化

原因可能有以下两种:

(1) 液压油没有按要求更换。按保养说明定期更换液压油。

(2) 主油缸导向部分密封失效。更换主油缸密封。

全液压静压桩机液压系统

【主要能力指标】

  掌握全液压静压桩机液压系统特点；
  掌握全液压静压桩机液压系统组成。

【相关能力指标】

  能够分析全液压静压桩机液压系统常见故障；
  能够正确判断故障原因；
  能够简单维修。

一、全液压静压桩机介绍

  在建筑基础施工中，传统的打桩机械是柴油动力的打桩锤，靠冲击动能将基础桩柱打入地下，产生很大的冲击、振动与噪声，对周围环境影响很大。

  如图 3-3-1 所示，静压桩机是一种新的工程桩基施工方法，它是通过全液压静压压桩机的压桩机构及压桩机自重和机架上的配重提供反力而将预制桩压入土中的。

  全液压静压压桩机采用液压技术，具有无冲击振动、无污染、低噪声、昼夜施工不扰民、压桩速度快等特点。

  全液压静压桩机是旧城区改造高层建筑、厂房、电站、港口建筑基础施工的理想设备，得到了越来越广泛的使用。

图 3-3-1 全液压静压桩机

二、全液压静压桩机液压系统分析

如图 3 - 3 - 2 所示，为 5 000 kN 全液压静压桩机液压原理图。

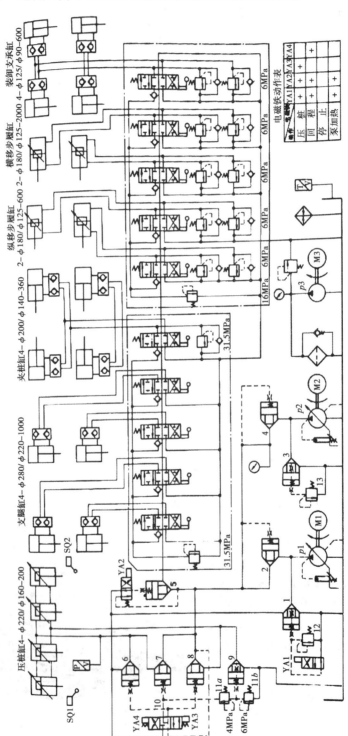

图 3-3-2　5000kN 全液压静压桩机液压原理图

1. 动力源部分

本系统采用两套液压泵电机组作为系统动力源,单机分别启动,降低了启动电流,同时满足了施工现场配电设备容量的限制。在一套机组出现故障停机维修时,可用单机组降速工作,而不至于工程停工,提高了设备可靠性。

液压动力源选用恒功率压力补偿变量轴向泵。压桩速度在压力小于 10 MPa 时是恒定高速。在压力大于 10 MPa 后压桩速度承受压桩力的增大而自动减小。充分利用装机功率,提高了压桩效率。

2. 压桩缸控制回路

压桩缸控制回路采用二通插装阀,按钮电动操纵,解决了无高压大通径多路换向阀时压力损失大、系统发热、功率消耗大等问题。

插装阀 6 和 7 控制压桩缸上腔的进、排油。插装阀 8 和 9 控制下腔的进、排油与压力。它们是由电磁换向阀 10 集中控制开启和关闭的。

阀 9 是由阀 11a 和阀 11b 控制的二级阀压,其中阀 11a 的调节压力控制压桩缸下腔的背压,保证夹桩箱停止时不因自重而下滑。而阀 11b 调节压力用于控制压桩缸的回程提升力。

压桩时电磁铁 YA1、2、3 得电,阀 5 关闭,切断了通多路换向阀的油路。阀 6、8 关闭,阀 7 开启,泵 P_1 和 P_2 的油经阀 2、4、7 到压桩缸的上腔。下腔油经阀 9(受阀 11a 调节压力的控制)排回油箱。

回程时电磁铁 YA1、2、4 得电,阀 6、8 开启,阀 7 关闭,压力油经阀 8 到压桩缸下腔,下腔工作压力取决于阀 11b 调节压力。上腔油经阀 6 排回油箱。

3. 多路换向阀控制回路

压桩机其他各缸按工作压力高低,分别用两组手动多路换向阀控制,实现动作联锁。凡需要保压与静止支撑的缸均用液压锁封闭进出油路,避免下滑。

4. 系统其他控制功能

压桩机露天作业,环境恶劣,污染严重,液压系统设有较完善的辅助功能。

液压系统设有专门的单独的油液过滤系统,能在主泵不工作时单独启动进行过滤,以保持系统油液的清洁度。

油箱有电加热器,便于在冬季低温天气下泵能正常启动。

在压桩缸回路上还设有压力传感器,在司机操纵面板上数显压桩力 kN。

在压桩缸行程下端设有双保险的超程保护行程开关。当夹桩箱运行到压桩箱行程终点的极限位置时,行程开关 SQ1、2 会发出信息使得换向阀 10 的电磁铁失电,从而停止系统运行并报警。

三、全液压静压桩机液压系统常见故障及维修

1. 滑桩现象

所谓滑桩是指抱压式夹桩箱夹不住送桩器,发生滑动。针对滑桩现象,分析原因在于夹桩箱对送桩器夹持不紧,不能形成足够的摩擦力,从而产生滑桩,具体原因如下:

夹桩的液压系统泄漏,造成夹桩压力卸压,压力不足从而造成滑桩。

采取措施:对系统的溢流阀、换向阀及液压缸分别检测,发现内泄,更换密封或变形的零部件。

2. 桩机压力低,特别是使用一段时间后,出现压力升不上去的现象

原因分析,关于桩机工况恶劣,特别是污染严重,造成压力低的原因可能有以下几种:

(1) 过滤器堵塞,造成泵吸空现象。

采取措施:及时检查过滤器,按要求清洗或及时更换。

(2) 补油系统工作不正常,造成主泵供油不足。

采取措施:一检查补油泵的过滤器,及时清洗或更换。二拆检补油泵,及时修复或更换。

3. 支腿缸自动回缩

原因可能有以下几种:

(1) 双向锁故障:阀座损坏;密封圈损坏;弹簧损坏。

(2) 支腿油缸故障:活塞密封损坏。

采取措施:拆修双向锁,更换弹簧,更换密封或修研阀座。拆卸油缸,更换密封。

4. 压桩缸震动爬行

这是桩机施工时非常常见的一种故障,其原因可能有以下几种,同时采取措施如下:

(1) 液压系统内有空气,反复动作多次以排除系统内空气。

(2) 油缸故障,更换油缸密封件或油缸。

(3) 换向阀内有污物,清洗平衡阀。

(4) 机械滑动部分无润滑油,加润滑油。

任务四

旋挖钻机液压系统

【主要能力指标】

掌握旋挖钻机液压系统特点；

掌握旋挖钻机液压系统组成。

【相关能力指标】

能够分析旋挖钻机液压系统常见故障；

能够正确判断故障原因；

能够简单维修。

一、旋挖钻机介绍

如图 3-4-1 所示,旋挖钻机是一种适合建筑基础工程中成孔作业的施工机械。主要适于砂土、黏性土、粉质土等土层施工,在灌注桩、连续墙、基础加固等多种地基基础施工中得到广泛应用。旋挖钻机主要用于市政建设、公路桥梁、工业和民用建筑、地下连续墙、水利、防渗护坡等基础施工。

旋挖钻机一般采用液压履带式伸缩底盘、自行起落可折叠钻桅、伸缩式钻杆、带有垂直度自动检测调整、孔深数码显示等,整机操纵一般采用液压先导控制、负荷传感,具有操作轻便、舒适等特点。主、副两个卷扬可适用于工地多种情况的需要。该类钻机配合不同钻具,适用于干式(短螺旋)或湿式(回转斗)及岩层(岩心钻)的成孔作业,还可配挂

图 3-4-1　旋挖钻机

长螺旋钻、地下连续墙抓斗、振动桩锤等,实现多种功能。

旋挖钻机的额定功率一般为 125～450 kW,动力输出扭矩为 120～400 kN·m,最大成孔直径可达 1.5～4 m,最大成孔深度为 60～90 m,可以满足各类大型基础施工的要求。

二、旋挖钻机液压系统分析

如图 3－4－2 所示,为 SR150 型旋挖钻机液压原理图。

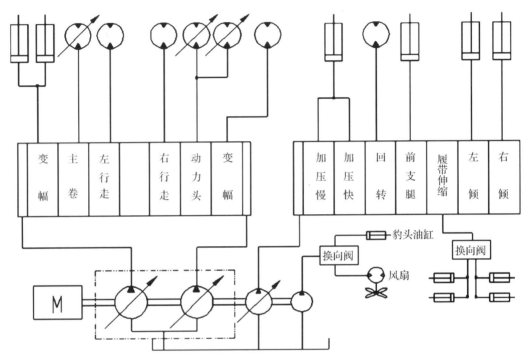

图 3－4－2 SR150 型旋挖钻机液压原理图

发动机驱动主泵,主泵开始工作,向系统输入高压油;操作人员操纵驾驶室内的控制手柄和脚踏等控制机构,主阀阀芯换向,此时主泵至执行机构的油路连通;高压油经主副阀到达液压油缸、液压马达等执行机构,开始工作。当手柄复位,主阀芯回到中位,主泵至执行机构的油路断开,执行机构停止工作。

本系统中,通过主阀为变幅、主副卷扬、左右行走及动力头等执行元件供油,主阀由液压先导控制,主卷合流在外部实现,动力头合流在内部实现;副阀为加压、转台回转、履带伸缩、倾缸、前支腿等执行元件供油,其中加压、回转采用液压控制,左右倾缸、履带伸缩分别采用电液比例控制和电磁开关控制。主要子系统原理如下:

1. 回转回路

高压油经副阀进入回转马达,马达带动减速机,减速机驱动回转支承,从而实现上车部分的回转。

2. 主卷扬回路

高压油通过主阀进入主卷马达,马达带动主卷减速机,减速机驱动卷筒实现主卷提升和下放。

3. 动力头回路

高压油通过主阀进入动力马达,马达带动减速机旋转,减速机驱动动力箱,从而驱动钻杆,实现钻机的钻进功能。

4. 行走回路

高压油通过主阀进入马达,马达带动减速机旋转,减速机驱动履带驱动轮,实现钻机行走功能。

5. 变幅回路

高压油通过主阀进入平衡阀,再进入变幅油缸,实现钻机变幅机构的上升、下降和停止动作。

6. 加压回路

高压油通过副阀进入加压平衡阀,再进入加压油缸,实现钻机加压油缸的加压、提升和停止动作。

7. 钻桅变幅回路

高压油通过副阀进入平衡阀,再进入防后倾油缸,实现钻机钻桅机构的起立和放倒、下降和停止动作。

8. 副卷扬回路

高压油通过主阀进入副卷马达,马达带动副卷减速机,减速机驱动卷筒实现副卷提升和下放。

三、旋挖钻机液压系统常见故障及维修

1. 钻杆缓慢溜杆

钻机在卷扬提升或下放结束时,钻杆会缓慢溜动一段行程,然后停止。

原因分析:卷扬转运,说明制动器没有完全锁死,经分析是因为卷扬马达的泄油管路较长,容易形成背压,导致制动压力油不能尽快释放,所以出现钻杆溜动现象。

解决方法:在先导油源外加一条单独的制动器打开油路。

2. 钻杆急速下滑

钻杆在快速下放结束时,会极速下滑一段距离,而提升时工作正常。

原因分析:可能有两个原因,一是卷扬马达的二次溢流阀设定压力低,二是平稳阀阀芯关闭的时间可能慢于卷扬主控阀关闭的时间。

解决方法:提高马达二次溢流阀的压力,或是更换平稳阀,选受主阀关闭特性影响较小的平衡阀。

3. 液压油出现白浊现象

原因分析:可能是由于液压油中混入了水或空气。

解决方法:排气并检查空气进入源,将其切断。若是混入了水,应换油。

4. 油温异常升高

原因分析:可能有以下几个,一是油量不足,二是冷却管路堵塞,三是各安全阀压力不正常。

解决方法：补足液压油。修复管路。重新调整安全阀设定压力值。

5. 提升无力

主卷扬提升无力主要表现在施工中钻头提升量不足或无法提升。原因分析：可能是减速机损坏或是马达提升端溢流阀设定不当。

解决方法：更换减速机或重新设定溢流阀。

6. 动力头转动时钻杆自行缓慢下落

原因分析：制动阀芯组长期磨损造成内泄加大，使系统补油进入减速机制动缸内，主补没产生背压，造成制动有被打开的趋势。

解决方法：更换制动阀。

7. 钻杆脱落

这一现象若出现在冬季，是由于油温过低，当快速切换操作手柄时油压不能及时建立。解决方法：预热提高油温。若出现在夏季，是由于制动控制输出油减压阀和内置梭阀的故障造成，应检查修复或更换。

8. 变幅油缸、防后倾油缸及加压油缸异响爬行

（1）液压系统内有空气，反复动作多次以排除系统内空气。

（2）油缸故障，更换油缸密封件或油缸。

（3）换向阀及平衡阀内有污物，清洗或更换阀。

（4）机械滑动部分无润滑油，加润滑油。

盾构机液压系统

【主要能力指标】

掌握盾构机液压系统特点；
掌握盾构机液压系统组成。

【相关能力指标】

能够分析盾构机液压系统常见故障；
能够正确判断故障原因；
能够简单维修。

一、盾构机介绍

如图 3-5-1 所示，盾构机全名叫盾构隧道掘进机，是一种隧道掘进的专用工程机械。

现代盾构掘进机集光、机、电、液、传感、信息技术于一体，具有开挖切削土体、输送土碴、拼装隧道衬砌、测量导向纠偏等功能，涉及地质、土木、机械、力学、液压、电气、控制、测量等多门学科技术。

用盾构机进行隧洞施工具有自动化程度高、节省人力、施工速度快、一次成洞、不受气候影响、开挖时可控制地面沉降、减少对地面建筑物的影响和在水下开挖时不影响地面交通等特点，在

图 3-5-1 盾构机

隧洞洞线较长、埋深较大的情况下,用盾构机施工更为经济合理。

盾构机的基本工作原理就是一个圆柱体的钢组件沿隧洞轴线边向前推进边对土壤进行挖掘。该圆柱体组件的壳体即护盾,它对挖掘出的还未衬砌的隧洞段起着临时支撑的作用,承受周围土层的压力,有时还承受地下水压以及将地下水挡在外面。挖掘、排土、衬砌等作业在护盾的掩护下进行。

盾构掘进机可分为土压平衡式、泥水加压式和混合式,已广泛用于地铁、铁路、公路、市政、水电等隧道工程。

二、盾构机推进液压系统分析

在盾构机的一系列作业过程中,掘进作业是第一步也是最重要的一步,因此掘进系统是盾构的关键系统,要求完成盾构的转弯、曲线行进、姿态控制、纠偏及同步动作等功能。

盾构推进液压系统一般由主驱动泵、液压控制阀、推进液压缸及液压管路等组成。推进液压缸安装在密封舱隔板后部,沿盾体周向均匀分布,是推进系统的执行机构。推进系统由安放在盾尾的主泵提供高压油,通过各类液压阀的控制来实现各种功能。

图 3-5-2 所示为某盾构推进系统结构简图,采用多个液压缸作为推进系统的执行机构,周圈对称分布。每个液压缸均内置有位移传感器,可实时测量液压缸的推进位移。

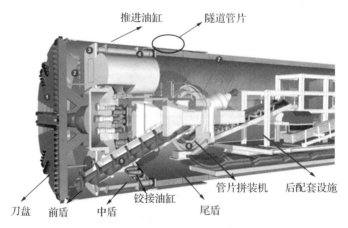

图 3-5-2 盾构推进系统结构简图

推进液压系统在主油路上采用变量泵实现压力自适应控制。对于多个执行元件液压缸,则模拟实际盾构的控制方式,将其分为相应组进行分组控制。各个分组中的控制模块都相同,均由比例溢流阀、比例调速阀、电磁换向阀、辅助阀及相差检测元件等组成。

图 3-5-3 为某盾构机推进液压系统原理简图。盾构推进时,二位四通换向阀 10 得电,二位二通电磁换向阀 1 断电,系统经比例调速阀 2 供油,此时三位四通电磁换向阀 9 切换到工作状态 B 位置,液压缸 6 的活塞杆向前运动。推进过程中,液压缸 6 中的内置式位移传感器 7 实时检测推进位移,并转换成电信号反馈到比例调速阀 2 的比例电磁铁上,控制比例调速阀 2 节流口的开度,从而实现推进速度,实时控制推进压力。此时,可由压力传感器 5 检测液压缸 6 的推进压力,转换成电信号并反馈到比例溢流阀 3 的比例电磁铁上,控制比例溢流阀 3 的节流口开度来实现。分组中的比例溢流阀 3 和比例调速阀 2 与压力传感器 5 及

位移传感器 7 一起构成了压力-流量复合闭环控制,可实时控制推进系统的推进压力和推进速度,满足盾构推进过程中随时变化的推进压力和推进速度的要求。

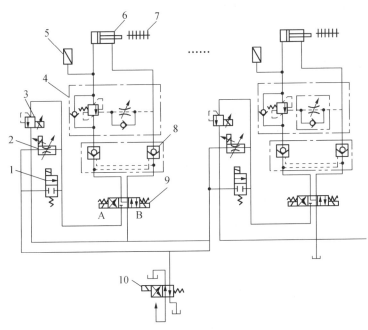

1-二位二通电磁换向阀;2-比例调速阀;3-比例溢流阀;4-平衡阀;5-压力传感器;6-液压缸;7-位移传感器;8-液压锁;9-三位四通电磁换向阀;10-二位四通电磁换向阀

图 3-5-3　盾构机推进液压系统原理简图

快速回退时,二位二通电磁换向阀 1 得电,使得比例调速阀 2 不工作,系统采用大流量供油,此时三位四通电磁换向阀 9 切换到工作状态 A 位置,液压缸 6 的活塞杆快速退回,以满足管片拼装的要求。

液压锁 8 和 Y 型中位机能的三位四通电磁换向阀 9 组合在一起成为锁紧回路,当阀处于中位,液压缸停止时,可很好地防止液压油的泄漏,以保证液压缸的锁紧效果。

阀 9 处于 A 位,液压缸退回时,平衡阀 4 起到平稳运动的作用。

多个液压缸同时动作时,二位四通电磁换向阀 10 断电,阀处于右位工作状态,泵的油直接回油箱,主油路断开,待多个液压缸控制信号到位后,再让阀 10 得电,主油路导通,从而使得多个液压缸同时工作。

三、盾构机推进液压系统常见故障及维修

1. 液压系统泄漏

(1) 故障现象:液压推进系统的泄漏,是推进系统最常见的液压故障。可分为外漏与内泄。

(2) 故障原因:主要有以下几方面原因,一是油接头安装质量差,没密封好,造成漏油;二是油接头因液压管路长时间振动而松动,产生漏油;三是油接头密封圈质量差,老化、失效;四是油温过高而使液压油的黏度低,造成漏油;五是系统压力持续增高,使密封圈冲坏;

六是系统的回油背压高,使不受压力的回油管路产生泄漏;七是处于压力油路中的溢流阀、换向阀等内泄严重。

(3)针对以上故障,可采取以下措施:

① 将松动的油接头进行复紧,对位置狭小的油接头,要采用特殊的扳手复紧。

② 将损坏漏油的油接头、密封圈进行更换。

③ 清洗、检查溢流阀、换向阀等有关阀件。

2.盾构推进压力失常

(1)故障现象:对液压推进压力系统进行调整时比例溢流阀失效,系统压力建立不起来,或完全无压力,或压力不稳定。

(2)故障原因:可能有以下几个:

① 推进主溢流阀阀芯卡死。

② 推进油泵转向不对,电机转速过低或油泵内部磨损,容积效率低。

③ 阀板或阀件有内泄。

④ 密封圈老化或断裂。

⑤ 推进油缸内泄。

⑥ 推进、拼装压力转换开关失灵。

(3)针对以上故障原因,可采取以下措施:

① 查明产生内泄具体位置,修复更换。

② 修复或更换主溢流阀,确保主溢流阀无故障。

③ 适当加粗泵吸油管尺寸,吸油管接头处加强密封,清洗滤油口。

④ 修复或更换油泵。

⑤ 更换推进油缸老化或损坏的密封圈。

⑥ 修复或更换推进、拼装压力转换开关或电磁阀。

3.盾构推进系统无法动作

(1)故障现象:盾构推进系统无法动作,是盾构推进系统常见的液压故障之一,其主要表现是盾构推进系统可以建立压力但液压缸不动作。

(2)故障原因:可能有以下几个:

① 管路内混入污染物,堵塞油路,使液压油无法到达液压缸。

② 三位四通电磁换向阀失灵,系统卸荷和封闭。

③ 油温超过 65℃,引起连锁保护开关起作用而使油缸不能动作。

④ 滤油器堵塞,液压油无法通过。

(3)针对以上故障原因,可采取以下措施:

① 检查控制电路是否故障,检查电磁铁得电情况。

② 检查、排除电磁换向阀故障,修复或更换。

③ 疏通或更换堵塞的油管。

④ 清洗或更换过滤器。

项目四
自动分拣机构气动系统

认识气动系统

【主要能力指标】

掌握气动系统的组成、各元件的职能符号;

熟知气动系统的优缺点;

了解气动系统的应用。

【相关能力指标】

养成独立工作的习惯,能够正确判断和选择;

能够也乐于与他人讨论,分享成果;

能够利用网络、图书馆等渠道收集资料,学会学习。

一、任务引入

近几年随着气动技术的飞速发展,特别是气动技术、液压技术、传感器技术、PLC 技术等学科的相互渗透而形成的机电一体化技术被各种领域广泛应用后,气动技术已成为当今工业科技的重要组成部分。图 4-1-1 所示是气动技术在自动分拣机构上的应用。

分拣机构的主要功能是采用气动机械手对工件进行分类,合格产品随托盘进入下一站入库;不合格产品进入废品线,空托盘向下站传送。

本机构的组成包括分拣机构主体框架、垂直移动气缸、直线单元、水平移动气缸、摆动气缸、气动电磁阀组、工作指示灯等。它的详细构成如图 4-1-2 所示。

那么,什么是气压传动,它又是如何工作的呢?

扫一扫观看气动技术
应用实例演示视频

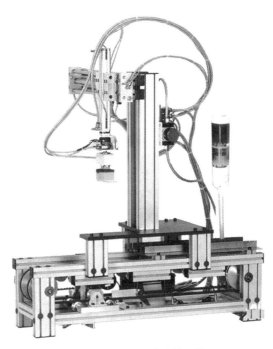

图 4-1-1　自动分拣机构

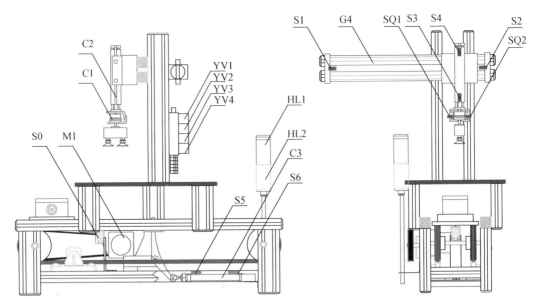

图 4-1-2　分拣机构控制部分安装位置示意图

二、任务分析

气压传动简称气动,是指以空气压缩机为动力源,以压缩空气为工作介质来传递动力和控制信号,控制和驱动各种机械和设备,以实现生产过程机械化、自动化的一门技术。它是流体传动及控制学科的一个重要分支。

图4-1-3是分拣机构的气动传动原理图,如何看懂这张图? 它由哪些部分组成? 又是如何工作的呢?

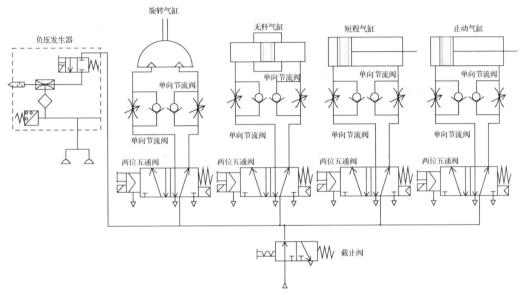

图 4-1-3 分拣机构的气动传动原理图

三、知识学习

1.1 概述

1.1.1 应用

因为以压缩空气为工作介质,具有防火、防爆、防电磁干扰,抗振动、冲击、辐射,无污染,结构简单,工作可靠等特点,所以气动技术与液压、机械、电气和电子技术一起,互相补充,已发展成为实现生产过程自动化的一个重要手段。

气动技术被广泛应用于机械、电子、轻工、纺织、食品、医药、包装、冶金、石化、航空、交通运输等各个工业部门。气动机械手、组合机床、加工中心、生产自动线、自动检测和实验装置等已大量涌现,它们在提高生产效率、自动化程度、产品质量、工作可靠性和实现特殊工艺等方面显示出极大的优越性。

1. 汽车制造行业

现代汽车制造工厂的生产线,尤其是主要工艺的焊接生产线,几乎无一例外地采用了气动技术,如车身在每个工序的移动;车身外壳被真空吸盘吸起和放下,在指定工位的夹紧和定位;点焊机焊头的快速接近,都采用各种特殊功能的气缸及相应的气动控制系统。另外,搬运装置中使用的高速气缸(最大速度可达3 m/s)、复合控制阀的比例控制技术都代表了当

今气动技术的新发展。

2. 电子、半导体制造行业

在彩电、冰箱等家用电器产品的装配生产线上,在半导体芯片、印制电路等各种电子产品的装配流水线上,不仅可以看到各种大小不一、形状不同的气缸、气爪,还可看到许多灵巧的真空吸盘将一般气爪很难抓起的晶体管、纸箱等物品轻轻地吸住,运送到指定位置上。对加速度限制十分严格的芯片搬运系统,采用了平稳加速的 SIN 气缸。这种气缸具有特殊的加减速机构,可以平稳地将盛满水的水杯从 A 点送到 B 点,并保证水不溢出。

3. 生产自动化的实现

20 世纪 60 年代,气动技术主要用于比较繁重的作业领域作为辅助传动,现在,在工业生产的各个领域,为了保证产品质量的均一性,为了能减轻单调或繁重的体力劳动,提高生产效率,降低成本,已广泛采用气动技术。在缝纫机、自行车、手表、洗衣机等许多行业的零件加工和组装生产线上,工件的搬运、转位、定位、夹紧、进给、装卸、清洗、检测等许多工序中都使用气动技术。

4. 包装自动化的实现

气动技术还广泛应用于化肥、化工、粮食、仪器、药品等许多行业,实现粉状、粒状、块状物料的自动计量包装,用于烟草工业的自动卷烟和自动包装等许多工序,用于对黏稠流体(如油漆、油墨、化妆品、牙膏等)和有毒气体(煤气)的自动计量灌装。

1.1.2 气压传动的特点

1. 气压传动的优点(与液压系统相比)

(1) 工作介质是空气,与液压油相比可节约能源,而且取之不尽、用之不竭。气体不易堵塞流动通道,用之后可将其随时排入大气中,不污染环境。

(2) 因空气黏度小(约为液压油的万分之一),在管内流动阻力小,压力损失小,便于集中供气和远距离输送。即使有泄漏,也不会像液压油一样污染环境。

(3) 与液压相比,气动反应快,动作迅速,维护简单,管路不易堵塞。

(4) 气动元件结构简单,制造容易,适于标准化、系列化、通用化。

(5) 气动系统对工作环境适应性好,特别在易燃、易爆、多尘埃、强磁、辐射、振动等恶劣工作环境中工作时,安全可靠性优于液压、电子和电气系统。

(6) 空气具有可压缩性,使气动系统能够实现过载自动保护,也便于贮气罐贮存能量,以备急需。

(7) 排气时气体因膨胀而温度降低,因而气动设备可以自动降温,长期运行也不会发生过热现象。

(8) 气动装置结构简单、轻便、安装维护简单,压力等级低,故使用安全。

(9) 输出力及工作速度的调节非常容易,气缸动作速度一般为 50~500 mm/s,比液压和电气方式的动作速度快。

(10) 可靠性高,使用寿命长,电器元件的有效动作次数约为数百万次,而一般电磁阀的寿命大于 3 000 万次,小型阀超过 2 亿次。

(11) 利用空气的可压缩性,可贮存能量,实现集中供气。可适时释放能量,以实现间歇运动中的高速响应。可实现缓冲,对冲击负载和过负载有较强的适应能力。在一定条件下,可使气动装置有自保持能力。

(12) 由于空气流量损失小,压缩空气可集中供应,远距离输送。

2. 气压传动的缺点

(1) 由于空气的可压缩性较大,气动装置的动作稳定性较差,外载变化时,对工作速度的影响较大;采用气液联动方式可克服这一缺陷。

(2) 由于工作压力低,气动装置的输出力或力矩受到限制。在结构尺寸相同的情况下,气压传动装置比液压传动装置输出的力要小得多。气压传动装置的输出力不宜大于40 kN。

(3) 气动装置中的信号传动速度比光、电控制速度慢,所以不宜用于信号传递速度要求十分高的复杂线路中。同时实现生产过程的遥控也比较困难,但对一般的机械设备,气动信号的传递速度是能满足工作要求的。

(4) 噪声较大,尤其是在超音速排气时要加消声器。

(5) 气缸在低速运动时,由于摩擦力占推力的比例较大,低速稳定性不如液压缸。

(6) 在许多场合,气缸的输出力能满足工作要求,但比液压缸要小得多。

3. 气动与其他几种传动控制方式的性能比较(见表 4-1-1)

表 4-1-1 气压传动与其他传动的性能比较

类 型		操作力	动作快慢	环境要求	构造	负载变化影响	操作距离	无级调速	工作寿命	维护	价格
气压传动		中等	较快	适应性好	简单	较 大	中距离	较好	长	一般	便宜
液压传动		最大	较慢	不怕振动	复杂	有一些	短距离	良好	一般	要求高	稍贵
电传动	电气	中等	快	要求高	稍复杂	几乎没有	远距离	良好	较短	要求较高	稍贵
	电子	最小	最快	要求特高	最复杂	没有	远距离	良好	短	要求更高	最贵
机械传动		较大	一般	一般	一般	没有	短距离	较困难	一般	简单	一般

另外:机械方式是由凸轮、螺钉、杠杆、连杆、齿轮、棘轮、棘爪和传动轴等机件组成的驱动系统,主要动力源为电动机。

电气方式的驱动系统作为动力源和其他的电磁离合器、制动器等机械方式并用。控制系统是由限位开关、继电器、延时器等组成。

电子方式是由半导体元件等组成的控制方式。

液压方式的驱动系统是由液压缸等组成,控制系统是由各种液压控制阀组成。

气动方式的驱动系统是由气缸等组成,控制系统是由各种气动控制阀组成。

1.1.3 气压传动的发展趋势

近20年,气动行业发展很快。20世纪70年代,液压与气动元件产值比约为9∶1,而今天发达国家已达到6∶4,甚至5∶5。由于气动元件的单价比液压元件便宜,在相同产值的情况下,气动元件的使用量及使用范围已远远超过了液压行业。其发展趋势为:

1. 高质量

电磁阀的寿命可达 3 000 万次以上,气缸的寿命可达 2 000～5 000 km。

2. 高精度

定位精度达 0.5～0.1 mm,过滤精度可达 0.01 μm,除油率可达 1 m³ 标准大气中的油雾在 0.1 mg 以下。

3. 高速度

小型电磁阀的换向频率可达数十赫兹,气缸最大速度可达 3 m/s。

4. 低功耗

电磁阀的功耗可降到 0.1 W。

5. 小型化

元件制成超薄、超短、超小型。如宽 6 mm 的电磁阀,缸径为 2.5 mm 的单作用气缸,缸径 4 mm 的双作用气缸,内径 2 mm 的气管。

6. 轻量化

元件采用铝合金及塑料等新型材料制造,零件进行等强度设计。

7. 无给油化

不供油润滑元件组成的系统不污染环境,系统简单,维护也简单。可节省润滑油,且摩擦性能稳定,成本低、寿命长,适合于食品、医药、电子、纺织、精密仪器等行业的需要。

8. 复合集成化

减少配线、配管和元件,节省空间,简化拆装,提高工作效率。

9. 机电一体化

典型的是"可编程序控制器+传感器+气动元件"组成的控制系统。

1.2　气压传动系统的组成

1.2.1　气压传动的工作原理

气压传动是以压缩空气为工作介质进行能量传递和信号传递的一门技术。

它的原理是利用空压机把电动机或其他原动机输出的机械能转换为空气的压力能,然后在控制元件的作用下,通过执行元件把压力能转换为直线运动或回转运动形式的机械能,从而完成各种动作,并对外做功。由此可知,气压传动系统和液压传动系统类似。

1.2.2　气压传动的组成

气压传动及控制系统的组成如图 4-1-4 所示。

1. 气源装置

气源装置是获得压缩空气的装置。其主体部分是空气压缩机,它将原动机供给的机械能转变为气体的压力能。

(1) 电动机:给压缩机提供机械能,它把电能转变成机械能。

(2) 空压机:把机械能转变为气压能。

(3) 气罐:贮存压缩空气。

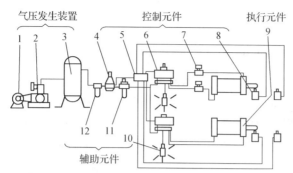

1-电动机;2-空气压缩机;3-气罐;4-压力控制阀;5-逻辑元件;6-方向控制阀;
7-流量控制阀;8-行程阀;9-气缸;10-消声器;11-油雾器;12-分水滤气器

图4-1-4　气压传动及控制系统的组成

2. 执行元件

执行元件是将气体的压力能转换成机械能的一种能量转换装置。它包括实现直线往复运动的气缸和实现连续回转运动或摆动的气马达或摆动马达等。

3. 控制元件

控制元件是用来控制压缩空气的压力、流量和流动方向的,以便使执行机构完成预定的工作循环,它包括各种压力控制阀、流量控制阀和方向控制阀等。

（1）方向控制阀:通过对气缸两个接口交替地加压和排气,来控制运动的方向。

（2）速度控制阀:能简便实现执行组件的无级调速。

（3）压力控制阀。

4. 辅助元件

是保证压缩空气的净化、元件的润滑、元件间的连接及消声等所必需的,它包括过滤器、油雾器、管接头及消声器等。

气动系统的基本构成如下图4-1-5所示:

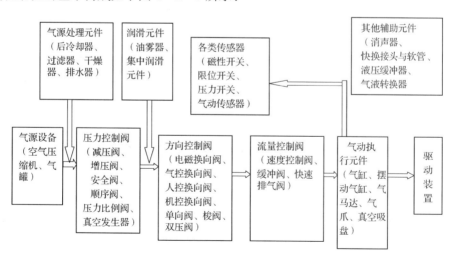

图4-1-5　气动系统的基本构成

组成的气动回路是为了驱动用于各种不同目的的机械装置,其最重要的三个控制内容是:力的大小、运动方向和运动速度。与生产装置相连接的各种类型的气缸,靠压力控制阀、方向控制阀和流量控制阀分别实现对三个内容的控制。

1.2.3　气动元件的基本品种

表 4－1－2 所列为气动元件的基本品种,可以把这些品种再划分成几大类别。如从不同的角度来划分,同一品种可能归入不同的类别。如后冷却器作为空气压缩机的附属设备,应归入气源设备类;若作为独立元件,按其功能,应属于气源处理元件。再如,从功能上讲,快速排气阀应属于流量控制阀,也可把它归入单向型方向控制阀内。

表 4－1－2　气动元件

类　别	品　种		说　明
气源设备	空气压缩机		作为气压传动与控制的动力源,常使用 1 MPa
	后冷却器		清除压缩空气中的固态、液态污染物
	气罐		稳压和蓄能
气源处理元件	过滤器		清除压缩空气中的固态、液态和气态污染物,以获得洁净干燥的压缩空气,提高气动元件的使用寿命和气动系统的可靠性
	干燥器		进一步清除压缩空气中的水分(部分水蒸气)
	自动排水器		自动排除冷凝水
气动执行元件	气缸		推动工件做直线运动
	摆动气缸		推动工件在一定角度范围内作摆动
	气马达		推动工件作连续旋转运动
	复合气缸		实现各种复合运动,如直线运动加摆动的伸摆气缸
	气爪		抓起工件
气动控制元件	压力阀	减压阀	降压并稳压
		增压阀	增压
	流量阀	单向节流阀	控制气缸的运动速度
		排气节流阀	装在换向阀的排气口,用来控制气缸的运动速度
		快速排气阀	可使气动元件和装置迅速排气
	方向阀	电磁阀	能改变气体的流动方向或通断的元件。其控制方式有电磁控制、气压控制、人力控制和机械控制
		气控阀	
		人控阀	
		机控阀	
		单向阀	气流只能正向流动不能反向流动
		梭阀	两个进口只要一个有输入,便有输出
		双压阀	两个进口都有输入时才有输出
	比例阀		输出压力(流量)与输入信号(电压或电流)成比例变化

（续表）

类　别	品　种		说　明
气动辅助元件	润滑元件	油雾器	将润滑油雾化,随压缩空气流入需要润滑的部位
		集中润滑元件	可供多点润滑的油雾器
	消声器		降低排气噪声
	排气洁净器		降低排气噪声,并能分离掉排出空气中所含的油雾和冷凝水
	压力开关		当气压达到一定值,便能接通或断开电触点
	管道及管接头		连接各种气动元件
	气液转换器		将气体压力转换成相同压力的流体压力,以便实现气压控制液压驱动
	液压缓冲器		用于吸收冲击能量,并能降低噪声
	气动显示器		有气信号时予以显示的元件
	气动传感器		将待测物理量转换成气信号,供后续系统进行判断和控制。可用于检测尺寸精度、定位精度、计数、尺寸分选、纠偏、液位控制、判断有无等
真空元件	真空发生器		利用压缩空气的流动形成一定真空度的元件
	真空吸盘		利用真空直接吸吊物体的元件
	真空压力开关		用于检测真空压力的电触点开关
	真空过滤器		过滤掉从大气中吸入的灰尘等,保证真空系统不受污染

认识压缩空气

【主要能力指标】

掌握压缩空气的物理性质；
了解气动系统对压缩空气的要求。

【相关能力指标】

能够也乐于与他人讨论，分享成果；
能够严格按照操作规程，安全文明操作。

扫一扫观看压缩空气
应用实例演示视频

一、任务引入

通过以上内容的学习，我们知道气动自动化控制技术是利用压缩空气作为传递动力或信号的工作介质。空气是人类取之不尽的资源。作为气压传动的工作介质，它是如何传递能量，在工作中又表现出什么特殊的性质？我们有必要对空气重新认识。

二、任务分析

空气只有在压缩的情况下才能传递压力和速度。除了传递能量，它不宜用于冷却、清洁等功能。气压传动系统能否可靠地工作与压缩空气的性质、质量有很大关系。

三、知识学习

2.1　空气的物理性质

1. 空气的组成

空气由多种气体混合而成,具体见表 4-2-1。其主要成分是氮(N_2)和氧(O_2),其次是氩(Ar)和少量的二氧化碳(CO_2)及其他气体。

表 4-2-1　空气的组成

成　　分	氮	氧	氩	二氧化碳	氢	水蒸气、氖、氦……
体积分数(%)	78.03	20.95	0.93	0.03	0.01	0.05

空气可分为干空气和湿空气两种形态,以是否含水蒸气作为区分标志:不含有水蒸气的空气称为干空气,含有水蒸气的空气称为湿空气。

2. 空气的基本状态参数

(1) 密度和质量体积

单位体积内空气的质量,称为空气的密度,以 ρ 表示,即

$$\rho = \frac{m}{V}(\text{kg/m}^3)$$

式中,m 为气体质量(kg);V 为气体体积(m^3)。

(2) 压力 p

压力是由于气体分子热运动而互相碰撞,在窗口的单位面积上产生的力的统计平均值。压力可用绝对压力、表压力和真空度来度量。

① 绝对压力:

以绝对真空作为起点的压力值。一般需在表示绝对压力的符号的右下角标注 ABS,即 p_{ABS}

② 表压力:

高出当地大气压的压力值。由压力表读出的压力值即为表压力。表示表压力的符号,一般不作标注,必要时可在其右下角标注 e。

③ 真空度:

低于当地大气压力的压力值。

④ 真空压力:

绝对压力与大气压力之差。真空压力在数值上与真空度相同,但应在其数值前加负号。在工程计算中,将当地大气压力用标准大气压力代替,即 $p_a = 101\ 325\ \text{Pa}$

(3) 温度 T

温度表示气体分子热运动动能的统计平均值,有热力学温度、摄氏温度。

热力学温度用符号 T 表示,其单位名称为开(尔文),单位符号为 K。

摄氏温度用符号 t 表示,其单位名称为摄氏度,单位符号为℃,摄氏温度的定义是:$t=T-T_0$,$T_0=273.15$ K

3. 空气的黏性

空气的黏性是指液体具有抗拒流动的性质,实际气体都具有黏性,由于气体具有黏性,才导致它在流动时的能量损失。

空气黏性受压力变化的影响极小,通常可忽略。空气黏性随温度变化而变化,温度升高,黏性增加。黏度随温度的变化见下表 4-2-2。

表 4-2-2 空气的运动黏度与温度的关系(一个大气压时)

$t/℃$	0	5	10	20	30	40	60	80	100
$\nu/(\text{m}^2 \cdot \text{s}^{-1})$	0.133×10^{-4}	0.142×10^{-4}	0.147×10^{-4}	0.157×10^{-4}	0.166×10^{-4}	0.176×10^{-4}	0.196×10^{-4}	0.21×10^{-4}	0.238×10^{-4}

没有黏性的气体称为理想气体。在自然界中,理想气体是不存在的。当气体的黏性较小,沿气体流动方向的法线方向的速度变化也不大时,由于黏性产生的黏性力与流体所受的其他作用力(如压差力)相比可忽略,这时的气体可当作理想气体。由于忽略了黏性的作用,使解题大为简化,并可得到基本正确的结果。不能忽略黏性力的作用时,可通过对计算结果作必要的修正来解决。

4. 压缩性

一定质量的静止气体,由于压力改变而导致气体所占容积发生变化的现象,称为气体的压缩性。由于气体比液体容易压缩,故液体常被当作不可压缩流体,而气体常被称为可压缩流体。气体容易压缩,有利于气体的贮存,但难以实现气缸的平稳运动和低速运动。

5. 气体的易变特性

气体的体积受压力和温度变化的影响极大,与液体和固体相比较,气体的体积是易变的,称为气体的易变特性。例如,液压油在一定温度下,工作压力为 0.2 MPa,若压力增加 0.1 MPa时,体积将减少 1/20 000;而空气压力增加 0.1 MPa 时,体积减少 1/2,空气和液压油体积变化相差 10 000 倍。又如,水温度每升高 1℃时,体积只改变 1/20 000;而气体温度每升高 1℃时,体积改变 1/273,两者的体积变化相差 20 000/273 倍。气体与液体体积变化相差悬殊,主要原因在于气体分子间的距离大而内聚力小,分子运动的平均自由路径大。

气体体积随温度和压力的变化规律遵循气体状态方程。

6. 标准状态和基准状态

标准状态:指温度为 20℃,相对湿度为 65%,压力为 0.1 MPa 时的空气的状态。

基准状态:指温度为 0℃,压力为 101.3 kPa 的干空气的状态。在标准状态下,空气的密度 $\rho=1.293$ kg/m³。

2.2 湿度和含湿量

用湿度和含湿量两个物理量来表示湿空气中所含水蒸气的量,以确定空气的干湿程度。

1. 湿度

湿度的表示方法有两种:绝对湿度和相对湿度。

（1）绝对湿度

单位体积的湿空气中所含水蒸气的质量,称为湿空气的绝对湿度

（2）饱和绝对湿度

湿空气中水蒸气的分压力达到该温度下水蒸气的饱和压力,则此时的绝对湿度称为饱和绝对湿度.

（3）相对湿度

在一定温度和压力下,绝对湿度和饱和绝对湿度之比称为该温度下的相对湿度。

2. 含湿量

含湿量分为质量含湿量和容积含湿量两种。

（1）质量含湿量

单位质量的干空气中所混合的水蒸气的质量,称为质量含湿量。

（2）容积含湿量

单位体积的干空气中所混合的水蒸气的质量,称为容积含湿量。

空气中水蒸气的含量是随温度而变的。当气温下降时,水蒸气的含量下降;当气温升高时,其含量增加。若要减少进入气动设备中空气的水分,必须降低空气的温度。

气动系统的动力及辅助元件

【主要能力指标】

掌握压缩空气站的基本类型及其工作原理。

掌握后冷却器、油水分离器、贮气罐、干燥器、过滤器、消声器、油雾器及气动三联件等的结构原理。

了解压缩空气的传输。

了解空气压缩机的正确使用。

【相关能力指标】

养成独立工作的习惯,能够正确判断和选择;

能够也乐于与他人讨论,分享成果;

能够安全、文明操作,保持现场整洁。

一、任务引入

分拣机构能分拣工件,它的动力是靠气压传动来实现的。我们知道气压传动系统既然是以压缩空气为工作介质,进行能量传递或信号的传递及控制的,那么,压缩空气如何产生呢?

二、任务分析

要想将我们周围的处于自然的空气变成有压力的空气,必须要有专门的设备,这就是空气压缩机,如图 4-3-1 所示,简称为空压机。那么空压机有哪些类型,它是如何工作的呢?另外,为保证满足要求的压缩空气,还需要哪些装置呢?

图 4 - 3 - 1　空气压缩机外观图

三、知识学习

3.1　概述

为气动系统提供满足一定质量要求的压缩空气的装置称为气源装置。它是气压传动系统的重要组成部分。由空气压缩机产生的压缩空气,必须经过降温、净化、减压、稳压等一系列处理后,才能供给控制元件和执行元件使用。

3.2　气源装置

3.2.1　对压缩空气的要求

1. 要求压缩空气具有一定的压力和足够的流量

因为压缩空气是气动装置的动力源,没有一定的压力不但不能保证执行机构产生足够的推力,甚至连控制机构都难以正确地动作;没有足够的流量,就不能满足对执行机构运动速度和程序的要求等。总之,压缩空气没有一定的压力和流量,气动装置的一切功能均无法实现。

2. 要求压缩空气有一定的清洁度和干燥度

清洁度要求的是气源中含油量、含灰尘杂质的质量及颗粒大小,这些指标都要控制在很低范围内。干燥度是指压缩空气中含水量的多少,气动装置要求压缩空气的含水量越低越好。

由空气压缩机排出的压缩空气,虽然能满足一定的压力和流量的要求,但不能为气动装置所使用。因为一般气动设备所使用的空气压缩机都是属于工作压力较低(小于 1 MPa),用油润滑的活塞式空气压缩机。它从大气中吸入含有水分和灰尘的空气,经压缩后,空气温度均提高到 140℃～180℃,这时空气压缩机气缸中的润滑油也部分成为气态,这样油分、水分以及灰尘便形成混合的胶体微尘与杂质混在压缩空气中一同排出。如果将此压缩空气直接输送给气动装置使用,将会产生下列影响:

(1)混在压缩空气中的油蒸气可能聚集在贮气罐、管道、气动系统的容器中形成易燃物,有引起爆炸的危险;另一方面,润滑油被汽化后,会形成一种有机酸,对金属设备、气动装置有腐蚀作用,影响设备的寿命。

(2)混在压缩空气中的杂质能沉积在管道和气动元件的通道内,减少了通道面积,增加了管道阻力。特别是对内径只有 0.2～0.5 mm 的某些气动元件会造成阻塞,使压力信号不能正确传递,整个气动系统不能稳定工作甚至失灵。

(3)压缩空气中含有的饱和水分,在一定的条件下会凝结成水,并聚集在个别管道中。在寒冷的冬季,凝结的水会使管道及附件结冰而损坏,影响气动装置的正常工作。

(4)压缩空气中的灰尘等杂质,对气动系统中作往复运动或转动的气动元件(如气缸、气马达、气动换向阀等)的运动副会产生研磨作用,使这些元件因漏气而降低效率,影响它的使用寿命。

因此气源装置必须设置一些除油、除水、除尘,并使压缩空气干燥,提高压缩空气质量,进行气源净化处理的辅助设备。

3.2.2 气源装置的组成及布置

气源装置的设备一般包括产生压缩空气的空气压缩机和使气源净化的辅助设备。

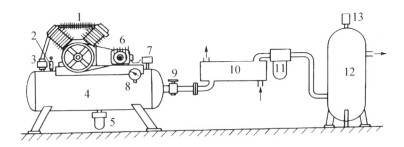

1-空气压缩机;2、13-安全阀;3-单向阀;4-小气罐;5-排水器;6-电动机;
7-压力开关;8-压力表;9-截止阀;10-后冷却器;11-油水分离器;12-大气罐

图 4-3-2 气源装置的组成

如图 4-3-2 所示,通过电动机驱动的空气压缩机,将大气压力状态下的空气压缩成较高的压力,输送给气动系统。压力开关是根据压力的大小来控制电动机的起动和停转的。当气罐内压力上升到调定的最高压力时,让电动机停止运转;当气罐内压力降到调定的最低压力时,让电动机又重新运转。当小气罐内压力超过允许限度时,安全阀 2 自动打开向外排气,以保证空压机安全。同样,当大气罐内压力超过允许限度时,安全阀 13 自动打开向外排气,以保证大气罐的安全。大气罐与安全阀之间不允许安装其他的阀(节流阀、换向阀类)。单向阀是在空压机不工作时,用于阻止压缩空气反向流动,后冷却器是通过降低压缩空气的温度,将水蒸气及污油雾冷凝成液态水滴和油滴。油水分离器用于进一步将压缩空气中的油、水等污染物分离出来。在后冷却器、油水分离器、空气压缩机和气罐等的最低处,都设有手动或自动排水器,以便排除各处冷凝的液压油水等污染物。

图 4-3-3 所示是气源装置组成及布置示意图。

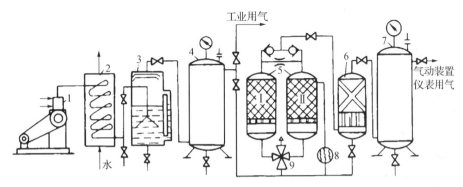

图 4-3-3　气源装置布置示意图

1. 为空气压缩机,用以产生压缩空气,一般由电动机带动。其吸气口装有空气过滤器以减少进入空气压缩机的杂质量。

2. 为后冷却器,用以降温冷却压缩空气,使净化的水凝结出来。

3. 为油水分离器,用以分离并排出降温冷却的水滴、油滴、杂质等。

4. 为贮气罐,用以贮存压缩空气,稳定压缩空气的压力并除去部分油分和水分。

5. 为干燥器,用以进一步吸收或排除压缩空气中的水分和油分,使之成为干燥空气。

6. 为过滤器,用以进一步过滤压缩空气中的灰尘、杂质颗粒。

7. 为贮气罐。

贮气罐 4 输出的压缩空气可用于一般要求的气压传动系统,贮气罐 7 输出的压缩空气可用于要求较高的气动系统(如气动仪表及射流元件组成的控制回路等)。

3.2.3　空气压缩机(air compressor)

1. 分类

空气压缩机是一种气压发生装置,它是将机械能转化成气体压力能的能量转换装置,其种类很多,分类形式也有数种。

(1) 按其工作原理分类(如图 4-3-4 所示):

容积型压缩机和速度型压缩机:容积型压缩机的工作原理是压缩气体的体积,使单位体积内气体分子的密度增大以提高压缩空气的压力。速度型压缩机的工作原理是提高气体分子的运动速度,然后使气体的动能转化为压力能以提高压缩空气的压力。

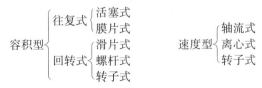

图 4-3-4　按工作原理分类

(2) 按输出压力 p 分类:

鼓　风　机:　$p \leqslant 0.2\ \text{MPa}$

低压空压机： $0.2\,\mathrm{MPa} \leqslant p \leqslant 1\,\mathrm{MPa}$

中压空压机： $1\,\mathrm{MPa} < p \leqslant 10\,\mathrm{MPa}$

高压空压机： $10\,\mathrm{MPa} < p$

（3）按输出流量 q_z（即铭牌流量或自由流量）分类：

微型空压机： $q_z \leqslant 0.017\,\mathrm{m^3/s}$

小型空压机： $0.017\,\mathrm{m^3/s} < q_z \leqslant 0.17\,\mathrm{m^3/s}$

中型空压机： $0.17\,\mathrm{m^3/s} < q_z \leqslant 1.7\,\mathrm{m^3/s}$

大型空压机： $q_z > 1.7\,\mathrm{m^3/s}$

2. 活塞式工作原理

气压传动系统中最常用的空气压缩机是往复活塞式，其工作原理如图 4-3-5 所示。当活塞 3 向右运动时，气缸 2 内活塞左腔的压力低于大气压力，吸气阀 9 被打开，空气在大气压力作用下进入气缸 2 内，这个过程称为"吸气过程"。当活塞向左移动时，吸气阀 9 在缸内压缩气体的作用下而关闭，缸内气体被压缩，这个过程称为"压缩过程"。当气缸内空气压力增高到略高于输气管内压力后，排气阀 1 被打开，压缩空气进入输气管道，这个过程称为"排气过程"。活塞 3 的往复运动是由电动机带动曲柄转动，通过连杆、滑块、活塞杆转化为直线往复运动而产生的。图中只表示了一个活塞一个缸的空气压缩机，大多数空气压缩机是多缸多活塞的组合。

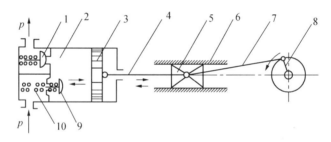

1-排气阀；2-气缸；3-活塞；4-活塞杆；5、6-滑块与滑道；7-连杆；8-曲柄；9-吸气阀；10-弹簧

图 4-3-5 活塞式空气压缩机工作原理图

单级活塞式空压机，常用于需要 $0.3 \sim 0.7\,\mathrm{MPa}$ 压力范围的系统。单级空压机压力超过 $0.6\,\mathrm{MPa}$ 时，产生的热量太大，空压机工作效率太低，故常使用两级活塞式空压机，如图 4-3-6 所示，若最终压力为 $1\,\mathrm{MPa}$，则第一级通常压缩至 $0.3\,\mathrm{MPa}$。设置中间冷却器是为了降低第二级活塞的进口空气温度，以提高空压机的工作效率。最后输出温度可控制在 $120\,℃$ 左右。

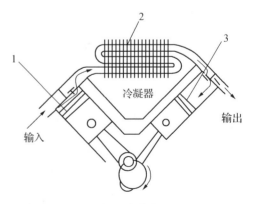

图 4-3-6 两级活塞式空压机原理图

3. 空压机的选用原则

首先按空压机的特性要求,选择空压机的类型。再根据气动系统所需要的工作压力和流量两个参数,确定空压机的输出压力和输出流量,最终选取空压机的型号。

选用空气压缩机的根据是气压传动系统所需要的工作压力和流量两个参数。一般空气压缩机为中压空气压缩机,额定排气压力为 1 MPa。另外还有低压空气压缩机,排气压力 0.2 MPa;高压空气压缩机,排气压力为 10 MPa;超高压空气压缩机,排气压力为 100 MPa。

(1) 压力的选择:

供气压力:
$$p_c = p + \sum \Delta p$$

式中,p 为气动系统的工作压力,$\sum \Delta p$ 为系统总的压力损失。

(2) 输出流量的选择:

要根据整个气动系统对压缩空气的需要再加一定的备用余量,作为选择空气压缩机的流量依据。

供气量:
$$Q_c = kQ$$

式中,Q 为系统的最大耗气量,k 为修正系数,一般取 1.3~1.5。

主要是考虑到气动元件、管接头等各处的漏损、气动系统耗气量的估算误差、多台气动设备不同时使用的利用率及增添新的气动设备的可能性等因素。

空气压缩机铭牌上的流量是自由空气流量。

4. 空压机的使用注意事项

(1) 空压机用润滑油

往复式空压机若冷却良好,排出空气温度约为 70℃~180℃,若冷却不好,可达 200℃。为防止高温下因油雾炭化变成铅黑色微细炭粒子,非常微细的油粒子高温下氧化,而形成焦油状的物质(俗称油泥),必须使用厂家指定的不易氧化和不易变质的压缩机油,并要定期更换。

(2) 空压机的安装位置

空压机的安装地点必须清洁,无粉尘、通风好、湿度小、温度低且要留有维护保养空间,所以一般要安装在专用机房内。

(3) 噪音处理

空压机一运转即产生噪音。必须考虑噪音的防治,如设置隔声罩、设置消声器、选择噪音较低的空压机等。一般而言,螺杆式空压机的噪音较小。

(4) 空压机起动前,应检查润滑油位是否正常

用手拉动传送带使活塞往复运动 1~2 次,尤其是冬季。起动前和停车后,都应将小气罐中的冷凝水排放掉。

(5) 要定期检查吸入过滤器的阻塞情况。

3.3　辅助元件

图 4-3-7 所示,是一个典型的压缩空气的产生及传输系统。可见,从空压机产生的压缩空气要想进入气动系统发挥作用还有很多路要走,还要经过很多的处理。那么,要经过哪些处理呢? 为什么要经过这些处理呢?

从空压机的工作原理及空气的性质我们知道,由空气压缩机产生的压缩空气,有很高的温度、很大的湿度还有很多的杂质,因此必须经过降温、净化、减压、稳压等一系列处理后,才能供给控制元件和执行元件使用。下面我们就来一一认识这些处理元件。

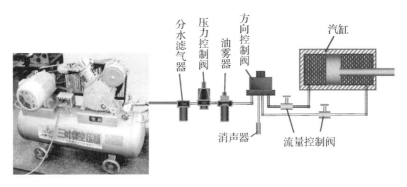

图 4-3-7　气压的产生及传输系统

3.3.1　贮气罐(air chamber)

贮气罐的主要作用是:

1. 储存一定数量的压缩空气,以备发生故障或临时需要应急使用;

2. 消除由于空气压缩机断续排气而对系统引起的压力脉动,保证输出气流的连续性和平稳性;

3. 利用储气罐的大表面积散热进一步分离压缩空气中的油、水等杂质。

贮气罐一般采用焊接结构,以立式居多。

结构:立式/卧式;

附件:安全阀,调整其极限压力比正常工作压力高 10%;

压力表:指示罐内空气压力;

设置人孔或手孔:清理、检查;

底部应设排放油水的接管和阀门。

容积的选择:以空压机每分钟的排气量为依据

$q < 6\ \mathrm{m^3/min},V_c = 1.2\ \mathrm{m^3}$　　$q = 6 \sim 30\ \mathrm{m^3/min},V_c = 1.2 \sim 4.5\ \mathrm{m^3}$　　$q > 30\ \mathrm{m^3/min},V_c = 4.5\ \mathrm{m^3}$

如图 4-3-8 所示,高度 H_1 为其内径 D 的 $2 \sim 3$ 倍　应使进气管在下,出气管在上。

使用注意事项:

(1) 储气罐属于压力容器,应遵守压力容器的有关规定,必须有产品耐压合格证书。

（2）储气罐上必须安装有安全阀（当储气罐内的压力超过允许限度,可将压缩空气排出）、压力表（显示储气罐内的压力）、压力开关（用储气罐内的压力来控制电动机,它被调节到一个最高压力,达到这个压力就停止电动机,也被调节另一个最低压力,储气罐内压力跌到这个压力就重新启动电动机）、单向阀（让压缩空气从压缩机进入气罐,当压缩机关闭时,阻止压缩空气反方向流动）,最低处应设有排水阀（排掉凝结在储气罐内所有的水）,每天排水一次。

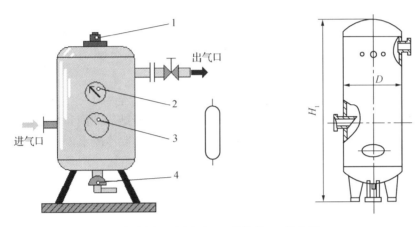

1-安全阀；2-压力表；3-检修盖；4-排水阀

图 4 - 3 - 8　储气罐结构及图形符号

图 4 - 3 - 9 为压缩空气在压缩前和压缩后的状态,因此,必须对压缩空气进行净化处理。

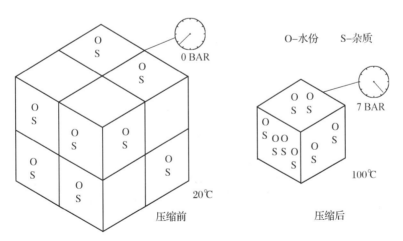

图 4 - 3 - 9　压缩空气的状态

从空压机输出的压缩空气到达各用气设备之前,必须将压缩空气中含有的大量水分、油分及粉尘杂质等除去,以得到适当的压缩空气质量,避免它们对气动系统的正常工作造成危害,并且用减压阀调节系统所需压力以得到适当出力。在必要的情况下,使用油雾器使润滑油雾化并混入压缩空气中润滑气动元件,降低磨损,提高元件寿命。

净化过程包括：

① 除水过程；

② 过滤过程；

③ 调压过程；

④ 润滑过程。

3.3.2 冷却器（cooling apparatus）

1. 安装

冷却器安装在空气压缩机出口处的管道上。

2. 作用

将空气压缩机排出的压缩空气温度由 140℃～170℃ 降至 40℃～50℃。这样就可使压缩空气中的油雾和水汽迅速达到饱和,使其大部分析出并凝结成油滴和水滴,以便经油水分离器排出。后冷却器最低处应设置自动或手动排水器,以排除冷凝水。

3. 结构形式

蛇形管式、列管式、散热片式、套管式。

4. 冷却方式

有水冷和风冷两种方式。风冷式不需要冷却水设备,不用担心断水或水冻结。占地面积小、重量轻、紧凑、运转成本低、易维修,但只适用于进口空气温度低于 100℃,且处理空气量较少的场合。水冷式散热面积是风冷式的 25 倍,热交换均匀,分水效率高,故适用于进口空气温度低于 200℃,且处理空气量较大、湿度大、粉尘多的场合。

5. 工作原理

(1) 风冷式:如图 4-3-10 所示,它是靠风扇产生的冷空气吹向带散热片的热气管道来降低压缩空气温度的。

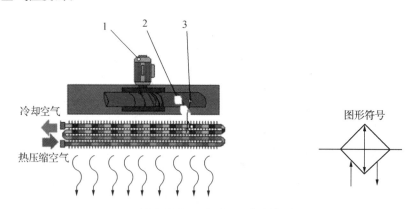

1-风扇马达;2-风扇;3-热交换器

图 4-3-10 风冷式冷却器原理及职能符号

(2) 水冷式:如图 4-3-11 所示,它把冷却水与热空气隔开,强迫冷却水沿热空气的反方向流动,以降低压缩空气的温度。水冷式后冷却器出口空气温度约比冷却水的温度高 10℃。

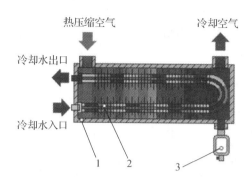

1-外壳;2-冷却水管;3-自动排水器;水冷式后冷却器

图 4-3-11 水冷式冷却器原理及职能符号

6. 使用注意事项

(1) 应安装在不潮湿、粉尘少、通风好的室内,以免降低散热片的散热能力。

(2) 离墙或其他设备应有 15~20 cm 的距离,便于维修。

(3) 配管应水平安装,配管尺寸不得小于标准连接尺寸。

(4) 风冷式后冷却器要有防止风扇突然停转的措施。要经常清扫风扇、冷却器的散热片。

(5) 水冷式后冷却器应设置断水报警装置,以防突然断水。空压机生成炭末多的场合,一旦冷却水不流动,堆积的炭末及酸性油,在高温下(150℃以上)会自然着火,将后冷却器的管子烧成小洞是可能的。高温的压缩空气会流至下游,造成下游的空气过滤器、油雾分离器和干燥器等的动作不良或破坏。

(6) 冷却水量应在额定水量范围内,以免过量水或水量不足而损坏传热管。

(7) 不要使用海水、污水作冷却水。为防止冷却水塔的地下水中含有浮游物质,应在水的进口处设置 100 μm 的过滤器。

(8) 要定期排放冷凝水,特别是冬季要防止水冻结。要定期检查排水机构的动作是否正常。

(9) 要定期检查压缩空气的出口温度,发现冷却性能降低,应及时找出原因并排除。

3.3.3 油水分离器(oil water separator)

1. 安装

油水分离器安装在后冷却器出口管道上。

2. 作用

分离并排出压缩空气中凝聚的油分、水分和灰尘杂质等,使压缩空气得到初步净化。

3. 结构形式

环形回转式、撞击折回式、离心旋转式、水浴式以及以上形式的组合。

4. 工作原理

如图 4-3-12 所示,当压缩空气进入分离器后产生流向和速度的急剧变化,再依靠惯性作用,将密度比压缩空气大的油滴和水滴分离出来。

它的工作原理是:当压缩空气由入口进入分离器壳体后,气流先受到隔板阻挡而被撞击折回向下(见图中箭头所示流向);之后又上升产生环形回转,这样凝聚在压缩空气中的油滴、水滴等杂质受惯性力作用而分离析出,沉降于壳体底部,由放水阀定期排出。

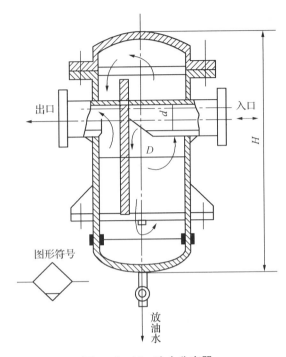

图形符号

放油水

图 4 - 3 - 12　油水分离器

为提高油水分离效果,应控制气流在回转后上升的速度不超过 $0.3\sim0.5$ m/s。

3.3.4　干燥器(desiccator)

经过后冷却器、油水分离器和贮气罐后得到初步净化的压缩空气,已满足一般气压传动的需要。但压缩空气中仍含一定量的油、水以及少量的粉尘。如果用于精密的气动装置、气动仪表等,上述压缩空气还必须进行干燥处理。

压缩空气干燥方法主要采用吸附法和冷却法。

3.3.5　过滤器(filter)

空气的过滤是气压传动系统中的重要环节。不同的场合对压缩空气的要求也不同。

过滤器的作用:进一步滤除压缩空气中的杂质。

常用的过滤器:

1. 主管道过滤器

如图 4-3-13 所示,主管通过滤器一般安装在主要管路中。主管道过滤器必须具有最小的压力降和油雾分离能力,它能清除管道内的灰尘、水分和油。这种过滤器的滤芯一般是快速更换型滤芯,过滤精度一般为 $3\sim5$ μm,滤芯是由合成纤维制成,纤维以矩阵形式排列。

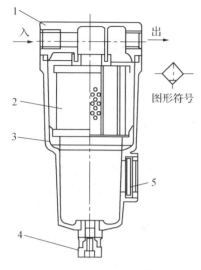

1-主体；2-滤芯；3-保护罩；
4-手动排水器；5-观察窗
图 4-3-13　主管道过滤器

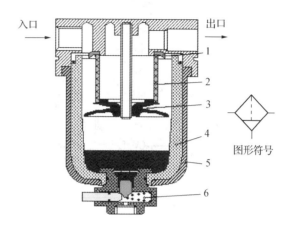

1-导流板；2-滤芯；3-挡水板；
4-滤杯；5-杯罩；6-排水阀
图 4-3-14　标准过滤器

2. 标准过滤器

如图 4-3-14 所示，标准过滤器安装在气动回路上。压缩空气从入口进入过滤器内部后，因导流板 1（旋风叶片）的导向，产生了强烈的旋转；在离心力作用下，压缩空气中混有的大颗粒固体杂质和液态水滴等被甩到滤杯 4 的内表面上；在重力作用下沿壁面沉降至底部；然后，经过这样预净化的压缩空气通过滤芯流出，进一步清除其中颗粒较小的固态粒子，清洁的空气便从出口输出。挡水板的作用是防止已积存在滤杯中的冷凝水再混入气流中。定期打开排水阀 6，放掉积存的油、水和杂质。

标准过滤器的过滤精度为 5 μm。为防止造成二次污染，滤杯中的水每天都应该排空。

3.3.6　油雾器（oil fogger）

目前，气动控制系统中的控制阀、气缸和气马达主要是靠带有油雾的压缩空气来实现润滑的，其优点是方便、干净、润滑质量高。压缩空气中的油雾主要由油雾器来生成。油雾器以压缩空气为动力，将润滑油喷射成雾状，并混合于压缩空气中，使该压缩空气具有润滑气动元件的能力。

作用：以空气为动力，使润滑油雾化后，注入空气流中，并随空气进入需要润滑的部件，达到润滑的目的。

1. 一次油雾器

一次油雾器应用很广，润滑油在油雾器中只经过一次雾化，油雾粒径 20～35 μm 左右，一般输送距离在 5 m 以内，适于一般气动元件的润滑。图 4-3-15 所示为 QIU 型普通一次油雾器。

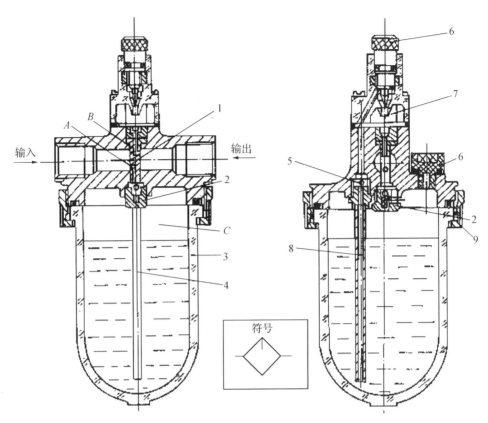

1-立杆;2-截止阀;3-储油杯;4-吸油管;5-单向阀;6-调节针阀;7-视油器;8-油塞;9-螺母

图 4-3-15 QIU普通一次油雾器

2. 二次油雾器

二次油雾器使润滑油在其中进行了两次雾化,油雾粒径更均匀、更小,可达 $5~\mu m$,油雾在传输中不易附壁,可输送更远的距离,适用于气马达和气动轴承等对润滑要求特别高的场合。

3. 油雾器的选用

油雾器主要根据通气流量及油雾粒径大小来选择,一般场合选用一次油雾器,特殊要求的场合可选用二次油雾器。所需油雾粒径在 $50~\mu m$ 左右选用一次油雾器。若需油雾粒径很小可选用二次油雾器。油雾器一般垂直安装,并装在滤气器和减压阀之后,用气设备之前较近处,尽量靠近换向阀;油雾器进出口不能接反,储油杯不可倒置。油雾器的给油量应根据需要调节,一般 $10~m^3$ 的自由空气供给 $1~mL$ 的油量。

3.3.7 减压阀

所有的气动系统均有一个最适合的工作压力,而在各种气动系统中,皆可出现或多或少的压力波动。气动与液压传动不同,一个气源系统输出的压缩空气通常可供多台气动装置使用。气源系统输出的空气压力都高于每台装置所需的压力,且压力波动较大。如果压力过高,将造成能量的损失并增加损耗;过低的压力则出力不足,造成效率不良。例如空压机的开启与关闭所产生的压力波动对系统的功能会产生不良影响。因此每台气动装置的供气压力都需要用减压阀减压,并保持稳定。对于低压控制系统(如气动测量),除用减压阀减压外,还需用精密减压阀以获得更稳定的供气压力。

减压阀的作用是将较高的输入压力调到规定的输出压力,并能保持输出压力稳定,不受空气流量变化及气源压力波动的影响。

减压阀的调压方式有直动式和先导式两种。直动式是借助弹簧力直接操纵的调压方式;先导式是用预先调整好的气压来代替直动式调压弹簧进行调压的,一般先导式减压阀的流量特性比直动式好。

1. 直动式减压阀

通径小于 20~25 mm,输出压力在 0~1.0 MPa 范围内最为适当,超出这个范围应选用先导式。

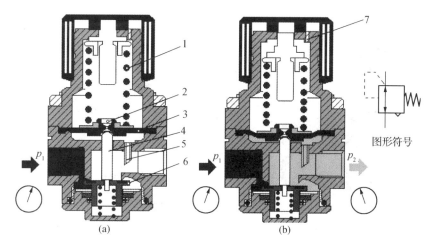

1-调压弹簧;2-溢流阀;3-膜片;4-阀杆;5-反馈导管;6-主阀;7-溢流口

图 4-3-16 直动式减压阀

减压阀实质上是一种简易压力调节器,如图 4-3-16(a)所示。若顺时针旋转调节手柄,调压弹簧 1 被压缩,推动膜片 3,阀杆 4 下移,进气阀门打开;在输出口有气压 p_2,如图 4-3-16(b)所示,同时,输出气压 p_2 经反馈导管 5 作用在膜片 3 上,产生向上的推力;当该推力与调压弹簧作用力相平衡时,阀便有稳定的压力输出。若输出压力 p_2 超过调定值,则膜片离开平衡位置而向上变形,使得溢流阀 2 被打开,多余的空气经溢流口 7 排入大气。当输出压力降到调定值时,溢流阀关闭,膜片上的受力保持平衡状态。

若逆时针旋转调节手柄,调压弹簧复位,作用在膜片 3 上的压缩空气压力大于弹簧力,溢流阀被打开,输出压力降低,直至为零。

反馈导管 5 的作用是提高减压阀的稳压精度。另外,它还能改善减压阀的动态性能,当负载突然改变或变化不定时,反馈导管起阻尼作用,避免振荡现象的发生。

当减压阀的接管口径很大或输出压力较高时,相应的膜片等结构也很大。若用调压弹簧直接调压,则弹簧过硬,不仅调节费力,而且当输出流量较大时,输出压力波动也将较大。因此,接管口径在 20 mm 以上,且输出压力较高时,一般宜用先导式结构,在需要远距离控制时,可采用遥控的先导式减压阀。

3.3.8　气动三联件

气动系统中分水滤气器、减压阀和油雾器常组合在一起使用,俗称气动三联件,其安装次序如图4－3－17所示。目前新结构的三联件插装在同一支架上,形成无管化连接,如图4－3－18所示。其结构紧凑,装拆及更换元件方便,应用普遍。油雾器的选择主要是根据气压传动系统所需额定流量及油雾粒径大小来进行。

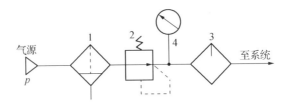

图4－3－17　气动三联件的安装次序

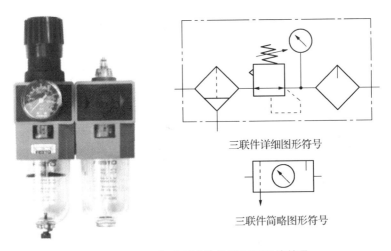

三联件详细图形符号

三联件简略图形符号

图4－3－18　气动三联件外形图及职能符号

其中,分水过滤器作用是除去空气中的灰尘、杂质,并将空气中的水分分离出来。

油雾器:特殊的注油装置。

减压阀:起减压和稳压作用。

气动三联件是气动元件及气动系统使用压缩空气的质量最后保证。

3.3.9　消声器(silencer)

在气压传动系统之中,气缸、气阀等元件工作时,排气速度较高,气体体积急剧膨胀,会产生刺耳的噪声。噪声的强弱随排气的速度、排气量和空气通道的形状而变化。排气的速度和功率越大,噪声也越大,一般可达100～120 dB,为了降低噪声可以在排气口装消声器。

作用:通过阻尼或增加排气面积来降低排气速度和功率,从而降低噪声。

类型:吸收型消声器、膨胀干涉型消声器和膨胀干涉吸收型消声器。最常用的是吸收型消声器。如图4－3－19所示。

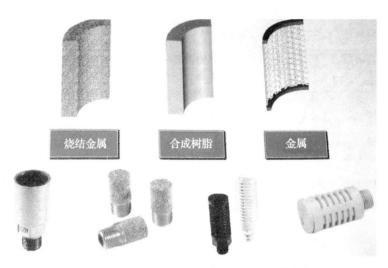

图 4-3-19　常用的消声材料及常见的消声器

1. 吸收型消声器

吸收型消声器是依靠吸声材料来消声的。

吸声材料：

玻璃纤维、毛毡、泡沫塑料、烧结材料等。

消声原理：

当有压气体通过消声罩时，气流受到阻力，声能量被部分吸收而转化为热能，从而降低了噪声强度。消声罩为多孔的吸音材料，一般用聚苯乙烯或铜珠烧结而成。当消声器的通径小于 20 mm 时，多用聚苯乙烯作消音材料制成消声罩，当消声器的通径大于 20 mm时，消声罩多用铜珠烧结，以增加强度。

图 4-3-20 所示为常用的 QXS 型消声器，消声套由聚苯乙烯颗粒或铜珠烧结而成，气体通过消声套排出，气流受到阻力，声波被吸收一部分转化为热能，从而降低了噪声。

图形符号

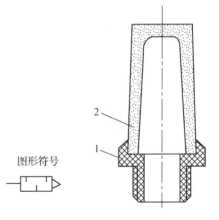

图 4-3-20　消声器

特点及应用场合：

吸收型消声器结构简单，用于消除中、高频噪声，可降噪约 20dB，在气动系统中应用最广。

2. 膨胀干涉型消声器

此类消声器结构很简单，相当一段比排气孔口径大的管件。当气流通过时，让气流在其内部扩散、膨胀、碰壁撞击、反射、相互干涉而消声。

特点：

排气阻力小，消声效果好，但结构不紧凑。

应用场合：

主要用于消除中、低频噪声，尤其是低频噪声。

3. 膨胀干涉吸收型消声器

此类消声器是上述两类消声器的组合，又称混合型消声器。气流由斜孔引入，在 A 室扩散、减速、碰壁撞击后反射到 B 室，气流束互相冲撞、干涉，进一步减速，再通过敷设在消声器内壁的吸声材料排向大气。

特点及应用场合：

消声效果好，低频可消声 20 dB，高频可消声约 45 dB。

3.3.10　管道与管接头（pipeline and pipe connection）

有了管道和各种管接头，才能把气动控制元件、气动执行元件以及辅助元件等连接成一个完整的气动控制系统，因此，实际应用中，管道和管接头是不可缺少的。如图 4 - 3 - 21 所示。

图 4 - 3 - 21　各种管接头

管道可分为硬管和软管两种。如总气管和支气管等一些固定不动的、不需要经常装拆的地方，使用硬管。连接运动部件和临时使用，希望装拆方便的管路应使用软管。

硬管：

铁管、铜管、黄铜管、紫铜管和硬塑料管等。

软管：

塑料管、尼龙管、橡胶管、金属编织塑料管以及挠性金属导管等。常用的是紫铜管和尼龙管。

管接头是连接、固定管道所必需的辅件，分为硬管接头和软管接头两类。

硬管接头：

有螺纹连接及薄壁管扩口式卡套连接，与液压用管接头基本相同。

软管接头：

气动系统中使用的管接头的结构及工作原理与液压管接头基本相似，常用的软管接头形式有卡套式、扩口螺纹式、卡箍式、插入快换式等。

对于通径较大的气动设备、元件、管道等可采用法兰连接。

3.3.11 转换器:气-电、电-气、气-液

在气动控制系统中,也与其他自动控制装置一样,有发信、控制和执行部分,其控制部分工作介质为气体,而信号传感部分和执行部分不一定全用气体,可能用电或液体传输,这就要通过转换器来转换。常用的转换器有:气-电、电-气、气-液等。

1. 气-电转换器

如图 4-3-22 所示,气-电转换器是将压缩空气的气信号转变成电信号的装置,即用气信号(气体压力)接通或断开电路的装置(又称压力继电器),分为:低压型(0~0.1 MPa);中压型(0~0.6 MPa);高压型(>1.0 MPa)。

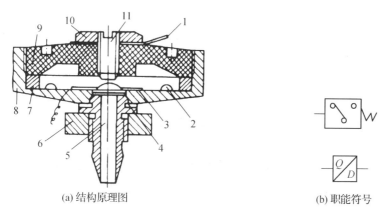

(a) 结构原理图　　　　　　　　(b) 职能符号

1-焊片;2-硬芯;3-膜片;4-密封垫;5-气动信号输入孔;
6、10-螺母;7-压圈;8-外壳;9-盖;11-限位螺钉

图 4-3-22　气-电转换器

工作原理:

硬芯与焊片是两个长断电触点。当有一定压力的气动信号由输入口进入后,膜片向上弯曲,带动硬芯与限位螺钉接触,即与焊片导通,发出电信号。气信号消失后,膜片带动硬芯复位,触点断开,电信号消失。

选择时要注意:

信号工作压力大小、电源种类、额定电压和额定电流大小。

安装:

不应倾斜和倒置,以免发生误动作,控制失灵。

2. 电-气转换器

电-气转换器是将电信号转换成气信号的装置(电磁换向阀),如下图 4-3-23 所示。

工作原理:当无电信号时,橡胶挡板 4 在弹簧 1 的作用下上抬,喷嘴打开,由气源输入的气体经喷嘴排空,输出口无输出。当线圈 2 通入电流时,产生磁场吸下衔铁 3,橡胶挡板挡住喷嘴。输出口有气信号输出。

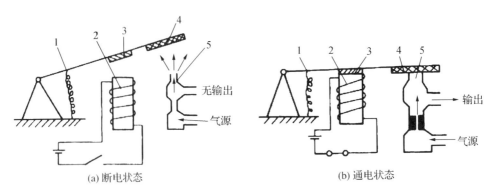

(a) 断电状态　　　　　　　　　　(b) 通电状态

1-弹簧；2-线圈；3-衔铁；4-橡胶挡板；5-喷嘴

图 4-3-23　电-气转换器原理图

3. 气-液转换器

气动系统中常用到气-液阻尼缸或使用液压缸作执行元件，以求获得较平稳的速度，因而就需要一种把气信号转换为液压信号的装置，这就是气-液转换器。气-液转换器有直接接触式和换向阀式两种。

3.4　压缩空气的输送（Air distribution）

从空压机输出的压缩空气要通过管路系统被输送到各气动设备上，管路系统如同人体的血管。输送空气的管路配置如设计不合理，将产生下列问题：

压降大，空气流量不足；

冷凝水无法排放；

气动设备动作不良，可靠性降低；

维修保养困难。

1. 管路的分类

（1）吸气管路：从吸入口过滤器到空压机吸入口之间的管路，此段管路管径宜大以降低压力损失。

（2）排出管路：从空压机排气口到后冷却器或储气罐之间的管路，此段管路应能耐高温高压与振动。

（3）送气管路：从储气罐到气动设备间的管路。送气管路又分成主管路和从主管路连接分配到气动设备之间的分支管路。主管道是一个固定安装的用于把空气输送到各处的耗气系统。主管路中必须安装断路阀，它能在维修和保养期间把空气主管道分离成几部分。

（4）控制管路：连接气动执行件和各种控制阀间的管路。此种管路大多数采用软管。

（5）排水管道：收集气动系统中的冷凝水并将水分排出管路。

2. 管路系统的布置原则

（1）按供气压力考虑

有多种压力要求，则供气方式有：

① 多种压力管路供气系统

适用于气动设备有多种压力要求，且用气量都比较大的情况。应根据供气压力大小和使用设备的位置，设计几种不同压力的管路供气系统。

② 降压管路供气系统

适用于气动设备有多种压力要求，但用气量都不大的情况。应根据最高供气压力设计管路供气系统。需要低压的气动设备，利用减压阀降压来达到。

③ 管路供气与瓶装供气相结合的供气系统

适用于大多数气动设备都使用低压空气，少部分气动设备用气量不大的高压空气。应对低压空气的要求设计管路供气系统，而气量不大的高压空气采用气瓶供气方式来解决。

（2）按供气的空气质量考虑

根据各气动设备对空气质量的不同要求，分别设计成一般供气系统和清洁供气系统。若一般供气系统的用气量不大，为减少投资，可用清洁气源代替。若清洁供气系统的用气量不大，可单独设置小型净化干燥装置来解决。

（3）按照供气可靠性和经济性考虑

一般有两种主要的配置：终端管道和环状管道。

普通气动设备大多采用不高于 8 bar 的压缩空气源，故一般按照只有一种压力要求来处理，采用同一压力管道，用减压阀来满足用气设备的压力要求。

① 终端管网供气系统

如图 4-3-24 所示，这种系统简单，经济性好，多用于间断供气，一条支路上可安装一个截止阀，用于关闭系统。管道应在流动方向上有 1：100 的斜度以利于排水，并在最低位置设置排水器。

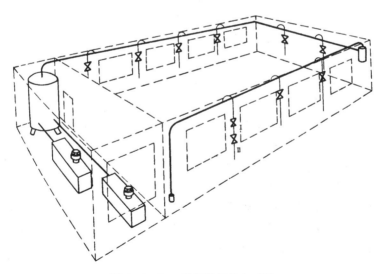

图 4-3-24　终端管网供气系统

② 环状管道供气系统

如图 4-3-25 所示，这种系统供气可靠性高，压力损失小，压力稳定，但投资较高。在环状主管道系统中空气从两边输入到达高的消耗点，这可将压力损失降至最低。这种系统中冷凝水会流向各个方向,因此必须设置足够的自动排水装置。另外,每条支路上及支路间都要设置截止阀。这样,当关闭支路时,整个系统仍能供气。

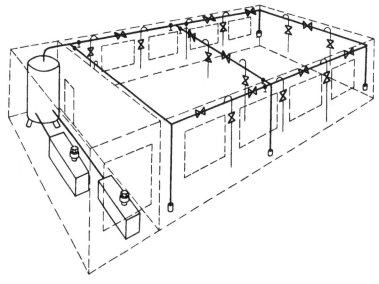

图 4 - 3 - 25　环状管道供气系统

3. 安装管路的注意事项

(1) 供气管路应按现场实际情况布置,尽量与其他管线(如水管、煤气管、电线等)统一协调布置。

(2) 压缩空气主干管道应沿墙或柱子架空铺设,其高度不应妨碍运行,又便于检修。长管道以热气的流动具有散热作用,会使管内空气中的水蒸气冷凝成水。为便于排出冷凝水,顺气流方向,管道应向下倾斜,倾斜度为 1:100～300。为防止长管道产生挠度,应在适当部位安装管道支撑。

(3) 沿墙或柱子接出的分支管必须在主干管的上部采用大角度拐弯后再向下引出,以免冷凝水进入分支管。在主干管及支管的最低点,应设置集水罐。集水罐下部设置排水阀。

(4) 在管路中装设后冷却器、主管路过滤器、干燥器等时,为便于调试、不停气维修、故障检查和更换元件,应设置必要的旁通管路和截止阀。

(5) 管道装配前,管道、接头和元件内的流道必须充分吹洗干净,不得有毛刺、铁屑、氧化皮、密封材料碎片等污物混入管道中。安装完毕,应作不漏气检查。

(6) 使用钢管时,应使用镀锌钢管或不锈钢管。配管过长时,应考虑热胀冷缩。

(7) 管径的选择为减少管路系统的压力损失,主管道内压缩空气的流速宜为 $8～10\ \mathrm{m/s}$,支管道内压缩空气的流速宜为 $10～15\ \mathrm{m/s}$。可按下式求管径。

$$d = 2\sqrt{q/v\pi}$$

气动系统的执行元件

【主要能力指标】

掌握气缸的分类及工作原理；

掌握气动马达的分类及工作原理；

掌握气缸的结构与组成。

【相关能力指标】

养成独立工作的习惯，能够正确判断和选择；

能够与他人友好协作，顺利完成任务；

能够严格按照操作规程，安全文明操作。

一、任务引入

工件分拣的动作是由什么元件来完成的，又该如何选择这种元件呢？

二、任务分析

分析上述任务可知，分拣机构要有分拣动作，必须靠气压传动系统中相关的元件来带动，这个元件就是气压传动系统中的执行元件。在气压系统中执行元件一般有气缸和气动马达。气缸将压力能转化为直线运动的机械能，气动马达将压力能转化为旋转运动的机械能。

三、知识学习

4.1　概述

气动执行元件是将压缩空气的压力能转化为机械能的元件。它的驱动机构做直线往复、摆动或回转运动,其输出为力或转矩。

做直线运动的气缸可输出力,作摆动的气缸和做旋转运动的气马达可输出力矩。气爪和真空吸盘可拾放物体。

4.2　气缸

4.2.1　气缸的分类

1. 按压缩空气对活塞端面作用力的方向分

(1) 单作用气缸

气缸只有一个方向的运动是气压传动,活塞的复位靠弹簧力或自重和其他外力。

这种气缸结构简单,耗气量少,适用于行程较小,对推力和速度要求不高的场合。

(2) 双作用气缸

双用气缸的往返运动全靠压缩空气来完成。

它的应用最为广泛,又分为单杆双作用和双杆双作用。对于双杆双作用气缸,当活塞两侧受压面积相等时,两侧运动速度和行程都相同。

2. 按气缸的结构特征分

(1) 活塞式气缸

其使用量最多。

(2) 薄膜式气缸

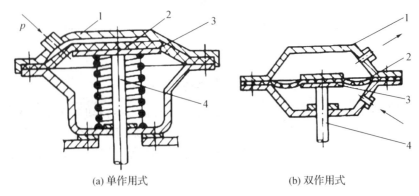

(a) 单作用式　　　　　　　　(b) 双作用式

1-缸体;2-膜片;3-膜盘;4-活塞杆

图 4-4-1　薄膜气缸工作原理图

如上图 4-4-1 所示,膜片式气缸密封性好,无摩擦阻力,无须润滑,但气缸行程短,大多用于生产过程控制中的夹紧和阀门开闭等工作。

3. 按气缸的安装形式分

(1) 固定式气缸

气缸安装在机体上固定不动,有耳座式、凸缘式和法兰式。

(2) 轴销式气缸

缸体围绕一固定轴可作一定角度的摆动。

(3) 回转式气缸

缸体固定在机床主轴上,可随机床主轴作高速旋转运动。这种气缸常用于机床上气动卡盘中,以实现工件的自动装卡。

(4) 嵌入式气缸

气缸做在夹具本体内。

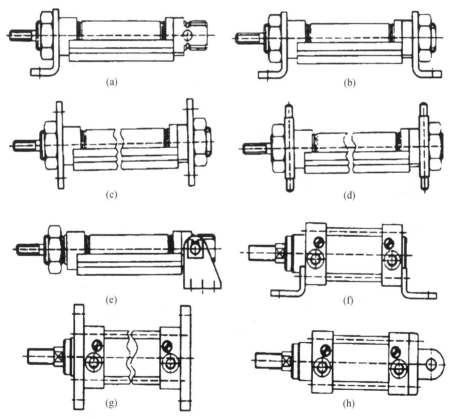

(a)(b)(f) 脚架型;(c)(g) 前、后法兰型;(d) 轴销型;
(e) 球绞耳环型;(h) 耳环型

图 4-4-2　气缸的分类

4. 按尺寸分:

通常将缸径为2.5~6 mm 的称为微型气缸;

　　　　　8~25 mm 为小型气缸;

32～320 mm 为中型气缸；

大于 320 mm 为大型气缸。

5. 按气缸的功能分

（1）普通气缸

包括单作用式和双作用式气缸。常用于无特殊要求的场合。

（2）缓冲气缸

气缸的一端或两端带有缓冲装置，以防止和减轻活塞运动到端点时对气缸缸盖的撞击。

（3）气—液阻尼缸

由气缸和液压缸共同组成。它以压缩空气为能源，利用液压油的不可压缩性和对油液流量的控制，使活塞获得稳定的运动，并可调节活塞的运动速度。

（4）摆动气缸

用于要求气缸叶片轴在一定角度内绕轴线回转的场合，如夹具转位、阀门的启闭等。

摆动气缸是出力轴被限制在某个角度内做往复摆动的一种气缸，又称为旋转气缸。摆动气缸目前在工业上应用广泛，多用于安装位置受到限制，或转动角度小于360°的回转工作部件，其动作原理也是将压缩空气的压力能转变为机械能。常用的摆动气缸的最大摆动角度分为 90°、180°、270° 三种规格。

按照摆动气缸的结构特点可分为齿轮齿条式和叶片式两类。

① 齿轮齿条式摆动气缸

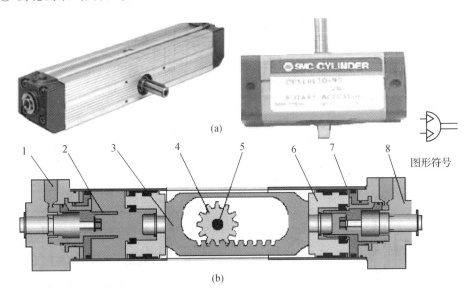

1-缓冲节流阀；2-缓冲柱塞；3-齿条组件；4-齿轮；5-输出轴；6-活塞；7-缸体；8-端盖

图 4-4-3 齿轮齿条摆动气缸结构原理图

② 叶片式摆动气缸

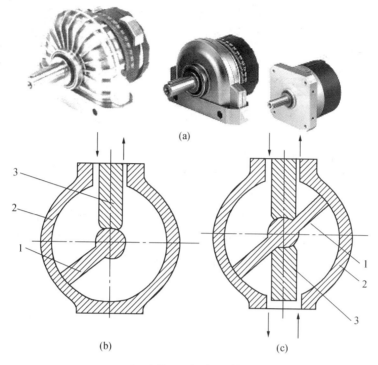

1-叶片；2-定子；3-挡块

图 4-4-4　叶片式摆动气缸结构原理图

6．按润滑方式分类

按润滑方式可分为给油气缸和不给油气缸。

给油气缸是由压缩空气带入油雾，对气缸内相对运动件进行润滑。

不给油气缸是指压缩空气中不含油雾，相对运动件之间的润滑是靠预先在密封圈内添加的润滑脂来保证。另外，气缸内的零件宜使用不易生锈的材料。不给油气缸若供给含冷凝水多的压缩空气易生锈，残留固态物质也会固着在滑动面上，预加润滑脂也会被冲洗掉，故密封圈会过早磨耗，使气缸动作不稳定。

目前，绝大多数系统的气缸都是不给油式的。需注意的是，它也可给油使用，但一旦给油，就必须保持给油，如中途停止给油，因润滑脂已被油冲洗掉而使它处于无油润滑状态，使密封件过快磨损。

4.2.2　气缸的基本结构

由于气缸的使用目的不同，它的构造是多种多样的，但使用最多的是单杆双作用活塞式气缸。下面就以它为例，说明气缸的基本构造。

气缸主要由缸筒、活塞杆、活塞、导向套、前后缸盖及密封等元件组成，如图 4-4-5 所示。

1．缸筒

缸筒一般采用圆筒形结构，但随着气缸品种发展，加工工艺技术的提高，已广泛采用方形、矩形的异形管材及用于防转气缸的矩形或椭圆孔的异形管材。

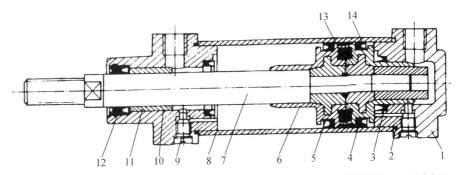

1—后缸盖；2—密封圈；3—缓冲密封圈；4—活塞密封圈；5—活塞；6—缓冲柱塞；7—活塞杆；
8—缸筒；9—缓冲节流阀；10—导向套；11—前缸盖；12—防尘密封圈；13—磁铁；14—导向环

图 4-4-5　气缸的结构

缸筒材料一般采用冷拔钢管、铝合金管、不锈钢管、铜管和工程塑料管；中小型气缸大多用铝合金管和不锈钢管；对于广泛使用的开关气缸的缸筒要求用非导磁材料；用于冶金、汽车等行业的重型气缸一般采用冷拔精拉钢管，也有用铸铁管的。

2. 活塞杆

活塞杆是用来传递力的重要零件，要求能承受拉伸、压缩、振动等负载，表面耐磨，不生锈。活塞杆材质一般选用 35、45 碳钢，特殊场合用精轧不锈钢等材料，钢材表面需镀铬及调质热处理。

3. 活塞

气缸活塞受气压作用产生推力并在缸筒内做摩擦滑动，且必须承受冲击。在高速运动场合，活塞有可能撞击缸盖。因此，要求活塞具有足够的强度和良好的滑动特性。对气缸用的活塞应充分重视其滑动性能，特别是耐磨性和不发生"咬缸"现象。

活塞的宽度与采用密封圈的数量、导向环的形式等因素有关。一般活塞宽度越小，气缸的总长就越短。活塞的滑动面小容易引起早期磨损和卡死，如"咬缸"现象。

一般对标准气缸而言，活塞宽度约为缸径的 20%～25%，该值需综合考虑使用条件，由活塞与缸筒、活塞杆与导向套的间隙尺寸等因素来决定。活塞的材质常用铝合金和铸铁，小型气缸的活塞有用黄铜制造的。

4. 导向套

导向套用作活塞杆往复运动时的导向。因此，同对活塞的要求一样，要求导向套具有良好的滑动性能，能承受由于活塞杆受重载时引起的弯曲、振动及冲击。在粉尘等杂物进入活塞杆和导向套之间的间隙时，要求活塞杆表面不被划伤。导向套一般采用聚四氟乙烯和其他的合成树脂材料，也可用铜颗粒烧结的含油轴承材料。

4.2.3　标准气缸

标准气缸是指气缸的功能和规格是普遍使用的，结构容易制造的，普通厂商通常作为通用产品供应市场的气缸。如符合国际标准 ISO 6430、ISO 6431 或 ISO 6432 的普通气缸。符合我国标准 GB 8103-87（即 ISO 6431）、德国标准 DIN ISO 6431 等气缸都是标准气缸。

在国际上，几乎所有的气动专业厂商目前都已生产符合 ISO 6431、ISO 6432 标准的气缸。对于 ISO 6431 标准而言，标准主要内容是对气缸的缸径系列、活塞杆伸出部分的螺纹尺寸作了规定,对同一缸径的气缸的外形尺寸(其长度、宽度、高度)作了限制,并对气缸的连接尺寸作了统一的规定。这一规定仅针对连接件对外部连接尺寸的统一,而连接件与气缸的连接尺寸未作规定。

因此,对于两家都符合 ISO 6431 标准的气缸不能直接互换,而必须连同连接件一起更换。这一点在气缸选用时要特别注意。

4.2.4　气缸的选用

1. 预选气缸的缸径

根据气缸的负载状态,确定气缸的轴向负载力 F;

根据 F 计算出缸径,结果应标准化。

2. 预选气缸的行程

根据气缸的操作距离及传动机构的行程比来预选气缸的行程。为便于安装调试,对计算出的行程要留有适当的余量。应尽量选用标准行程,可保证供货迅速,成本降低。

3. 选择气缸的品种

根据气缸承担任务的要求来选择气缸的品种。如要求气缸到达行程终端无冲击现象和撞击噪声,应选缓冲气缸;要求重量轻,应选轻型缸。

4. 选择气缸的安装方式

合理选择气缸的安装方式。

4.2.5　气缸的使用注意事项

1. 对空气质量的要求

要使用清洁干燥的压缩空气。空气中不得含有机溶剂的合成油、盐分、腐蚀性气体等,以防缸、阀动作不良。安装前,连接配管内应充分吹洗,不要将灰尘、切屑末、密封带碎片等杂质带入缸、阀内。

2. 对使用环境的要求

在灰尘多、有水滴、油滴的场所,杆侧应带伸缩防护套,安装时,不要出现拧扭状态。

气缸的环境温度和介质温度,在带磁性开关时若超出－10℃～60℃,非磁性开关的若超出－10℃～70℃,要采取防冻或降温措施。

3. 气缸的速度调整

使用速度控制阀进行气缸速度的调速时,其节流阀应从全闭状态逐渐打开,调到所希望的速度。调整圈数不允许超过最大回转圈数。调整完成后,将锁母紧固。

4. 气缸的缓冲调整

缓冲阀应从出厂时的调速状态(不是全闭状态),根据负载大小及速度要求,重新调整(逐渐开启)至气缸不产生反跳现象为止。调整完成后,应将锁母紧固。缓冲阀不得过分放松,以防弹出伤人。

5. 气缸的维护

缸筒和活塞杆的滑动部位不得受操作,以防气缸动作不良、损坏活塞杆密封圈等造成漏气。

缓冲阀处应留出适当的维护调整空间,磁性开关等应留出适当的安装调整空间。

气缸若长期放置不用,应一个月动作一次,并涂油保护以防生锈。

通常用的给油和不给油气缸不能用作气液联用缸,以防漏油。

4.2.6　气缸的选择和使用要求

气缸的合理选用,是保证气动系统正常稳定工作的前提。

所谓合理选用气缸,就是要根据各生产厂家要求的选用原则,使气缸符合正常的工作条件,这些条件主要包括工作压力范围、负载要求、工作行程、工作介质温度、环境条件(温度等)、润滑条件及安装要求等。

1. 气缸的选择要点

(1) 根据气缸的负载状态和负载运动状态确定负载力 F 和负载率,再根据使用压力应小于气源压力 85% 的原则,按气源压力确定使用压力 P。对单作用缸按杆径与缸径比为 0.5,双作用缸杆径与缸径比为 0.3~0.4 预选,并根据公式求得缸径 D,将所求出的 D 值标准化即可。如 D 尺寸过大,可采用机械扩力机构。

(2) 根据气缸及传动机构的实际运行距离来预选气缸的行程,为便于安装调试,对计算出的距离加大 10~20 mm 为宜,但不能太长,以免增大耗气量。

(3) 根据使用目的和安装位置确定气缸的品种和安装形式。可参考相关手册或产品样本。

(4) 活塞(或缸筒)的运动速度主要取决于气缸进、排气口及导管内径,选取时以气缸进排气口连接螺纹尺寸为基准。为获得缓慢而平稳的运动可采用气-液阻尼缸。普通气缸的运动速度为 0.5~1 m/s 左右,对高速运动的气缸应选用缓冲缸或在回路中加缓冲。

2. 气缸的使用要求

(1) 气缸的一般工作条件是:周围环境及介质温度 5℃~60℃,工作压力 0.4~0.6 Mpa (表压)。超出此范围时,应考虑使用特殊密封材料及十分干燥的空气。

(2) 安装前应在 1.5 倍的工作压力下试压,不允许有泄漏。

(3) 在整个工作行程中负载变化较大时,应使用有足够出力余量的气缸。

(4) 不使用满行程工作,特别在活塞伸出时.以避免撞击损坏零件。

(5) 注意合理润滑,除无油润滑气缸外应正确设置和调整油雾器,否则将严重影响气缸的运动性能甚至导致其不能工作。

(6) 气缸使用时必须注意活塞杆强度问题。由于活塞杆头部的螺纹受冲击而遭受破坏,大多数场合活塞杆承受的是推力负载,必须考虑细长杆的压杆稳定性和气缸水平安装时活塞杆伸出因自重而引起活塞杆头部下垂的问题。安装时还要注意受力方向,活塞杆不允许承受径向载荷。

(7) 活塞杆头部连接处,在大惯性负载运动停止时,往往伴随着冲击,由于冲击作用而容易引起活塞杆头部遭受破坏。因此,在使用时应检查负载的惯性力,设置负载停止的阻挡装置和缓冲装置,以及消除活塞杆上承受的不合理的作用力。

4.3　气动马达

气动马达是一种作连续旋转运动的气动执行元件,是一种把压缩空气的压力能转换成回转机械能的能量转换装置。其作用相当于电动机或液压马达,它输出转矩,驱动执行机构做旋转运动。在气压传动中使用广泛的是叶片式、活塞式和齿轮式气动马达。

1. 叶片式气动马达的工作原理

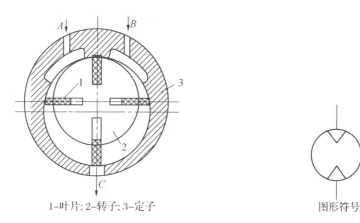

1-叶片；2-转子；3-定子　　　　　　　　　　　图形符号

图 4-4-6　叶片式气动马达

图 4-4-6 所示是双向叶片式气动马达的工作原理图。压缩空气由 A 孔输入,小部分经定子两端的密封盖的槽进入叶片底部(图中未表示),将叶片推出,使叶片贴紧在定子内壁上；大部分压缩空气进入相应的密封空间而作用在两个叶片上；由于两叶片伸出长度不等,就产生了转矩差,使叶片与转子按逆时针方向旋转；做功后的气体由定子上的孔 C 和 B 排出。若改变压缩空气的输入方向(即压缩空气由 B 孔进入,A 孔和 C 孔排出),则可改变转子的转向。

2. 齿轮式气动马达

齿轮式气动马达有双齿轮式和多齿轮式,而以双齿轮式应用得最多。齿轮可采用直齿、斜齿和人字齿。这种气动马达的工作室由一对齿轮构成,压缩空气由对称中心处输入,齿轮在压力的作用下回转。采用直齿轮的气动马达可以正反转动,采用人字齿轮或斜齿轮的气动马达则不能反转。

3. 气动马达的特点

(1) 工作安全,具有防爆性能,适用于恶劣的环境,在易燃、易爆、高温、振动、潮湿、粉尘等条件下均能正常工作。

(2) 有过载保护作用。过载时马达只是降低转速或停止,当过载解除后运转,并不产生故障。

(3) 可以无级调速。只要控制进气流量,就能调节马达的功率和转速。

(4) 比同功率的电动机轻 1/10～1/3,输出功率惯性比较小。

(5) 可长期满载工作,而温升较小。

(6) 功率范围及转速范围均较宽,功率小至几百瓦,大至几万瓦,转速可从每分钟几转到上万转。

（7）具有较高的启动转矩，可以直接带负载启动。启动、停止迅速。

（8）结构简单，操纵方便，可正反转，维修容易，成本低。

（9）速度稳定性差。输出功率小，效率低，耗气量大。噪声大，容易产生振动。

4. 气动马达的应用

气动马达的工作适应性较强，可适用于无级调速、启动频繁、经常换向、高温潮湿、易燃易爆、负载启动、不便人工操纵及有过载可能的场合。目前，气动马达主要应用于矿山机械、专业性的机械制造业、油田、化工、造纸、炼钢、船舶、航空、工程机械等行业，许多气动工具如风钻、风扳手、风砂轮等均装有气动马达。随着气压传动的发展，气动马达的应用将更趋广泛。

气动系统的方向控制

【主要能力指标】

    掌握方向控制阀的类型、结构及工作原理；

    掌握方向控制阀的用途；

    掌握方向控制回路的种类及特点。

【相关能力指标】

    养成独立工作的习惯，能够正确判断和选择；

    能够与他人友好协作，顺利完成任务；

    能够严格按照操作规程，安全文明操作。

一、任务引入

分拣臂有来回动作，这就需要控制推动它的气缸的运动方向。

二、任务分析

    在本任务中主要要求气缸能够伸出、缩回到指定位置，即气缸能往复移动，这就需要使用方向控制阀对该机构实行方向控制。同时，还要求操纵按钮或踏板都可以实现换向功能，可见这种阀有其特殊的功能。

    那么，控制执行元件换向的阀有哪些类型，它们又分别有哪些不同的功能呢？使用方向阀又可组成何种回路，它们的用途又如何呢？

三、知识学习

5.1 方向控制阀（directional control valve）

能改变气体流动方向或通断的控制阀称为方向控制阀。如向气缸一端进气，并从另一端排气，再反过来，从另一端进气，一端排气——这种流动方向的改变，便要使用方向控制阀。

5.1.1 方向控制阀的分类

方向控制阀的品种规格相当多，了解其分类就比较容易掌握它们的特征，以利于选用。

1. 按阀内气流的流通方向分类

只允许气流沿一个方向流动的控制阀叫单向型控制阀，包括单向阀、梭阀、双压阀和快速排气阀等。快速排气阀按其功能也可归入流量控制阀。可以改变气流流动方向的控制阀叫换向型控制阀。如二位三通阀、三位五通阀等。

2. 按控制方式分类

表 4－5－1　方向阀的分类

人力控制	一般手动操作		按钮式
	手柄式、带定位		脚踏式
机械控制	控制轴		滚轮杠杆式
	单向滚轮式		弹簧复位
气压控制	直动式		先导式
电磁控制	单电控		双电控
	先导式双电控，带手动		

（1）人力控制

依靠人力使阀芯切换的换向阀称为人力控制换向阀。它可分为手动阀和脚踏阀。

（2）机械控制

用凸轮、撞块或其他机械外力推动阀芯动作、实现换向的阀称为机械控制换向阀。这种阀常作为信号阀使用。机械控制换向阀可用于温度高、粉尘多、油分多以及不宜使用电气行程开关的场合，但不宜用于复杂的控制装置中。

（3）气压控制

靠气压力使阀芯切换以改变气流方向的阀称为气压控制换向阀。这种阀在易燃、易爆、潮湿、粉尘大、强磁场、高温等恶劣工作环境中，以及不能使用电磁控制的环境中，工作安全可靠，寿命长。但气压控制阀的切换速度比电磁阀慢些。

气压控制可分成加压控制、泄压控制、差压控制和延时控制等。

（4）电磁控制

电磁线圈通电时，静铁芯对动铁芯产生电磁吸力，利用电磁力使阀芯切换，以改变气流方向的阀，称为电磁控制换向阀。这种阀易于实现电-气联合控制和复杂控制，能实现远距离操作，故得到广泛的应用。

3. 按动作方式分类

按动作方式，可分为直动式和先导式。

4. 按切换通口数目分类

阀的切换通口包括供气口、输出口和排气口。按切换通口数目分，有二通阀、三通阀、四通阀、五通阀以及五通以上的阀，见表 4 - 5 - 2。

表 4 - 5 - 2 换向阀的分类

名称	二通阀		三通阀		四通阀	五通阀
	常断	常通	常断	常通		
图形符号						

5. 按阀芯的工作位置数分类

阀芯的工作位置简称位。阀芯有几个工作位置的阀就是几位阀。

有两个通口的二位阀称为二位二通阀。它可实现气路的通或断。有三个通口的二位阀，称为二位三通阀。在不同工作位置，可实现 P、A 相通或 A、O 相通。这种阀可用于推动单作用气缸的回路中。常见的还有二位五通阀，它可用于推动双作用气缸的回路中。由于有两个排气口，能对气缸的工作行程和返回行程分别进行调速。

三位阀有三个工作位置。当阀芯处于中间的位置时（也称为零位），各通口呈封闭状态，则称为中位封闭式阀；若出口与排气口相通，称为中位泄压式阀，也称为 ABR 连接式；若出口都与进口相通，则称为中位加压式阀，也称为 PAB 连接式；若在中位泄压式阀的两个出口内装上单向阀，则称为中位止回式阀。

6. 按控制数分类

按控制数可分成单控式和双控式。

单控式是指阀的一个工作位置由控制信号获得(控制信号可以是电信号、气信号、人力信号或机械力信号),另一工作位置是当控制信号消失后,靠其他力来获得(称为复位方式)。靠弹簧力复位称为弹簧复位;靠气压力复位称为气压复位;靠弹簧力和气压力复位称为混合复位。气压复位阀的使用压力很高时,复位力大,工作稳定。若使用压力较低,则复位力小,阀芯动作就不稳定。为弥补这个不足,可加一复位弹簧,形成混合复位,混合复位可减小复位活塞直径。二位阀的状态也称作零位。

双控式是指阀有两个控制信号。对二位阀,两个阀位分别由一个控制信号获得。当一个控制信号消失,另一个控制信号未加入时,能保持原有阀位不变的,称为具有记忆功能的阀。对三位阀,每个控制信号控制一个阀位。当两个控制信号都不存在时,靠弹簧力和气压力使阀芯处于中间位置。

7. 按阀芯结构形式分类

阀芯结构形式是影响阀性能的重要因素之一。常用的阀芯结构形式有滑柱式、座阀式、滑柱座阀式(平衡座阀式)和滑板式等。

8. 按连接方式分

阀的连接方式有管式连接、板式连接、集装式连接和法兰连接等几种。

5.1.2 方向控制阀的表示方法

为说明在实际系统中的阀口的位置及保证线路连接的正确性,明确控制回路和所用元件的关系,所以规定对阀的接口及控制接口加以一定的表示。现在常用的表示方法有数字符号和字母符号两种表示方法,见表 4-5-3。

表 4-5-3　方向控制阀的表示方法

接　口	字母表示方法	数字表示方法
压缩空气输入口	P	1
排气口	$R、S$	3、5
压缩空气输出口	$A、B$	2、4
使 1~2、1~4 导通的控制接口	$Z、Y$	12、14
使阀门关闭的接口	$Z、Y$	10
辅助控制管路	P_z	81、91

如图 4-5-1 所示为方向控制阀的表示实例。在用字母符号表示时,一般把 Z 表示左边控制口,而 Y 表示右边控制口,在现在的实际应用中一般都是以数字符号的居多。有了这些符号,在分析、连接系统回路时就较方便,不易出差错。

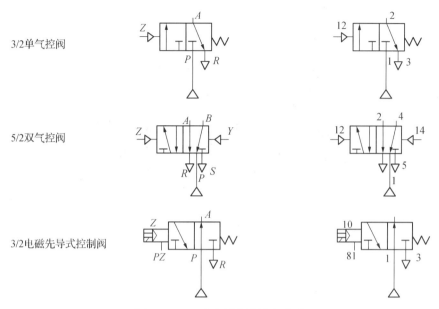

3/2单气控阀

5/2双气控阀

3/2电磁先导式控制阀

图 4-5-1 方向控制阀表示方法

5.1.3 单向型方向控制阀（one-way directional control valve）

单向型方向控制阀只允许气流沿着一个方向流动。它主要包括单向阀、梭阀、双压阀和快速排气阀等。

1. 单向阀（one-way valve）

如图 4-5-2 所示,单向阀是气流只能一个方向流动而不能反向流动的方向控制阀。

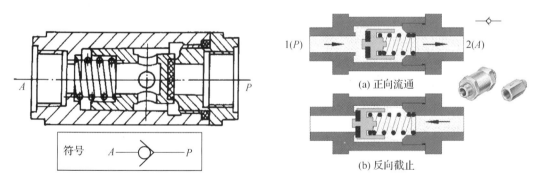

符号 $A \triangleright\!\!\!\!-\!\!\! P$

(a) 正向流通

(b) 反向截止

图 4-5-2 单向阀

工作原理:

与液压单向阀一样。压缩空气从 P 口进入,克服弹簧力和摩擦力使单向阀阀口开启,压缩空气从 P 流至 A;当 P 口无压缩空气时,在弹簧力和 A 口(腔)余气力作用下,阀口处于关闭状态,使从 A 至 P 气流不通。

单向阀应用于不允许气流反向流动的场合,如空压机向气罐充气时,在空压机与气罐之间设置一单向阀,当空压机停止工作时,可防止气罐中的压缩空气回流到空压机。单向阀还常与节流阀、顺序阀等组合成单向节流阀、单向顺序阀使用。

2. 梭阀（shuttle valve）

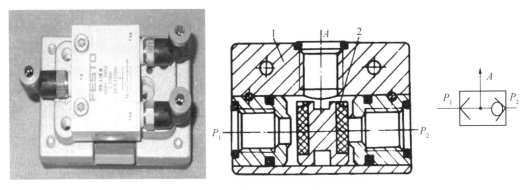

图 4－5－3　梭阀的外观及结构原理

如图 4－5－3 所示，梭阀相当于两个单向阀组合的阀，其作用相当于"或门"。

梭阀在气动系统中应用较广，它可将控制信号有次序地输入控制执行元件，常见的手动与自动控制的并联回路中就用到梭阀。

梭阀的使用压力范围为 0.05～0.1 MPa，环境和介质温度为－5℃～60℃。

（2）梭阀的应用：

梭阀主要用于选择信号。

用两个手动按钮 1S1 和 1S2 操纵气缸进退。当驱动两个按钮阀中的任何一个动作时，双作用气缸活塞杆都伸出。只有同时松开两个按钮阀，气缸活塞杆才回缩。梭阀应与两个按钮阀的工作口相连接，这样，气动回路才可以正常工作。

梭阀在逻辑回路和气动程序控制回路中应用广泛，常用作信号处理元件。图 4－5－4 为数个输入信号需连接（并联）到同一个出口的应用方法，所需梭阀数目为输入信号数减一。

梭阀的组合有两种方法：双边串联法和单边串联法，如图 4－5－5 所示。

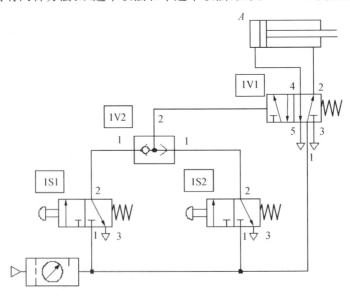

图 4－5－4　梭阀的应用

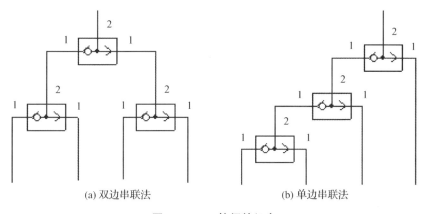

(a) 双边串联法　　　　　　　　(b) 单边串联法

图 4-5-5　梭阀的组合

3. 双压阀（double-pressure valve）

如图 4-5-6 所示，双压阀也相当于两个单向阀的组合结构形式，其作用相当于"与门"。

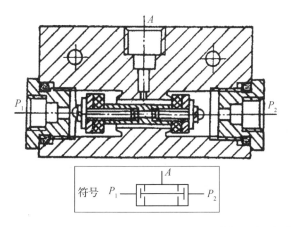

图 4-5-6　双压阀

工作原理：它有两个输入口 P_1 和 P_2，一个输出口 A。当 P_1 或 P_2 单独有输入时，阀芯被推向另一侧，A 无输出。只有当 P_1 和 P_2 同时有输入时，A 才有输出。当 P_1 与 P_2 输入的气压不等时，气压低的通过 A 输出。如下图 4-5-7 所示。

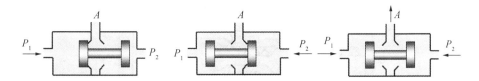

图 4-5-7　双压阀工作原理图

双压阀在气动回路中常当"与门"元件使用。

与梭阀一样，双压阀在气动控制系统中也作为信号处理元件，数个双压阀的连接方式如图 4-5-8 所示，只有数个输入口皆有信号时，输出口才会有信号。双压阀的应用也很广泛，主要用于互锁控制、安全控制、检查功能或者逻辑操作。

图 4-5-8 为一个安全回路。只有当两个按钮阀 1S1 和 1S2 都压下时，单作用气缸活

塞杆才伸出。若二者中有一个不动作,则气缸活塞杆将回缩至初始位置。

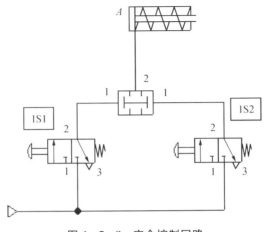

图 4-5-8 安全控制回路

4. 快速排气阀(rapid escape valve)

当进口压力下降到一定值时,出口有压气体自动从排气口迅速排气的阀,称为快速排气阀。如图 4-5-9 所示。

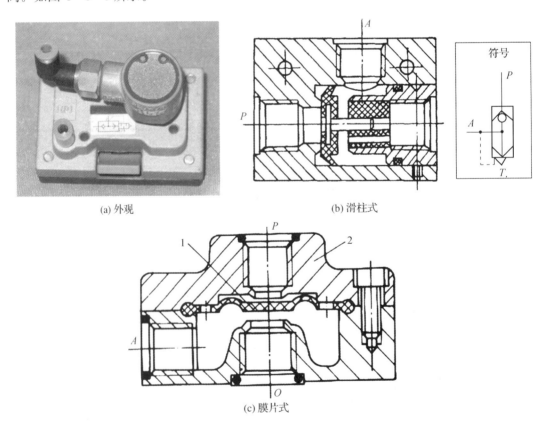

(a) 外观　　　　(b) 滑柱式

(c) 膜片式

图 4-5-9 快速排气阀

快速排气阀可使气缸活塞运动速度加快,特别是在单作用气缸情况下,可以避免其回程时间过长。为了降低排气噪声,这种阀一般带消声器。

工作原理:如图4‑5‑10所示,它有三个阀口 P、A、T,P 接气源,A 接执行元件,T 通大气。当 P 有压缩空气输入时,推动阀芯上移,P 与 A 通,给执行元件供气;当 P 无压缩空气输入时,执行元件中的气体通过 A 使阀芯下移,堵住 P、A 通路,同时打开 A、T 通路,气体通过 T 快速排出。

如图4‑5‑11所示更形象地说明了它的工作原理:

快速排气阀常装在换向阀和气缸之间,使气缸的排气不用通过换向阀而快速排出,从而加快了气缸往复运动速度,缩短了工作周期。

图 4‑5‑10　快速排气阀工作原理

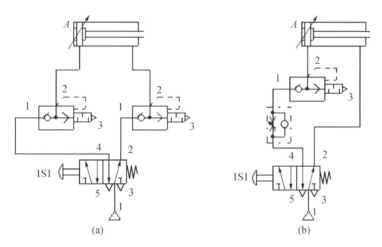

(a)　　　　　　　　　　　　(b)

图 4‑5‑11　快速排气阀应用回路

5.1.4　换向型方向控制阀(reversing directional control valve)

换向型方向控制阀(简称换向阀):通过改变气流通道而使气体流动方向发生变化,从而达到改变气动执行元件运动方向的目的。

按控制方式的不同有气压控制换向阀、电磁控制换向阀、机械控制换向阀、人力控制换向阀和时间控制换向阀等。本节主要介绍气压控制换向阀和电磁控制换向阀。

1. 气压控制换向阀(reversing valve by pneumatic control)

气压控制换向阀是利用气体压力来使主阀芯运动而使气体改变流向的,如图4‑5‑12所示。

(1)控制方式:加压控制、卸压控制和差压控制

加压控制是指所加的控制信号压力是逐渐上升的,当气压增加到阀芯的动作压力时,主阀便换向;

卸压控制是指所加的气控信号压力是减小的,当减小到某一压力值时,主阀换向;

差压控制是使主阀芯在两端压力差的作用下换向。

气控换向阀按主阀结构不同,又可分为截止式和滑阀式两种主要形式。滑阀式气控换向阀的结构和工作

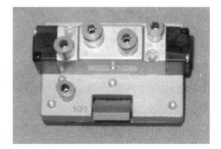

图 4‑5‑12　气压控制换向阀

原理与液动换向阀基本相同。在此主要介绍截止式换向阀。

（2）应用：用途很广，多用于组成全气阀控制的气压传动系统或易燃、易爆以及高净化等场合。

2. 电磁控制换向阀（reversing valve by solenoid control）

如图 4-5-13 所示，电磁控制换向阀是利用电磁力的作用来实现阀的切换以控制气流的流动方向。按控制方法不同分为电磁铁直接控制（直动）式和先导式两种。

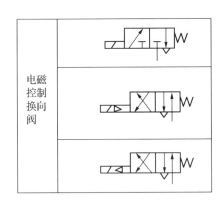

图 4-5-13　电磁控制换向阀

3. 机械控制换向阀（reversing valve by mechanical control）

机械控制换向阀：又称行程阀，多用于行程程序控制，作为信号阀使用。常依靠凸轮、挡块或其他机械外力推动阀芯，使阀换向。常见的形式如图 4-5-14 所示。

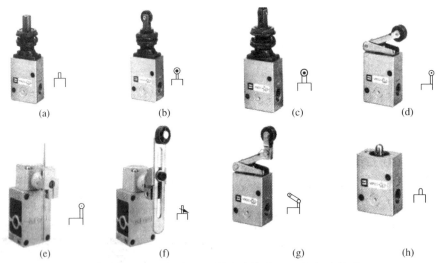

（a）直动式；（b）滚轮式；（c）横向滚轮式；（d）杠杆滚轮式；
（e）可调杆式；（f）可调杠杆滚轮式；（g）可通过式；（h）基本型

图 4-5-14　机械控制换向阀的类型

4. 人力式

人力控制换向阀常见的形式如图 4-5-15 所示。

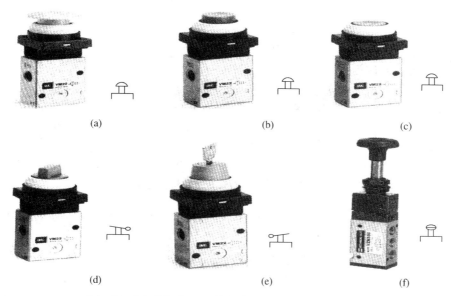

(a)、(b)、(c) 按钮式；(d) 旋钮式；(e) 锁式；(f) 推拉式

图 4‑5‑15　人力式的形式

5.2　换向回路（reversing circuit）

利用各种方向控制阀可以对单作用气动执行元件和双作用气动执行元件进行换向控制。

1. 单作用气缸换向回路（reversing circuit of single-acting cylinder）

图 4‑5‑16(a)所示为由二位三通电磁阀控制的换向回路,通电时,活塞杆伸出；断电时,在弹簧力作用下活塞杆缩回。图(b)所示为由三位五通阀电‑气控制的换向回路,该阀具有自动对中功能,可使气缸停在任意位置,但定位精度不高、定位时间不长。

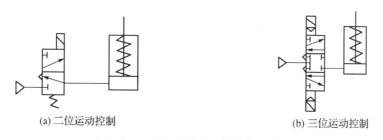

(a) 二位运动控制　　　　　　　　　　　　　　(b) 三位运动控制

图 4‑5‑16　单作用气缸换向回路

2. 双作用气缸换向回路（reversing circuit of double-acting cylinder）

图 4‑5‑17(a)为小通径的手动换向阀控制二位五通主阀操纵气缸换向；图 4‑5‑17(b)为二位五通双电控阀控制气缸换向；图 4‑5‑17(c)为两个小通径的手动阀控制二位五通主阀操纵气缸换向；图(d)为三位五通阀控制气缸换向。

特点:该回路有中停功能,但定位精度不高。

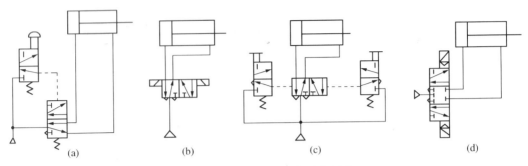

图 4 - 5 - 17　双作用气缸换向回路

3. 气液缸同步回路(synchronizing circuit by pneumatic hydraulic cylinder)

工作原理:如图 4 - 5 - 18 所示,图 4 - 5 - 18(a)中气液缸中的有效面积 A_1 与 B 缸的有效面积 A_2 相等,可保证两缸在运动过程中同步。回路中点 1 接放气装置,以放掉油中的空气。该回路可得到较高的同步精度。图 4 - 5 - 18(b)中当三位五通主阀处于中位时,弹簧蓄能器自动地通过补给回路对液压缸补充油液;该主阀处于另两个位置时,弹簧蓄能器的补给回路被切断,此时油缸内部油液交叉循环,保证两缸同步运动。该回路可以保证加不等负荷 F_1、F_2 的工作台运动同步。图中点 1、2 接放气装置,以放掉混入油中的空气。

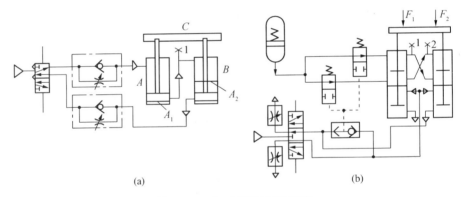

图 4 - 5 - 18　气液缸同步回路

4. 往复动作回路(reciprocating action circuit)

图 4 - 5 - 19 为单往复回路。按下阀 1,主阀 3 切换,气缸活塞右行;当撞块碰下行程阀 2 时,主阀 3 复位,气缸活塞自动返回。

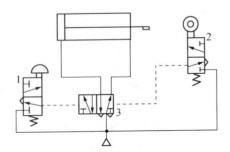

图 4 - 5 - 19　行程控制的单往复动作回路

图4-5-20为连续往复动作回路。按下阀1,主阀4切换,气缸活塞右行。此时由于阀3复位而将控制气路断开,主阀4不能复位。当活塞前行到行程终点压下阀2时,主阀4的控制气体经阀2排出,主阀4在弹簧作用下复位,气缸活塞返回。当活塞返回到行程终点压下阀3时,主阀4切换,重复上一循环动作。断开手动阀1,方可使这一连续往复动作在活塞返回到原位置时停止。

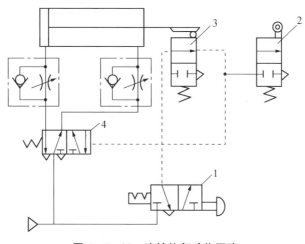

图4-5-20 连续往复动作回路

5. 计数回路(counting circuit)

工作原理:图4-5-21为二进制计数回路。阀4的换向位置,取决于阀2的位置,而阀2的换位又取决于阀3和阀5。如图所示,若按下阀1,气信号经阀2至阀4的左端使阀4换至左位,同时使阀5切断气路,此时气缸活塞杆伸出;当阀1复位后,原通入阀4左控制端的气信号经阀1排空,阀5复位,于是气缸无杆腔的气体经阀5至阀2左端,使阀2换至左位等待阀1的下一次信号输入。当阀1第二次按下后,气信号经阀2的左位至阀4右端使阀4换至右位,气缸活塞杆退回,同时阀3将气路切断。待阀1复位后,阀4右端信号经阀2、阀1排空,阀3复位并将气流导至阀2左端使其换至右位,又等待阀1下一次信号输入。这样,第1,3,5…次(奇数)按下阀1,则气缸活塞杆伸出;第2,4,6…次(偶数)按下阀1,则气缸活塞杆退回。

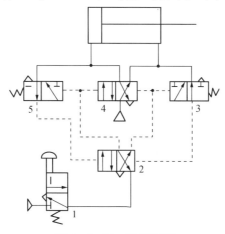

图4-5-21 计数回路

四、实操

按下图 4‑5‑22 在实训台组装送料装置控制回路。

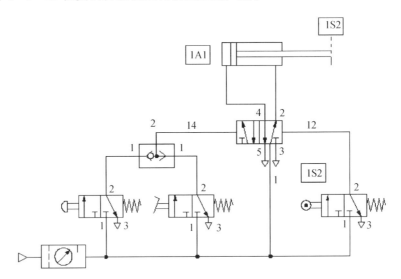

图 4‑5‑22   送料装置控制回路

气动系统的压力控制

【主要能力指标】

掌握压力控制阀的类型、结构及工作原理；

掌握压力控制阀的用途；

掌握压力控制回路的种类及特点。

【相关能力指标】

养成独立工作的习惯，能够正确判断和选择；

能够与他人友好协作，顺利完成任务；

能够严格按照操作规程，安全文明操作。

一、任务引入

推动分拣臂的气缸除了要调节其方向外，还需调整其力量的大小。

二、任务分析

分析分拣机构的工作要求，要完成对系统回路的设计，须主要解决好以下三点：系统压力的调节与控制问题、气缸快速退回的问题、伸出位置的控制以及与按钮协调的问题。在气动控制中一般用减压阀完成系统压力的调整与控制；可用快速排气阀来控制气缸的快速退回。因而必须较好地掌握压力控制阀等的结构原理及使用方法。

三、知识学习

6.1 概述

气动系统不同于液压系统,一般每一个液压系统都自带液压源(液压泵);而在气动系统中,一般来说由空气压缩机先将空气压缩,储存在贮气罐内,然后经管路输送给各个气动装置使用。而贮气罐的空气压力往往比各台设备实际所需要的压力高些,同时其压力波动值也较大。因此需要用减压阀(调压阀)将其压力减到每台装置所需的压力,并使减压后的压力稳定在所需压力值上。

有些气动回路需要依靠回路中压力的变化来实现控制两个执行元件的顺序动作,所用的阀就是顺序阀。顺序阀与单向阀的组合称为单向顺序阀。

所有的气动回路或贮气罐为了安全起见,当压力超过允许压力值时,需要实现自动向外排气,这种压力控制阀叫安全阀(溢流阀)。

6.1.1 减压阀(调压阀)(reducing valve)

1. 减压阀的作用

减压阀将供气气源压力减到每台装置所需要的压力,并保证减压后压力值稳定。

减压阀使出口侧压力可调(但低于进口侧压力),并能保持出口侧压力稳定的压力控制阀。其他减压装置,如节流阀虽能降压,但无稳压能力。

2. 减压阀按调压方式分类

减压阀分为直动式和先导式两大类。直动式减压阀,由旋钮直接通过调节弹簧来改变其输出压力;先导式减压阀,则是由压缩空气代替调压弹簧来调节输出压力。

3. 减压阀的选用

根据使用要求选定减压阀的类型和调压精度,再根据所需最大输出流量选择其通径。决定阀的气源压力时,应使其大于最高输出压力 0.1 MPa。减压阀一般安装在分水滤气器之后,油雾器或定值器之前,如图 4 - 6 - 1 所示,并注意不要将其进、出口接反。阀不用时应把旋钮放松,以免膜片经常受压变形而影响其性能。

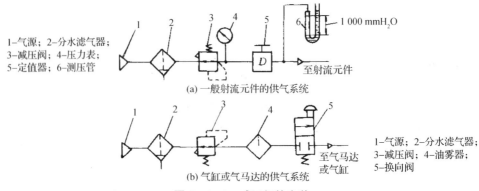

图 4 - 6 - 1 减压阀的安装

6.1.2 顺序阀(sequence valve)

顺序阀是依靠气路中压力的变化而控制执行元件按顺序动作的压力控制阀。在气动系统中,顺序阀通常安装在需要某一特定压力的场合,以便完成某一操作,只有达到需要的操作压力后,顺序阀才有气信号。

6.1.3 安全阀(safety valve)

安全阀在系统中起安全保护作用。当系统压力超过规定值时,安全阀打开,将系统中的一部分气体排入大气,使系统压力不超过允许值,从而保证系统不因压力过高而发生事故。

安全阀又称溢流阀。图4-6-2为活塞式安全阀,阀芯是一平板。气源压力p_s作用在活塞上,当压力超过由弹簧力确定的安全值时,活塞被顶开,一部分压缩空气即从阀口排入大气;当气源压力低于安全值时,弹簧驱动活塞下移,关闭阀口。图4-6-3为膜片式安全阀,其工作原理与活塞式完全相同。这两种安全阀都是靠弹簧提供控制力,调节弹簧预紧力,即可改变安全值大小,故称之为直动式安全阀。

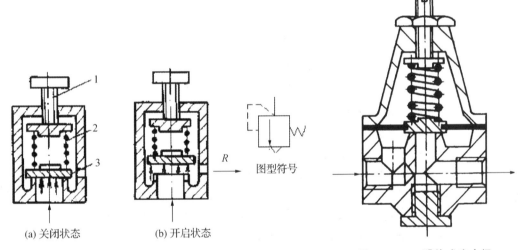

(a) 关闭状态 (b) 开启状态

R 图型符号

1-旋钮;2-弹簧;3-活塞

图4-6-2 安全阀的工作原理

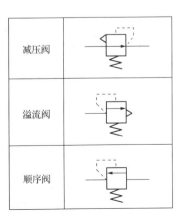

图4-6-3 膜片式安全阀

总之,三种压力控制阀各有特点:

减压阀—气动三大件之一,用于稳定用气压力。

溢流阀—只作安全阀用。

顺序阀—由于气缸(马达)的软特性,很难用顺序阀实现两个执行元件的顺序动作。

图4-6-4为它们的职能符号。

减压阀	
溢流阀	
顺序阀	

图4-6-4 压力阀职能符号

6.1.4 压力控制回路(pressure control circuit)

压力控制,一是控制气源的压力,避免出现过高压力,以致配管或元件损坏,确保气动系统的安全;二是控制使用压力,给元件提供必要的工作条件,维持元件的性能和气动回路的功能,控制气缸所要求的力和运动速度。

1. 一次压力控制回路(primary pressure control circuit)

作用:用于控制贮气罐的压力,使之不超过规定的压力值。

控制方式:常采用外控溢流阀或采用电接点压力表来控制空气压缩机的转、停,使贮气罐内压力保持在规定的范围内。采用溢流阀,结构简单,工作可靠,但气量浪费大;采用电接点压力表,对电机及控制要求较高,常用于对小型空压机的控制。如图4-6-5所示。

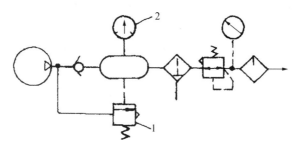

1-溢流阀;2-电接点压力表

图4-6-5 一次压力控制回路

2. 二次压力控制回路(quadratic pressure control circuit)

作用:对气动系统气源压力的控制。

图4-6-6(a)用于气动控制系统气源压力控制,以保证系统使用的气体压力为一稳定值,回路由空气过滤器、减压阀、油雾器(气动三大件)组成,主要由溢流减压阀来实现压力控制(注意:逻辑单元的供气应接在油雾器之前);图(b)是由减压阀和换向阀构成的,对同一系统实现输出高、低压力 p_1、p_2 的控制,用于低压气源或高压气源的转换输出;图(c)是由减压阀来实现对不同系统输出不同压力 P_1、P_2 的控制。

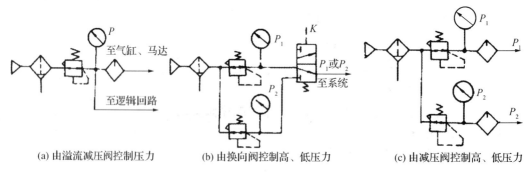

(a) 由溢流减压阀控制压力   (b) 由换向阀控制高、低压   (c) 由减压阀控制高、低压

图4-6-6 二次压力控制回路

3. 过载保护回路(overpower protection circuit)

当活塞杆伸出途中,若遇到偶然障碍或其他原因使气缸过载时,活塞就自动返回,实现

过载保护。

其工作原理如图4-6-7所示,当气缸活塞向右运动,左腔压力升高超过预定值时,顺序阀1打开,控制气流经梭阀2将主阀3切换至右位(图示位置),使活塞返回,气缸左腔气体经主阀3排出,防止系统过载。

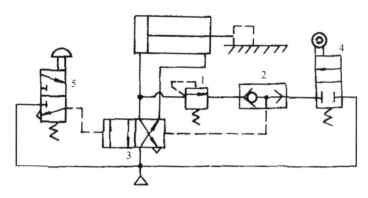

1-顺序阀;2-梭阀;3-主控阀;4-行程阀;5-手动阀

图4-6-7 过载保护回路

气动系统的速度控制

【主要能力指标】

掌握流量控制阀的类型、结构及工作原理；

掌握流量控制阀的用途；

掌握流量控制回路的种类及特点。

【相关能力指标】

养成独立工作的习惯，能够正确判断和选择；

能够与他人友好协作，顺利完成任务；

能够严格按照操作规程，安全文明操作。

一、任务引入

分拣臂除了方向、力量要可调，速度也应可以调整，就是要调整气缸的运动速度。

二、任务分析

要改变气缸的运动速度，只有改变流入气缸的气体的流量才能实现，担当此重任的就是流量控制阀。那么，有哪些流量控制阀，它们又是如何和其他元件组成回路来完成对执行元件速度的控制的呢？

三、知识学习

7.1　概述

在气压传动系统中,有时需要控制气缸的运动速度,有时需要控制换向阀的切换时间和气动信号的传递速度,这些都需要调节压缩空气的流量来实现。控制流量的方法有很多,大致可分为两类,一类是不可调的流量控制,如细长管、孔板等。另一类是可调的流量控制,如喷嘴挡板机械、各种流量控制阀等。控制压缩空气流量的阀称为流量控制阀。

流量控制阀的作用:通过改变阀的通流截面积来实现流量控制。

流量控制阀的种类:节流阀、单向节流阀、排气节流阀和快速排气阀等。

7.2　流量控制阀

7.2.1　节流阀(throttle valve)

节流阀是将空气的流通截面缩小以增加气体的流通阻力,而降低气体的压力和流量。常用的孔口结构如图 4-7-1 所示。

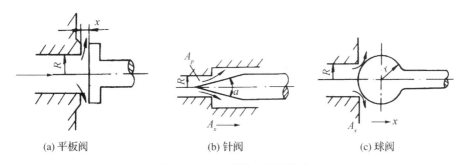

(a) 平板阀　　　　　　　(b) 针阀　　　　　　　(c) 球阀

图 4-7-1　节流阀阀口形式

图 4-7-2 所示为节流阀结构图。气流经 P 口输入,通过节流口的节流作用后经 A 口输出。其工作原理如图 4-7-3 所示,阀体上有一个调整螺丝,可以调节节流阀的开口度(无级调节),并可保持其开口度稳定,此类阀称为可调节开口节流阀。流通截面固定的节流阀,称为固定开口节流阀。

可调节流阀常用于调节气缸活塞运动速度,若有可能,应直接安装在气缸上,它具有双向节流作用。

使用节流阀时,节流面积不宜太小,因空气中的冷凝水、尘埃等塞满阻流口通路会引起节流量的变化。

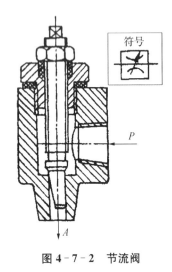

图 4-7-2 节流阀

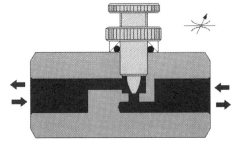

图 4-7-3 节流阀工作原理

7.2.2 单向节流阀(one-way throttle valve)

单向节流阀是单向阀和节流阀并联而成的组合控制阀,常用于控制气缸的运动速度,也称为速度控制阀。如图 4-7-4 所示为单向节流阀结构图,当气流由 P 口向 A 口流动时,经过节流阀节流;反方向流动,即由 A 向 P 流动时,单向阀打开,不节流。单向节流阀常用于气缸的调速和延时回路中。

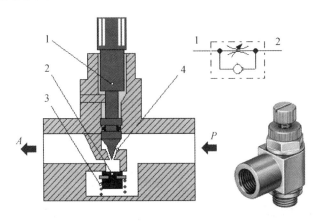

1-调节杆;2-弹簧;3-单向阀;4-节流口(三角沟槽型)

图 4-7-4 单向节流阀

利用单向节流阀控制气缸的速度方式有进气节流和排气节流两种方式。图 4-7-5(a)为进气节流控制,它是控制进入气缸的流量以调节活塞的运动速度。采用这种控制方式,如活塞杆上的负荷有轻微变化,将导致气缸速度的明显变化。因此速度稳定性差,仅用于单作用气缸、小型气缸或短行程气缸的速度控制。图 4-7-5(b)为排气节流控制,它是控制气缸排气量的大小,而进气是满流的。这种控制方式,能为气缸提供背压来限制速度,故速度稳定性好,常用于双作用气缸的速度控制。

单向节流阀用于气缸执行元件的速度调节时应尽可能直接安装在气缸上。如图 4-7-6 所示。

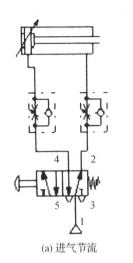

(a) 进气节流

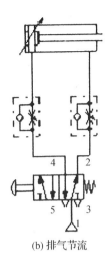

(b) 排气节流

图 4-7-5　单向节流阀的应用

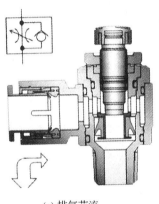

(a) 排气节流

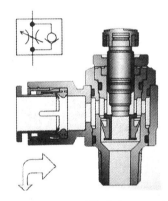

(b) 进气节流

图 4-7-6　单向节流阀直接安装在气缸上

　　一般情况下,单向节流阀的流量调节范围为管道流量的 20%～30%,对于要求能在较宽范围内进行速度控制的场合,可采用单向阀开度可调的速度控制阀。

7.2.3　排气节流阀(exhaust throttle valve)

　　与节流阀相同之处:靠调节流通面积来调节气体流量。

　　与节流阀不同之处:排气节流阀安装在系统的排气口处,不仅能够控制执行元件的运动速度,而且因其常带消声器,具有减少排气噪声的作用,所以常称其为排气消声节流阀。

　　原理:图 4-7-7 所示为排气节流阀的工作原理图,靠调节节流口 1 处的流通面积来调节排气流量,由消声套 2 减少排气噪声。

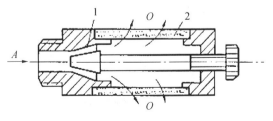

1-节流口;2-消声套(用消声材料制成)

图 4-7-7　排气节流阀工作原理图

图 4-7-8 所示为排气节流阀的结构图,调节旋钮 8,可改变阀芯 3 左端节流口(三角沟槽型)的开度,即改变由 *A* 口来的排气量大小。排气节流阀常安装在换向阀和执行元件的排气口处,起单向节流阀的作用。

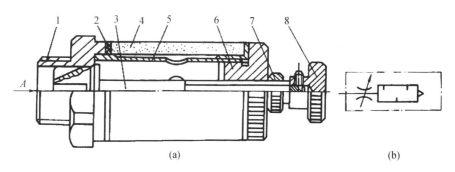

1-阀座;2-垫圈;3-阀芯;4-消声套;5-阀套;6-;7-锁紧法兰;8-旋钮

图 4-7-8　排气节流阀的结构图

　　排气节流阀通常安装在换向阀的排气口处,与换向阀联用,起单向节流阀的作用,如图 4-7-9 所示。它实际上只不过是节流阀的一种特殊形式。由于其结构简单,安装方便,能简化回路,故应用日益广泛。

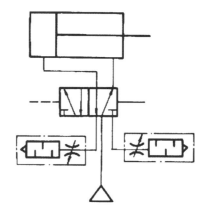

图 4-7-9　排气节流阀的应用

7.2.4　流量控制阀的选用

　　流量控制阀选用应考虑以下两点:
　　(1) 根据气动装置或气动执行元件的进、排气口通径来选择阀的通径。
　　(2) 根据所控制气缸的缸径和缸速,计算出流量调节范围,然后从样本上查出阀的节流特性曲线,选择阀的规格。用流量控制的方法控制气缸的速度,由于受空气的压缩性及气阻阻力的影响,一般气缸的运动速度不得低于 30 mm/s。

7.2.5　流量控制阀的使用注意事项

　　应用气动流量控制阀对气动执行元件进行调速,比用液压流量控制阀调速要困难,因气体具有压缩性。所以用气动流量控制阀调速应注意以下几点,以防产生爬行:

（1）管道上不能有漏气现象；

（2）气缸、活塞间的润滑状态要好；

（3）流量控制阀应尽量安装在气缸或气马达附近；

（4）尽可能采用出口节流调速方式；

（5）外加负载应当稳定。若外负载变化较大，应借助液压或机械装置（如气液联动）来补偿由于载荷变动造成的速度变化。

7.3　速度控制回路（speed control circuit）

速度控制回路就是通过控制流量的方法来控制气缸的运动速度的气动回路。

1. 单作用气缸速度控制回路（speed control circuit of single-acting cylinder）

如图 4-7-10(a)所示，两个反接的单向节流阀，可分别控制活塞杆伸出和缩回的速度。图 4-7-10(b)中，气缸活塞上升时节流调速，下降时则通过快速排气阀排气，使活塞杆快速返回。

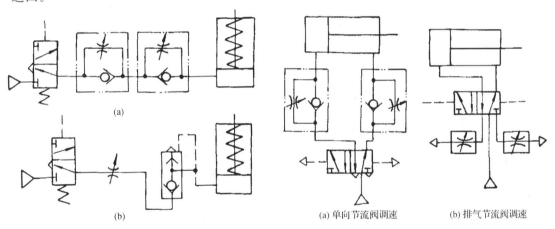

图 4-7-10　单作用气缸速度控制回路　　　图 4-7-11　双作用气缸速度控制回路

2. 双作用气缸速度控制回路（speed control circuit of double-acting cylinder）

如图 4-7-11 所示，图(a)是采用单向节流阀的双向调速回路；取消图中任意一只单向节流阀，便得到单向调速回路。图(b)是采用排气节流阀的双向调速回路。它们都是采用排气节流调速方式。当外负载变化不大时，采用排气节流调速方式，进气阻力小，负载变化对速度影响小，比进气节流调速效果要好。

3. 快速往复动作回路（rapid reciprocating action circuit）

图 4-7-12 所示为采用快速排气阀的快速往复动作回路，若欲实现气缸单向快速运动，可省去图中一只快速排气阀。

4. 速度换接回路（speed transition circuit）

如图 4-7-13 所示，当撞块压下行程开关时，发出电信号，使二位二通阀换向，改变排气通路，从而改变气缸速度。行程开关的位置，由需要而定。二位二通阀也可以用行程阀代替。

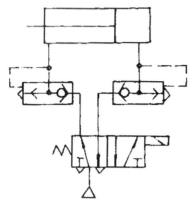

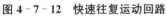

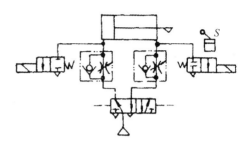

图 4 - 7 - 12　快速往复运动回路　　　　图 4 - 7 - 13　速度换接回路

5. 缓冲回路(buffer circuit)

作用:气缸在行程长、速度快、惯性大的情况下,往往需要采用缓冲回路来消除冲击。

图 4 - 7 - 14(a)所示的回路可实现快进-慢进缓冲-停止-快退的循环,行程阀可根据需要调整缓冲行程,常用于惯性大的场合。图 4 - 7 - 14(b)所示的回路是当活塞返回至行程末端时,其左腔压力已降至打不开顺序阀 4 的程度,剩余气体只能经节流阀 2 排出,使活塞得到缓冲,适于行程长、速度快的场合。图中只是实现单向缓冲,若气缸两侧均安装此回路,则可实现双向缓冲。

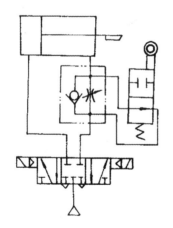

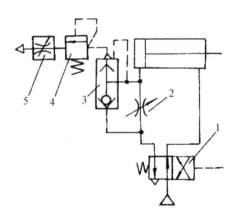

(a) 采用行程阀的缓冲回路　　　　(b) 采用快速排气阀、顺序阀和节流阀的缓冲回路

图 4 - 7 - 14　缓冲回路

6. 延时回路(delay circuit)

图 4 - 7 - 15(a)为延时接通回路。当有信号 K 输入时,阀 A 换向,此时气源经节流阀缓慢向气容 C 充气,经一段时间 t 延时后,气容内压力升高到预定值,使主阀 B 换向,气缸活塞开始右行。当信号 K 消失后,气容 C 中的气体可经单向阀迅速排出,主阀 B 立即复位,气缸活塞返回。改变节流口开度,可调节延时换向时间 t 的长短。

将单向节流阀反接,得到延时断开回路,如图 4 - 7 - 15(b)所示,其功用正好与上述相反。

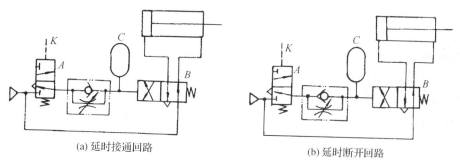

(a) 延时接通回路　　　　　　　　(b) 延时断开回路

图 4-7-15　延时回路

四、实操

在操作台上安装速度控制回路。

按下面原理图在实验台上正确连接和安装单作用气缸调速回路,要求如下:

(1) 能看懂速度调节回路图,并能正确选用元器件。

(2) 安装元器件时要规范,各元器件在工作台上合理布置。

(3) 用气管正确连接元器件的各气口。

(4) 检查气口连接情况后,启动空压机,观察气缸的动作速度。

(5) 调整节流阀,观察气缸的动作速度变化情况。

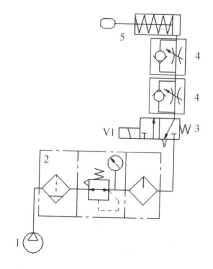

1-空压机;2-气源三联件;3-单电控二位三通电磁换向阀;
4-单向节流阀;5-单作用单出杆气缸

图 4-7-16　速度控制回路

真空元件及回路

学习目标

【主要能力指标】

掌握真空元件的类型、结构及工作原理；
组成真空回路。

【相关能力指标】

养成独立工作的习惯，能够正确判断和选择；
能够与他人友好协作，顺利完成任务；
能够严格按照操作规程，安全文明操作。

【教学方法（建议）】

引导文法
实验法

一、任务引入

如图 4-8-1 所示，一个搬运机器人在忽上忽下、忽快忽慢地搬运着地下的工位器具架和各种纸箱。它又没有手，是如何把材质不一、长相千差万别的物块抓起来呢？

二、任务分析

从对搬运的动作进行观察，我们可以看出，在机器人的手臂头上装有一个特殊的元件，就是靠它把工件吸牢的，这一元件就是真空元件。那么，什么是真空元件，它有哪些类型，原理怎样,如何工作? 下面,我们就对它进行学习。

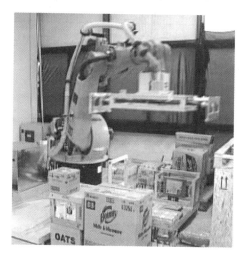

图 4-8-1　搬运机器人在工作

三、知识学习

8.1　概述

以真空吸附为动力源,作为实现自动化的一种手段,已在电子、半导体元件组装、汽车组装、自动搬运机械、轻式机械、食品机械、医疗机械、印刷机械、塑料制品机械、包装机械、锻压机械、机器人等许多方面得到广泛的应用。如真空包装机械中,包装纸的吸附、送标、贴标,包装袋的开启;电视机的显像管、电子枪的加工、运输、装配及电视机的组装;印刷机械中的双张、折面的检测、印刷纸张的运输;玻璃的搬运和装箱;机器人抓起重物,搬运和装配;真空成型、真空卡盘。总之,对任何具有较光滑表面的物体,特别对于非铁、非金属且不适合夹紧的物体,如薄的柔软的纸张、塑料膜、铝箔,易碎的玻璃及其制品,集成电路等微型精密零件,都可使用真空吸附,完成各种作业。

真空发生装置有真空泵和真空发生器两种。真空泵是吸入口形成负压,排气口直接通大气,两端压力比很大的抽除气体的机械。真空发生器是利用压缩空气的流动而形成一定真空度的气动元件。两者对比见下表 4-8-1:

表 4-8-1　真空泵与真空发生器的比较

比较项目	真空泵		真空发生器	
最大真空度	可达 101.3 KPa	能同时获得大值	可达 88KPa	不能同时获得大值
吸入流量	可很大		不大	
结构	复杂		简单	
体积	大		很小	

（续表）

比较项目	真空泵	真空发生器
重量	重	很轻
寿命	有可动件,寿命较长	无可动件,寿命长
消耗功率	较大	较大
价格	高	低
安装	不便	方便
维护	需要	不需要
与配套件复合化	困难	容易
真空的产生及解除	慢	快
真空压力脉动	有脉动,需设真空罐	无脉动,不需真空罐
应用场合	适合连续、大流量工作,不宜频繁启停,适合集中使用	需供应压缩空气,宜从事流量不大的间歇工作,适合分散使用,改变材质,可实现耐热、耐腐蚀

8.2 真空吸盘

吸盘是直接吸吊物体的元件。吸盘通常是由橡胶材料与金属骨架压制成型的。各种形式的真空吸盘如图 4-8-2 所示。

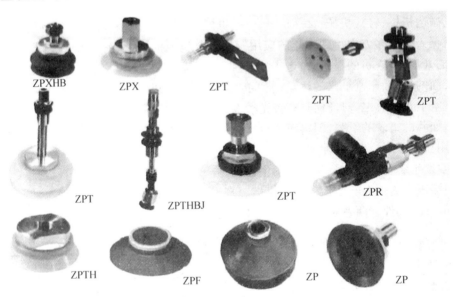

图 4-8-2 各种形式的真空吸盘

制造吸盘所用的各种橡胶材料的性能见下表 4-8-2,橡胶材料如长时间在高温下工作,则使用寿命变短。硅橡胶的使用温度范围较宽,但在湿热条件下工作则性能变差。吸盘的橡胶出现脆裂,是橡胶老化的表现,除过度使用的原因外,多由于受热或日常照射所致,故吸盘宜保管在冷暗的室内。

表 4-8-2　吸盘所用材料比较

吸盘的橡胶材料	性　能																搬运物体例
	弹性	扯断强度	硬度	压缩永久变形	使用温度	透气性	耐磨性	耐老化性	耐油性	耐酸性	耐碱性	耐溶剂性	耐候性	耐臭氧	电气绝缘性	耐水性	
丁腈橡胶(NBR)	良	可	良	良	0~120	良	优	差	优	良	良	差	差	差	差	良	硬壳纸、胶合板、铁板及其他一般工件
聚氨酯橡胶(U)	良	优	良	可	0~60	良	优	优	优	良	良	差	良	优	良	差	
硅橡胶(S)	良	差	良	优	−30~−200	差	差	差	差	差	良	优	优	良	优		半导体元件、薄工件、金属成型制品、食品类
氟橡胶(FKM)	可	可	优	良	0~250	良	良	优	良	优	差	优	优	可	优		药品类

8.3　真空发生器

典型的真空发生器如图 4-8-3 所示。它是由先收缩后扩张的拉瓦尔喷管、负压腔和接收管组成,有供气口、排气口和真空口。当供气口的供气压力高于一定值后,喷管射出超声速射流。由于气体的黏性,高速射流卷吸走负压腔内的气体,使该腔形成很低的真空度。在真空口处接上真空吸盘,靠真空压力便可吸起吸吊物。

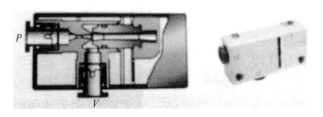

图 4-8-3　真空发生器

8.4　真空用气阀

1. 换向阀

使用真空发生器的回路中的换向阀,有供给阀和真空破坏阀。使用真空泵的回路中的换向阀,有真空切换阀和真空选择阀。

供给阀是供给真空发生器压缩空气的阀。真空破坏阀是破坏吸盘内的真空状态,将真空压力变成大气压或正压力,使工件脱离吸盘的阀。真空切换阀就是接通或断开真空压力源的阀。真空选择阀可控制吸盘对工件的吸着或脱离,一个阀具有两个功能,以简化回路设计。

供给阀因设置于正压力管路中,可选用一般换向阀。真空破坏阀、真空切换阀和真空选择阀设置于真空回路或存在真空状态的回路中,故必须选用能在真空压力条件下工作的换向阀。真空用换向阀要求不泄漏,且不用油雾润滑,故使用座阀式和膜片式阀芯结构比较理想。通径大时可使用外部先导式电磁阀。不给油润滑的软质密封滑阀,由于其通用性强,也常作为真空用换向阀使用。间隙密封滑阀存在微漏,只宜用于允许存在微漏的真空回路中。

2. 顺序阀

如要变化真空信号可使用真空顺序阀,其结构原理与压力顺序阀相同,只是用于负压控制。图4-8-4为其原理图。图中真空顺序阀的控制口1V上的真空达到设定值,二位三通换向阀就动作。

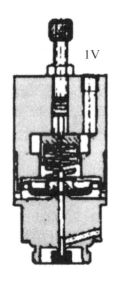

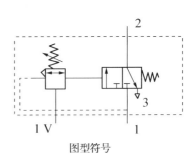

图型符号

图4-8-4 真空顺序阀原理图

8.5 真空压力开关

真空压力开关是用于检测真空压力的开关。当真空压力未达到设定值时,开关处于断开状态。当真空压力达到设定值时,开关处于接通状态,发出电信号,指挥真空吸附机构动作。当真空系统存在泄漏、吸盘破损或气源压力变动等原因而影响到真空压力大小时,装上真空压力开关便可保证真空系统安全可靠地工作。

真空压力开关按功能分,有通用型和小孔口吸着确认型;按电触点的形式分,有无触点式(电子式)和有触点式(磁性舌簧开关式等)。一般使用的压力开关,主要用于确认调定压力,但真空压力开关确认调定压力的工作频率高。故真空压力开关应具有较高的形状频率,即响应速度要快。

8.6 真空用元件的选定

吸盘的选定:

吸盘的理论吸吊力是吸盘内的真空度 p 与吸盘的有效吸着面积 A 的乘积。吸盘的实际吸吊力除了应考虑被吸吊工件的重量及搬运过程中的运动加速度外,还应给予足够的余量,以保证吸吊的安全。搬运过程中的加速度,应考虑启动加速度、停止加速度、平移加速度和转动加速度(包括摇晃)。特别是面积大的板状物的吸吊,不应忽视在搬运过程中会受到很大的风阻。

对面积大的吸吊物、重的吸吊物、有振动的吸吊物或要求快速搬运的吸吊物,为防止吸吊物脱落,通常使用多个吸盘进行吸吊。这些吸盘应合理配置,以使吸吊合力作用点与被吸吊物的重心尽量靠近。

吸盘内的真空度应在真空发生器(或真空泵)的最大真空度的 63%～95% 范围内选择,以提高真空吸着的能力,又不致使吸着响应时间过长。

8.7　使用注意事项

(1) 供给气源应是净化的、不含油雾的空气。因真空发生器的最小喷嘴喉部直径为 0.5 mm,故供气口之前应设置过滤器和油雾分离器。

(2) 真空发生器与吸盘之间的连接管应尽量短而直。连接管不得承受外力。拧动管接头时,要防止连接管被扭变形或造成泄漏。

(3) 真空回路各连接处及各元件,应严格检查,不得让外部灰尘、异物从吸盘、排气口、各连接处等吸入真空系统内部。

(4) 真空发生器的排气口,在使用时不能堵塞。一旦堵塞,则不产生真空。若必须设置排气管,则排气管尽量不要节流,以免影响真空发生器的性能。

(5) 由于各种原因使吸盘内的真空度未达到要求时,为防止被吸吊工件吸吊不牢而跌落,回路中必须设置真空压力开关。吸着电子元件或精密小零件时,应选用小孔口吸着确认型真空压力开关。对于吸吊重工件或手动危险品的情况,除要设置真空压力开关外,还应设真空表,以便随时监视真空压力的变化,及时处理问题。

(6) 在恶劣环境中工作时,真空压力开关前也应装过滤器。

(7) 为了在停电情况下仍保持一定真空度,以保证安全,对真空泵系统应设置真空罐。对真空发生器系统,吸盘与真空发生器之间应设置单向阀。供给阀宜使用具有自保持功能的常通型电磁阀。

(8) 真空发生器的供给压力在 0.4～0.45 MPa 为最佳,压力过高或过低都会降低真空发生器的性能。

(9) 造型时,若配管容积选择过大,则吸着响应时间会增加。若吸入流量选择过大,对几毫米大小的小工件,吸着和未吸着时的真空压力差太小,会使真空压力开关的调定很困难。

(10) 吸盘宜靠近工件,避免受大的冲击力,以免吸盘过早变形、龟裂和磨耗。

(11) 吸盘的吸着面积要比吸吊工件表面小,以免出现泄漏。

(12) 面积大的板材宜用多个吸盘吸吊,但要合理布置吸盘位置,增强吸吊平稳性。要防止边上的吸盘出现泄漏。为防止板材翘曲,宜选用大口径吸盘。

(13) 吸着调试变化的工件应使用缓冲型吸盘或带回转止动的缓冲型吸盘。

(14) 对有透气性的被吊物,如纸张、泡沫塑料,应使用小口径吸盘。漏气太大,应提高真空吸吊能力,加大气路的有效截面积。

（15）吸着柔性物,如纸、乙烯薄膜,由于易变形、易皱折,应选用小口径吸盘或带肋吸盘,且真空度宜小。

（16）一个真空发生器带一个吸盘最理想,若带多个吸盘,其中一个吸盘有泄漏,会减少其他吸盘的吸力。为克服此缺点,可选用带单向阀的真空吸盘。

（17）对真空泵系统来说,真空管路上一条支线装一个吸盘是理想的,若真空管路上要装多个吸盘,由于吸着或未吸着工件的吸盘个数变化或出现泄漏,会引起真空压力源的压力变动,使真空压力开关的调定值不易调定,特别是对小孔口吸着的场合影响更大。为了减少多个吸盘吸吊工件时相互间的影响,使用真空罐和真空调压阀可提高真空压力的稳定性。必要时,可在每条去路上装真空切换阀,这样一个吸盘泄漏或未吸着工件,不会影响其他吸盘的吸着工作。

（18）不得用在有腐蚀性气体、爆炸性气体、化学药品的环境中;用于有油、水飞溅的场所,应采取防护措施;有些材质不能接触有机溶剂,要注意;有振动、冲击的场所,必须在允许规格范围内;日光照射时应加保护罩;周围有热源应隔断辐射热;真空组件被包围,且通电时间长的场合,应采取散热措施,保证真空组件在使用温度范围内。

（19）要定期清洗真空过滤器及消声器。点检时,应将调定压力回复至大气压力,且真空泵的压力已完全被切断后,才能拆卸元件。

四、实操

在操作台上组装一真空吸附回路。如图 4 - 8 - 5 所示。

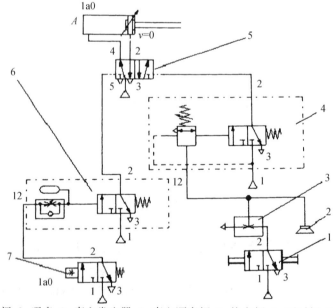

1-手动阀;2-吸盘;3-真空发生器;4-真空顺序阀;5-换向阀;6-延时阀;7-行程阀

图 4 - 8 - 5　真空吸附回路

当启动手动阀 1 向真空发生器 3 提供压缩空气即产生真空,对吸盘 2 进行抽吸,当吸盘内的真空度达到设定值时,真空顺序阀 4 打开,推动二位三通阀 5 换向,气缸 A 活塞杆缩回,同时吸盘吸着工件移动。当活塞杆压下行程阀 7 时,延时阀 6 动作,同时开关换向,真空断开,即吸盘放开工件,经过设定时间延时后,主控制阀 5 换向,气缸伸出,完成一次吸放工件动作。

气动系统的试运转、使用、保养及维修

在使用气动设备时,气动系统可能会出现多种多样的故障,这些故障有的是由某一元件失灵引起的,有的是系统中多个元件的综合性因素造成的,还有的是因为使用维护不当造成的。即使是同一故障现象,产生的原因也不一样,尤其是现在的气压设备,都是机械、气压、电气甚至微型计算机的共同组合体,产生的故障更是多方面的。因此,系统发生故障后进行诊断并采取相应的措施,就尤为重要。

一、组装、试验及试运转

(1) 试运转前,节流阀应全闭,气缸上的缓冲阀应全闭或稍许开启;

(2) 气缸不接负载,确认气缸动作正常;

(3) 截止阀全开,电源不接通;

(4) 将减压阀调至设定压力;

(5) 利用电磁阀的手动按钮,确认电磁阀动作正常(可让阀的输出口通大气);

(6) 逐渐打开气缸节流阀,逐渐提高气缸速度;

(7) 同时调节气缸缓冲阀,使气缸平稳运动至末端;

(8) 让电磁阀的手动按钮复位。

二、使用要求

气动系统是由各种气动元件组成的,对其使用环境应当:

(1) 不要用于腐蚀性气体、化学药品、海水、水及蒸汽等环境;

(2) 不要用于有爆炸性气体的场所;

(3) 不要用于有振动和冲击的场所或气动元件要符合样本规定的振动和冲击;

(4) 不要用于周围有热源、受辐射热影响的场合;

(5) 有阳光直射的场所,应加保护措施;

(6) 有水滴、油或焊接等的场合,应采取必要的防护措施;

(7) 在湿度大、粉尘多的场合,应采取必要的防护措施。

三、气动系统的维护保养

（一）维护保养的要点

1. 保证供给洁净的压缩空气

压缩空气中通常都含有水分、油分和粉尘等杂质。水分会使管道、阀和气缸腐蚀；油分会使橡胶、塑料和密封材料变质；粉尘造成阀体动作失灵。选用合适的过滤器，可以清除压缩空气中的杂质，使用过滤器时应及时排除积存的液体，否则当积存液体接近挡水板时，气流仍可将积存物卷起。

2. 保证空气中含有适量的润滑油

大多数气动执行元件和控制元件都要求适度的润滑。如果润滑不良将会发生以下故障：

由于摩擦阻力增大而造成气缸推力不足，阀芯动作失灵；

由于密封材料的磨损而造成空气泄漏；

由于生锈造成元件的损伤及动作失灵。

润滑的方法一般采用油雾器进行喷雾润滑，油雾器一般安装在过滤器和减压阀之后。油雾器的供油量一般不宜过多，通常每 $10~m^3$ 的自由空气供 $1~mL$ 的油量（即 $40\sim50$ 滴油）。检查润滑是否良好的一个方法是：找一张清洁的白纸放在换向阀的排气口附近，如果阀在工作三至四个循环后，白纸上只有很轻的斑点时，则表明润滑是良好的。

3. 保持气动系统的密封性

漏气不仅增加了能量的消耗，也会导致供气压力的下降，甚至造成气动元件工作失常。严重的漏气在气动系统停止运行时，由漏气引起的响声很容易发现；轻微的漏气则利用仪表，或用涂抹肥皂水的办法进行检查。

4. 保证气动元件中运动零件的灵敏性

从空气压缩机排出的压缩空气，包含有粒度为 $0.01\sim0.08~\mu m$ 的压缩机油微粒。在排气温度为 $120℃\sim220℃$ 的高温下，这些油粒会迅速氧化，氧化后油粒颜色变深，黏性增大，并逐步由液态固化成油泥。这种微米级以下的颗粒，一般过滤器无法滤除。当它们进入到换向阀后便附着在阀芯上，使阀的灵敏度逐步降低，甚至出现动作失灵。为了清除油泥，保证灵敏度，可在气动系统的过滤器之后，安装油雾分离器，将油泥分离出来。此外，定期清洗阀也可以保证阀的灵敏度。

5. 保证气动装置具有合适的工作压力和运动速度

调节工作压力时，压力表应当工作可靠，读数准确。减压阀与节流阀调节好后，必须紧固调压阀盖或锁紧螺母，防止松动。

（二）气动系统维护保养

气动设备如果不注意维护保养，就会频繁发生故障或过早损坏，使其使用寿命大大降低，因此必须进行及时的维护保养工作。在对气动装置进行维护保养时，应针对发现的事故

苗头及时采取措施,这样可减少和防止故障的发生,延长元件和系统的使用寿命。气动系统维护保养工作的中心任务是:

(1)保证供给气动系统清洁干燥的压缩空气;

(2)保证气动系统的气密性;

(3)保证使油雾润滑元件得到必要的润滑;

(4)保证气动元件和系统在规定的工作条件(如使用压力、电压等)下工作和运转,以保证气动执行机构按预定的要求进行工作。

维护工作可以分为经常性维护和定期维护。维护工作应有记录,以利于以后的故障诊断和处理。

1. 经常性维护工作

日常维护工作是指每天必须进行的维护工作,主要包括冷凝水排放、检查润滑油和空压机系统的管理等。

(1)冷凝水排放 冷凝水排放涉及整个气动系统,从空压机、后冷却器、气罐、管道系统直到各处的空气过滤器、干燥器和自动排水器等。在作业结束时,应当将各处的冷凝水排放掉,以防夜间结冰。由于夜间管道内温度下降,会进一步析出冷凝水,故气动装置在每天运转前,也应将冷凝水排出,并要注意察看自动排水器是否工作正常,水杯内不应存水过量。

(2)空压机系统的管理 空压机系统的日常管理工作是:检查空压机系统是否向后冷却器供给了冷却水(指水冷式);检查空压机是否有异常声音和异常发热现象,检查润滑油位是否正常。

2. 定期性维护工作

定期维护工作是可以在每周、每月或每季度进行的维护工作。

(1)每周维护工作 每周维护工作的主要内容是漏气检查和油雾器管理,目的是及早地发现事故的苗头。

① 漏气检查

漏气检查应在白天车间休息的空闲时间或下班后进行。这时气动装置已停止工作,车间内噪声小,但管道内还有一定的空气压力,根据漏气的声音便可知何处存在泄漏。严重泄漏处必须立即处理,如软管破裂,连接处严重松动等;其他泄漏应做好记录。泄漏的部位和原因见表4-8-3。

表4-8-3 泄漏的部位和原因

泄漏部位	泄漏原因
管子、管头连接处	连接部位松动
软管	软管破裂或被拉脱
空气过滤器	灰尘嵌入,水杯龟裂
油雾器	密封垫不良,针阀阀座损伤,针阀未紧固,油杯龟裂
减压阀	紧固螺钉松动,灰尘嵌入溢流阀座使阀杆动作不良,膜片破裂
换向阀	密封不良,螺钉松动,弹簧折断或损伤,灰尘嵌入

（续表）

泄漏部位	泄漏原因
安全阀	压力调整不符合要求,弹簧折断,灰尘嵌入,密封圈损坏
排气阀	灰尘嵌入,密封圈损坏
气缸	密封圈磨损,活塞杆损伤,螺钉松动

② 油雾器管理

油雾器最好选用一周补油一次规格的产品。补油时,要注意油量减少的情况。若耗油量太少,应重新调整滴油量;调速后滴油量仍少或不滴油,应检查油雾器进出口是否装反,油道是否堵塞,所选油雾器的规格是否合适。

（2）每月或每季度的维护工作

每月或每季度的维护工作应比每日和每周的维护工作更仔细,但仍限于外部能够检查的范围。维护工作的主要内容见表4－8－4。

表4－8－4　每月或每季度的维护工作内容

元　件	维护内容
减压阀	当系统的压力为零时,观察压力表的指针能否回零;旋转手柄,压力可否调整
安全阀	使压力高于调定压力,观察安全阀能否溢流
换向阀	查排气口油雾喷出量,有无冷凝水排出,有无漏气
电磁阀	查电磁线圈的温升,阀的切换动作是否正常
速度控制阀	调节节流阀开度,能否对气缸进行速度控制或对其他元件进行流量控制
自动排水器	能否自动排水,手动损伤装置能否正常动作
过滤器	过滤器两侧压差是否超过允许压降
压力开关	在最高和最低的调定压力下,观察压力开关接通和断开
压力表	观察各处压力表指示值是否在规定范围内
空压机	入口过滤器网眼有否堵塞
气缸	检查气缸运动是否平稳,速度和循环周期有无明显变化,气缸安装架是否有松动和异常变形,活塞杆连接有无松动,活塞杆部位有无漏气,活塞杆表面有无锈蚀、划伤和磨损

四、气动系统故障诊断与排除

（一）故障种类

由于故障发生的时期不同,故障的内容和原因也不同。因此,可将故障分为初期、突发及老化故障三个阶段。

1. 初期故障

在调试阶段和开始运转后的两三个月内发生的故障称为初期故障。其产生的原因有:

（1）元件加工、装配不良

如元件内孔的研磨不符合要求,零件毛刺未清除干净,安装不清洁,零件装错、装反,装配时对中不良,紧固螺钉拧紧力矩不恰当,零件材质不符合要求,外购零件质量差等。

（2）设计失误

设计元件时,对零件的材料选用不当,加工工艺要求不合理,对元件的特点、性能和功能了解不够,造成设计回路时元件选用不当。设计的空气处理系统不能满足气动元件和系统的要求,回路设计出现错误。

（3）安装不符合要求

安装时,元件及管道内吹洗不干净,使灰尘、密封材料碎片等杂质混入,造成气动系统故障,安装气缸时存在偏载。没有采取有效的管道防松、防振动措施。

（4）维护管理不善

如未及时排放冷凝水,未及时给油雾器补油等。

2. 突发故障

系统在稳定运行时期内突然发生的故障称为突发故障。例如,油杯和水杯都是用聚碳酸酯材料制成的,如它们在有机溶剂的雾气中工作,就有可能突然破裂;空气或管路中残留的杂质混入元件内部,突然使相对运动件卡死;弹簧突然折断、软管突然爆裂、电磁线圈突然烧毁;突然停电造成回路误动作等。

有些突然性故障是有先兆的,如排出的空气中出现杂质和水分,表明过滤器已失效,应及时查明原因并予以排除,以免酿成突发故障。但有些突发故障是无法预测的,只能采取安全保护措施加以防范,或准备一些易损件的备件,以备及时更换失效的元件。

3. 老化故障

个别或少数元件达到使用寿命后发生的故障称为老化故障。参照系统中各元件的生产日期、开始使用日期、使用的频繁程度以及已经出现的某些征兆,如声音反常、泄漏越来越严重、气缸运动不平稳等现象,大致预测老化故障的发生期限是有可能的。

（二）故障诊断方法

1. 经验法

主要依靠实际经验,并借助简单的仪表,诊断故障发生的部位,称为经验法。经验法可按中医诊断病人的四字"望、闻、问、切"进行。

（1）望

如:看执行元件的运动速度有无异常变化;各测压点的压力表显示的压力是否符合要求,有无大的波动;润滑油的质量是否符合要求;冷凝水能否正常排出;换向阀排气口排出空气是否干净;电磁阀的指示灯显示是否正常;紧固螺钉及管接头有无松动;管道有无扭曲和压扁;有无明显振动存在;加工产品质量有无变化等。

（2）闻

包括耳闻和鼻闻。如:气缸及换向阀换向时有无异常声音;系统停止工作但尚未泄压时,各处有无漏气,漏气声音大小及其每天变化情况;电磁线圈和密封圈有无因过热而发出的特殊气味等。

（3）问

查阅气动系统的技术档案，了解系统的工作程序、运行要求及主要技术参数；查阅产品样本，了解每个元件的作用、结构、功能和性能；查阅维护检查记录，了解日常维护保养工作情况；访问现场操作人员，了解设备运行情况，了解故障发生前的征兆及故障发生时的状况，了解曾经出现过的故障及其排除方法。

（4）切

如触摸相对运动件外部的手感和温度，电磁线圈处的温升等。触摸两秒钟感到烫手，则应查明原因。气缸、管道等处有无振动感，气缸有无爬行感，各接头处及元件处手感有无漏气等。

经验法简单易行，但由于每个人的感觉、实际经验和判断能力的差异，诊断故障会存在一定的局限性。

2. 推理分析法

利用逻辑推理，步步逼近，寻找出故障的真实原因的方法称为推理分析法。

（1）推理步骤

从故障的症状到找出故障发生的真实原因，可按三步进行：

① 从故障的症状，推理出故障的本质原因；

② 从故障的本质原因，推理出可能导致故障的常见原因；

③ 从各种可能的常见原因中，推理出故障的真实原因。

例如，阀控气缸不动作的故障，其本质原因是气缸内气压不足或阻力太大，以致气缸不能推动负载运动。气缸、电磁换向阀、管路系统和控制线路都可能出现故障，造成气压不足，而某一方面的故障又有可能是由于不同的原因引起的。逐级进行故障原因推理。

（2）推理方法

推理的原则是：由简到繁、由易到难、由表及里地逐一进行分析，排除掉不可能的和非主要的故障原因；故障发生前曾调整或更换过的元件先查；优先查故障概率高的常见原因。

① 仪表分析法

利用检测仪器仪表，如压力表、差压计、电压表、温度计、电秒表及电子仪器等，检查系统或元件的技术参数是否合乎要求。

② 部分停止法

暂时停止气动系统某部分的工作，观察对故障征兆的影响。

③ 试探反证法

试探性地改变气动系统中部分工作条件，观察对故障征兆的影响。如阀控气缸不动作时，除去气缸的外负载，察看气缸能否正常动作，便可反证是否是由于负载过大造成气缸不动作。

④ 比较法

用标准的或合格的元件代替系统中相同的元件，通过工作状况的对比，来判断被更换的元件是否失效。

为了从各种可能的常见故障原因中推理出故障真实原因，可根据上述推理原则和推理方法，画出故障诊断逻辑框图，以便于快速准确地找到故障的真实原因。

（三）气动系统常见故障及排除方法

在气动系统的维护过程中,常见故障都有其产生原因和相应排除方法。了解和掌握这些故障现象及其原因和排除方法,可以协助维护人员快速解决问题。

表 4-8-5　气动系统压力异常的故障及排除

故障现象	产生原因	排除方法
气路无气压	气动回路中的开关阀、启动阀、速度控制阀等未打开	予以开启
	换向阀未换向	查明原因后排除
	管路扭曲、压扁	纠正或更换管路
	滤芯堵塞或冻结	更换滤芯
	介质或环境温度太低,造成管路冻结	及时清除冷凝水,增设除水设备
供压不足	耗气量太大,空压机输出流量不足	选择流量合适的空压机或增设一定容积的气罐
	空压机活塞环等磨损	更换零件
	漏气严重	更换损坏的密封件或软管,紧固管接头及螺钉
	减压阀输出压力低	调节减压阀至使用压力
	速度控制阀开度太小	将速度控制阀打开到合适开度
	管路细长或管接头选用不当	重新设计管路,加粗管径,选用流通能力大的管接头及气阀
	各支路流量匹配不合理	改善各支路流量匹配性能,采用环形管道供气
异常高压	因外部振动冲击产生冲击压力	在适当部位安装安全阀或压力继电器
	减压阀损坏	更换

五、气动系统维修工作

气动系统中不同种类元件的使用寿命差别较大,像换向阀、气缸等有相对滑动部件的元件,其使用寿命较短。而许多辅助元件,由于可动部件少,使用寿命就长些。各种过滤器的使用寿命主要取决于滤芯寿命,这与气源处理后空气的质量关系很大。像急停开关这种不经常动作的阀,要保证其动作可靠性,就必须定期进行维护。因此,气动系统的维修周期,只能根据系统的使用频率,气动装置的重要性和日常维护、定期维护的状况来确定。一般是每年大修一次。

维修之前,应根据产品样本和使用说明书预先了解该元件的作用、工作原理和内部零件的运动状况。必要时,应参考维修手册。在拆卸之前应根据故障的类型来判断和估计哪一部分问题较多。

维修时,对日常工作中经常出问题的地方要彻底解决。对重要部位的元件、经常出问题的元件和接近其使用寿命的元件,宜按原样换成一个新元件。新元件通气口的保护塞在使用时才取下来。许多元件内仅仅是少量零件损伤,如密封圈、弹簧等。为了节省经费,这些零件只要更换一下就可以。

拆卸前,应清扫元件和装置上的灰尘,保持环境清洁。同时要注意必须切断电源和气源,确认压缩空气已全部排出后方能拆卸。仅关闭截止阀,系统中不一定已无压缩空气,因有时压缩空气被堵截在某个部位,所以必须认真分析并检查各个部位,并设法将余压排尽。如观察压力表是否回零,调节电磁先导阀的手动调节杆排气等。

拆卸时,要慢慢松动每个螺钉,以防元件或管道内有残压。一面拆卸,一面逐个检查零件是否正常,而且应该以组件为单位进行。滑动部分的零件要认真检查,要注意各处密封圈和密封垫的磨损、损伤和变形情况。要注意节流孔,喷嘴和滤芯的堵塞情况。要检查塑料和玻璃制品有否裂纹或损伤。拆卸下来的零件要按组件顺序排列,并注意零件的安装方向,以便于今后装配。

更换的零件必须保证质量,锈蚀、损伤、老化的元件不得再用。必须根据使用环境和工作条件来选定密封件,以保证元件的气密性和工作的稳定性。

拆下来准备再用的零件,应放在清洗液中清洗。不得用汽油等有机溶剂清洗橡胶件、塑料件,可以使用优质煤油清洗。

零件清洗后,不准用棉丝、化纤品擦干,最好用干燥的清洁空气吹干。然后涂上润滑脂,以组件为单位进行装配。注意不要漏装密封件,不要将零件装反。螺钉拧紧力矩应均匀,力矩大小应合理。

安装密封件时应注意:有方向的密封圈不得装反,密封圈不得扭曲。为便于安装,可在密封圈上涂润滑脂。要保持密封件清洁,防止棉丝、纤维、切屑末、灰尘等附着在密封件上。密闭时,应防止沟槽的棱角处、横孔处碰伤密封件。还要注意塑料类密封件几乎不能伸长,橡胶材料密封件也不要过度拉伸,以免产生永久变形。在安装带密封圈的部件时,注意不要碰伤密封圈。螺纹部分通过密封圈的,可在螺纹上卷上薄膜或使用插入用工具。活塞插入缸筒等壁上开孔的元件时,孔端部应倒角。

配管时,应注意不要将灰尘、密封材料碎片等异物带入管内。

装配好的元件要进行通气试验。通气时应缓慢加压到规定压力,并保证升压过程中气压达到规定压力都不漏气。

检修后的元件一定要试验其动作情况。譬如对气缸,开始将其缓冲装置的节流部分调到最小。然后调节速度控制阀使气缸以非常慢的速度移动,逐渐打开节流阀,使气缸达到规定速度。这样便可检查气阀、气缸的装配质量是否合乎要求。若气缸在最低工作压力下动作不灵活,必须仔细检查安装情况。

思考题及习题

4-1 如何正确选用空气压缩机?

4-2 空气压缩机使用时应当注意哪些问题?

4-3 何谓气动三联件,它的作用是什么?

4-4 简述气缸需要缓冲装置的原因。

4－5　气缸由哪四部分组成？简述各部分所起的作用。

4－6　气动方向控制阀与液压方向控制阀有何异同？

4－7　简述梭阀的工作原理，并举例说明其应用。

4－8　快速排气阀为什么能快速排气？

4－9　压力控制阀有哪些类型？

4－10　下图4－1所示回路是如何调压的？

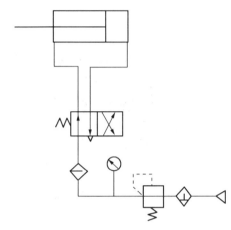

思考题图 4－1

4－11　有哪些流量控制阀，原理分别是什么？

4－12　流量控制阀在选择时应注意些什么？

4－13　流量控制阀在使用时又该注意些什么？

4－14　气动系统故障的种类有哪些？

4－15　故障的诊断方法有哪些？

4－16　气动系统保养的要点有哪些？

4－17　气动系统在维修时应注意些什么？

液压气动标准目录

手机微信扫一扫，
随时查阅

手机微信扫一扫，
随时查阅

参考文献

［1］雷天觉. 新编液压工程手册. 北京理工大学出版社,1998 年.

［2］朱梅. 液压与气动技术. 西安电子科技大学出版社,2006 年.

［3］郑兰霞. 液压与气压传动. 人民邮电出版社,2008 年.

［4］博世力士乐. 液压培训教材. 博世力士乐教学培训中心,2004 年.

［5］张利平. 现代液压技术应用 220 例. 化学工业出版社,2004 年.

［6］黄志坚. 液压设备故障诊断与维修案例精选. 化学工业出版社,2010 年.

［7］派克汉尼汾公司. 工业液压技术. 派克汉尼汾公司培训中心,2004 年.

［8］SMC(中国)有限公司. 现代实用气动技术. 机械工业出版社,2003 年.

［9］徐炳辉. 气动手册. 上海科学技术出版社,2005 年.